"十二五"普通高等教育本科国家级规划教材
普通高等教育"九五"部级重点教材
获教育部全国普通高等学校优秀教材二等奖
获上海汽车工业教育基金会十年重大成果奖
获中国机械工业科学技术二等奖

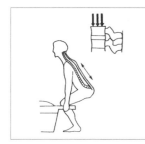
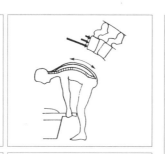

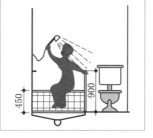

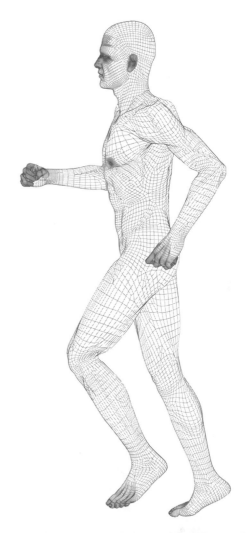

MAN
Machine
Engineering
（6th Edition）

人机工程学

（第6版）

丁玉兰　编著

北京理工大学出版社
BEIJING INSTITUTE OF TECHNOLOGY PRESS

内 容 简 介

本书是工业设计专业系列教材之一，是以1991年出版的《人机工程学》为基础，经过5次修订后，根据教学需求，再一次更新和充实了本学科的最新研究成果和发展趋向而形成的最新版本。

本书是一部全面介绍人机工程学基本原理、设计理念以及应用方法的教科书。其内容包括人机工程学学科导论、人体测量与数据应用、人的智能与人机智能、人类智慧与创新设计、人体生物力学与施力特征、人的信息传递与界面设计、人的工作系统设计、人的可靠性与安全设计、人与作业环境界面设计、人机环境系统总体设计、人机环境系统仿真技术、人机环境系统虚拟现实。

本书可作为工业设计、工业工程本科专业教材，也可作为其他设计类专业的教材和教学参考书，还可以作为交叉学科的教师、研究生、研究人员以及工程技术人员的参考书。

图书在版编目（CIP）数据

人机工程学 / 丁玉兰编著. — 6 版. — 北京 ：北
京理工大学出版社，2025. 2.
ISBN 978 - 7 - 5763 - 5113 - 2

Ⅰ. TB18

中国国家版本馆 CIP 数据核字第 2025C0T477 号

责任编辑：吴　博　　文案编辑：李丁一
责任校对：周瑞红　　责任印制：李志强

出版发行 / 北京理工大学出版社有限责任公司
社　　址 / 北京市丰台区四合庄路 6 号
邮　　编 / 100070
电　　话 / (010) 68944439（学术售后服务热线）
网　　址 / http://www.bitpress.com.cn

版 印 次 / 2025 年 2 月第 6 版第 1 次印刷
印　　刷 / 三河市华骏印务包装有限公司
开　　本 / 889 mm×1194 mm　1/16
印　　张 / 16.75
字　　数 / 542 千字
定　　价 / 69.00 元

序一

　　人机工程学在国内是一门尚处于发展中的新兴学科,该学科的显著特点是,在认真研究人、机、环境三要素自身特性的基础上,不单纯着眼于单一要素的优化与否,而是将使用"机"的人、所设计的"机"以及人与机所共处的"环境"作为一个"人-机-环境"系统来研究,其目标就是科学地利用三要素之间的相互作用、相互依存的有机联系来寻求系统的优化。

　　基于该学科的特点,其理论和方法可为设计中考虑"人的因素"提供人体尺度数据,可为设计中"机的功能"合理性提供科学依据,可为设计中考虑"环境因素"提供设计准则,可为"人-机-环境"系统设计提供整体思路,可为贯彻"以人为核心"的设计思想提供可行方法,因而工业与工程设计便成为该学科应用的重要领域之一。目前,以人为核心的设计思想已为工业与工程设计领域所重视,并要求将该学科理论与方法贯穿于设计的全过程,以逐步将工业和工程设计水平提升到人们所追求的高度。

　　为适应设计类专业课程设置的需要,1991 年,本书作者主编了国内该学科第一本统编教材——《人机工程学》,其出版填补了国内该学科教材的空白;2000 年本书作者主编的《人机工程学》(修订版)是普通高等教育"九五"部级重点教材,并获 2002 年教育部"全国普通高等学校优秀教材二等奖"、上海市汽车工业教育基金会"十年重大成果奖"等奖项;2005 年再次修订的《人机工程学》(第 3 版)增加了多媒体教学课件,大大增强了教材的实用性,出版后累计印数已近 9 万册。在此基础上,再次修订的《人机工程学》(第 4 版)对其内容做了较多的充实与更新,特别是增加了该学科发展新趋势等学科前沿方面的内容,充分体现了教材的先进性和前瞻性。无疑,《人机工程学》(第 4 版)的出版,为高等院校相关的设计类专业提供了一本优秀的教材和有益的参考书。

中国工程院院士

序 二

　　人机工程学是一门以诸多学科为基础的综合性交叉学科。该学科主要研究以人为本的设计思想和管理理念，为实现以人为本的科学发展观提供理论依据和应用方法。该学科的理论与方法无论是对工程技术领域还是对管理科学领域都具有十分重要的指导意义和应用价值。目前，其理论与方法已被广泛应用于制造、建筑、交通、信息、安全、航空航天和国防等诸多领域。

　　基于高等教育办学思想的前瞻性，在 20 世纪 80 年代末，国内高等院校不断更新专业设置，随之开设新兴学科课程，《人机工程学》教材就是在此背景下组织编写出版并进入高等院校的课堂。

　　《人机工程学》（第 5 版）是第二批"十二五"普通高等教育本科国家级规划教材。该教材从 1987 年筹划编写的《人机工程学》（统编版）开始，至 2023 年年底，历时 30 余年。在此期间，该教材经 5 次修订，数次印刷，多次获奖的过程，是编著者在该学科领域教学和科研的探索历程，充分反映了其与时俱进的精神。

　　在对本版本教材的修订中，编著者依据教育部对国家级规划教材的编写要求，删除了前 5 版中较为传统的内容，将人机智能系统以及由此激发的人的创造性行为等跨学科研究的新成果、新趋势首次引入第 6 版教材，使第 6 版教材具有创新性和前瞻性等特色，同时又使第 6 版教材形成国内人机工程学教材中既精练又完整、既系统又前沿的优质教材和优秀的参考书。

中国工程院院士

第 6 版前言

本书系"十二五"普通高等教育本科国家级规划教材，是 1991 年出版的《人机工程学》教材的第 6 版。1991 年出版的《人机工程学》是工业设计专业"七五"规划的统编教材，也是人机工程学学科的第一本全国统编教材，于 1993 年获同济大学第四届"优秀教材一等奖"，其后被列为普通高等教育"九五"部级重点教材，并在 2000 年出版了修订版，该版于 2002 年获教育部"全国普通高等学校优秀教材二等奖"；为了适应教学和市场的需求，伴随着学科发展，为适时反映学科发展研究成果和发展动向，在 2005 年出版了第 3 版，2011 年出版了第 4 版，该版于 2012 年获"中国机械工业科学技术二等奖"，在上述基础上，2014 年被审定为"十二五"普通高等教育本科国家级规划教材（教高函〔2014〕8 号文），由此为第 5 版的修订标明了努力方向。

人机工程学作为 20 世纪 80 年代左右开始在国内发展的一门新兴的交叉学科，进入 21 世纪以来，在新一轮科技与产业变革的联合推动下，其发展已初见端倪。品种繁多的智能化产品在日常的生活、学习以及工作中的广泛运用促使社会生活和生产活动发生了翻天覆地的变化。这种社会发展的脉搏传递给本学科一个新的信息，即一种全新概念的人机关系和人机系统，将给人机工程学的研究带来新的课题和新的活力。笔者感知到上述信息，经学习、分析和研究，将人与智能工具的关系、人机智能系统以及由此激发的人的创造性行为等新的内容，率先引入本版教材，使教材具有创新性和前瞻性。

"以人为本"是本学科发展的宗旨，本书的修订也遵循以人为本的指导思想。对于以教师为本，在修订版中保持原书的体系结构和编写风格，保证教材使用的延续性。对于以读者为本，在修订版中除新增了前述的创新性内容，删除了一些叙述性的传统内容，还增加了一些较为精美的插图，以适应有关设计专业读者的求变、求新、求美的思维特征。此外，还增加了应用实例，以培养读者将理论知识转化为应用研究的能力。以人为本的编写思想充分体现了本书的系统性和实用性。

从 1987 年筹划编写初版《人机工程学》开始，到 2017 年第 5 版与读者见面为止，历时将近 30 年，在此期间，本书历经多次修订、多次获奖、多次印刷。截至 2016 年 8 月，前 4 版共印刷 36 次，累计印数为 209 060 册。截至 2023 年 12 月，第 5 版共印刷 30 次，其印数为 76 500 册。本书总印刷 66 次，总印数达 285 560 册。通过不断教用户使用、不断接受用户的质检，形成了本书从无到有、从有到好的寻优过程。该过程从客观上充分反映了本书具有良好的适用性。

全书由同济大学教授丁玉兰编著。白胜勇、石淼、孟令鹏、赵朝义参与了相关资料的收集和整理以及编辑加工工作，在此表示感谢。

本书从初版到第 6 版均由北京理工大学出版社出版，在多次出版和修订的过程中，得到出版社领导和责任编辑的大力支持和帮助，特别是第 5 版和第 6 版的策划编辑李丁一，在合作过程中，曾给予作者很多有价值的修改意见和建

议，在此一并深表谢意。另外在编写过程中，还参阅了大量的文献资料，无法
一一列出，在此向这些文献资料的原作者表示真诚的谢意。

限于编者知识和表达能力有限，书中不妥和错误之处在所难免，恳请读者
和同行批评指正。

丁玉兰
2024 年 1 月于同济园

第 5 版前言

本书系"十二五"普通高等教育本科国家级规划教材，是 1991 年出版的《人机工程学》（统编版）教材的第 5 版。1991 年出版的《人机工程学》（统编版）是工业设计专业"七五"规划的统编教材，也是人机工程学学科的第一本全国统编教材，于 1993 年获同济大学第四届"优秀教材一等奖"，其后被列为普通高等教育"九五"部级重点教材，并在 2000 年出版了修订版，该版于 2002 年获教育部"全国普通高等学校优秀教材二等奖"；为了适应教学和市场的需求，伴随着学科发展，为适时反映学科发展研究成果和发展动向，在 2005 年出版了第 3 版，2011 年出版了第 4 版，该版于 2012 年获"中国机械工业科学技术二等奖"，在上述基础上，2014 年被审定为"十二五"普通高等教育本科国家级规划教材（教高函〔2014〕8 号文），由此为第 5 版的修订标明了努力方向。

人机工程学作为 20 世纪 80 年代左右开始在国内发展的一门新兴的交叉学科，进入 21 世纪以来，在新一轮科技与产业变革的联合推动下，其发展已初见端倪。品种繁多的智能化产品在日常的生活、学习以及工作中的广泛运用引起了社会生活和生产活动发生翻天覆地的变化。这种社会发展的脉搏传递给本学科一个新的信息，即一种全新概念的人机关系和人机系统，将给人机工程学研究带来新的课题和新的活力。笔者感知到上述信息，经学习、分析和研究，将人与智能工具的关系、人机智能系统以及由此激发的人的创造性行为等新的内容，率先引入本版教材，使教材具有创新性和前瞻性。

"以人为本"是本学科发展宗旨，本教材的修订也遵循以人为本的指导思想。对于以教师为本，在修订版中保持原教材的体系结构和编写风格，保证教材使用的延续性。对于以读者为本，在修订版中除新增了前述的创新性内容，删除了一些叙述性的传统内容，还增加了一些较为精美的插图，以适应有关设计专业读者的求变、求新、求美的思维特征。此外，还增加了应用实例，以培养读者将理论知识转化为应用研究的能力。以人为本的编写思想充分体现了教材的系统性和实用性。

从 1989 年筹划编写《人机工程学》（统编版）开始，到 2017 年第 5 版与读者见面为止，历时将近 30 年，在此期间，本教材历经多次修订、多次获奖、多次印刷。截止到 2016 年 8 月，前 4 版共印刷 36 次，其累计印数为 209 060 册。通过教材不断交用户使用、不断接受用户的质检，形成了本教材从无到有、从有到好的寻优过程。该过程从客观上充分反映了本教材具有良好的适用性。

全书由同济大学教授丁玉兰编著。白胜勇、刘岩、张成宝、叶武平、谢硕、黄海波、赵朝义、岳惊涛、石淼、邵灵敏、王晓翔、王向军、石磊、谢佳音等参与了相关资料的收集和整理工作，在此表示感谢。

本教材从统编版到第 5 版均由北京理工大学出版社出版，在多次修订和出版过程中，得到出版社有关领导和责任编辑的大力支持和帮助，在此深表谢意。另外，在编写过程中，参阅了大量的文献资料，在主要参考文献中无法——列出，在此一并表示谢意。

限于编者知识和水平，书中不妥和错误之处在所难免，诚请广大读者批评指教。

丁玉兰

2016 年 5 月于同济园

第 4 版前言

本书系 1991 年出版的普通高等工科教育机电类规划教材《人机工程学》（统编版）的第 4 版。1991 年出版的《人机工程学》（统编版）是工业设计专业"七五"规划的统编教材，也是人机工程学学科的第一本全国统编教材；2000 年出版的《人机工程学》（修订版）被列为普通高等教育"九五"部级重点教材，并于 2002 年获教育部"全国普通高等学校优秀教材二等奖"；2005年出版的《人机工程学》（第 3 版）为了适应教学和市场的需求，除充实了新的内容之外，还增配了完整的多媒体课件。截至 2010 年 9 月，本教材的前 3版共印刷了 22 次，累计印数达 143 500 册。从本教材的销售数量和出版社获得的用户反馈信息表明，本教材市场需求较大。为此，笔者与出版社共商决定，编写并出版《人机工程学》（第 4 版）。

人机工程学作为 20 世纪 80 年代左右开始在国内发展的一门新兴的交叉学科，随着现代社会经济和科学技术的快速发展，其发展更是超出人们的预期。科学发展观要求建立和谐社会，这必然要涉及人与人、人与物以及人与自然的和谐。显然，将人机工程学的研究领域拓宽了，将研究人员的视野扩大了，将本学科交叉的范围延伸了，时代对教材的要求也更高了，这是编写并出版《人机工程学》（第 4 版）的必要性。

从人机工程学在国内逐步兴起时，笔者便致力于本学科的教学和科研工作，至今从未间断过，30 余年的实践，不断积累教学经验、科研成果以及参考资料，这是编写《人机工程学》（第 4 版）具备的可能性。

编写《人机工程学》（第 4 版）的基本思路是：首先，从授课教师的角度出发，充分考虑使用教材的延续性；其次，从广大读者的角度出发，尽力考虑本书内容的先进性；最后，从编者对本书要求的角度出发，始终保持教材特有的风格。由此形成的《人机工程学》（第 4 版）的特点是：保持了前 3 版教材的结构体系；反映了本学科的新成果和新动向；力求叙述简练、插图美观以及课件的实用性。

全书由同济大学人机与环境工程研究所丁玉兰编著；宓为建、白胜勇、刘岩、张成宝、叶武平、邵灵敏、谢佳音、石磊、王向军、谢硕、赵朝义、刘园参与了相关资料的收集和整理工作。

本教材的统编版、修订版、第 3 版以及第 4 版均由北京理工大学出版社出版，在多次的出版和修订过程中，得到出版社有关领导和责任编辑的大力支持和帮助；另外，在编写过程中，参阅了大量的文献资料，在主要参考文献中无法一一列出，在此一并表示谢意。

限于编者水平有限，书中不妥和错误之处在所难免，诚请广大读者批评指教。

丁玉兰

2010 年 10 月于同济园

第 3 版前言

本书系普通高等工科教育机电类规划教材《人机工程学》（统编版）的第 3 版。其统编版是机械工程类工业设计教学指导委员会组织的"七五"规划统编教材，于 1991 年 8 月出版；其修订版经工业设计教学指导委员会推荐，又经机械工程一级学科教学指导委员会专家认定，列为普通高等教育"九五"部级重点教材，于 2000 年 2 月出版。该修订版于 2002 年 10 月获教育部"全国普通高等学校优秀教材二等奖"；于 2003 年 12 月获上海汽车工业教育基金会"十年重大成果奖"等奖项。

人机工程学在国内是一门尚处于发展中的新兴学科，特别是在本书修订版出版后的五年中，由于当代科学技术的突飞猛进，国内经济、教育的快速发展，推动了人机工程学的不断发展，使人们在实践中，逐渐深化了对本学科的认识，致使本学科"以人为本"的核心思想正在向更广泛的领域渗透。为此，在教育方面，设置人机工程学课程的院校和专业快速增加，相应对该课程教材的要求也日益提高。基于学科发展的这一特点，既有必要，也有可能对本书的修订版内容进行充实和更新，由此促成了第 3 版的出版。

人机工程学教材第 3 版的编写，仍保持了修订版的结构体系和编写特色，但在具体内容上做了较多的充实和更新，特别是对人机工程学学科的新技术和发展新趋势做了介绍，充分反映教材的前瞻性。

本书内容仍为 12 章，第 1 章至第 4 章为学科基础理论；第 5 章至第 10 章为学科设计原理与方法；第 11 章、第 12 章为学科综合应用与发展动态。显然，全书的内容和编排充分体现了教材的系统性、实用性和先进性。

通过编著者多年对本课程教学反馈信息的收集和分析，为适应现代多媒体教学的需要，既为方便教师授课，也为方便学生查阅有关资料，在人机工程学教材第 3 版中，提供了相应配套的光盘。

全书由同济大学人机与环境工程研究所丁玉兰编著；在编写中，宓为建、白胜喜、邵英俊、石磊、邵灵敏、谢佳音、白佳璧、张娣、刘园参与了相关资料的收集和整理工作。

本书的统编版、修订版以及第 3 版均由北京理工大学出版社出版，在几次出版和修订过程中，得到出版社的大力支持和帮助；另外，在编写过程中，作者参阅了大量的文献资料，在参考文献中无法一一列出，在此一并表示谢意。

限于编著者水平有限，书中不妥和错误之处在所难免，诚请广大读者批评指正。

丁玉兰
2004 年 7 月于同济园

修订版前言

本书是1991年8月出版的高等学校教材《人机工程学》（统编版）的修订版。其统编版是工业设计专业"七五"规划的统编教材，从统编版的编写到修订版的出版，前后历经近十年，其间已进行过五次印刷，经过9年的反复使用。仅从时间上来看，统编版教材的修订已稍滞后于教学要求。

20世纪80年代末，人机工程学在国内尚属起步不久的新兴交叉学科。统编版《人机工程学》作为该学科的第一本全国统编教材，尽管在编写时力求反映该学科的研究成果，但因当时国内有关数据、标准尚少，加之缺少长时间教学实践，故在内容上有所欠缺。重新审视统编版教材内容，已不能反映该学科日益发展的水平，更不能满足日渐提高的教学要求。为此，有必要对统编版教材内容进行更新和充实。

在统编版教材出版后的九年中，国内人机工程学学科发展迅速，在理论、应用、规范、标准等方面成果丰硕。特别是在标准方面，已从当年的10余项增加到40余项；同时在教学方面，开设此课程的院校和专业迅速增加，使用该教材的反馈信息不断增多，累积了许多教学经验和资料。因而有可能对统编版教材内容进行修订与充实。

经工业设计教学指导委员会专家推荐，机械工程学科教学指导委员会专家认定，将修订版《人机工程学》列为普通高等教育"九五"部级重点教材，这为统编版《人机工程学》的修订提供了极好的机会，促成了修订版《人机工程学》教材的早日出版。

本书的编写基本上保持了统编版的体系和特色，但在具体内容上作了较大的更新和充实，主要是对国内的人机工程学新标准作了较多的介绍，将许多引自国外的数据更新成国内数据；其次是对人机工程学在现代设计中的应用作了补充；最后还增加了应用范例分析，以帮助读者应用人机工程学理论和方法，去解决工业设计中的具体问题。此外，为便于不同层次和不同专业教学需要，方便教师选教和学生选学，在全书分量上略有增加。

本书内容共分十二章，第一至三章为基础理论：第四至十一章为设计原理与方法；第十二章为应用范例分析。全书内容和编排充分体现了先进性、系统性和实用性。

本书由同济大学丁玉兰主编；书稿的第一、二、三、六、七、八、九、十二章由丁玉兰撰写；第四、五章由重庆大学郭钢撰写；第十、十一章由湖南大学赵江洪撰写。因本书统编版编者沈文琪一直在国外工作，无条件参加修订，由工业设计教学指导委员会决定，沈文琪原撰写的部分由丁玉兰负责修订，望沈文琪同志谅解。

本书的统编版和修订版均由北京理工大学出版社出版，在两次出版过程中，得到出版社的大力支持和帮助，在此表示感谢。

限于编者水平，书中不妥和错误之处仍在所难免，诚请广大读者批评指教。

编　者

1999年8月

出版说明

　　工业设计是在人类社会文明高度发展过程中，伴随着大工业生产的技术、艺术和经济相结合的产物。

　　工业设计从 William Morris 发起的"工艺美术运动"起，经过包豪斯的设计革命到现在，已有百余年的历史。世界各先进工业国家，由于普遍重视工业设计，因此极大地推动了工业和经济的发展与社会生活水平的提高。尤其是近几十年来，工业设计已远远超过工业生产活动的范围，成为一种文化形式。它不仅在市场竞争中起决定性作用，而且对人类社会生活的各方面产生了巨大的影响。工业设计正在解决人类社会现实的与未来的问题，正在创造、引导人类健康的工作与生活，并直接参与重大社会决策与变革。

　　工业设计的方法论，包括三个基本问题：技术与艺术的统一；功能与形式的统一；微观与宏观的统一。在设计观念上，传统的"形式追随功能"已由于人的需求日益受到重视，并且由于在设计中能够运用多学科的知识，功能的内涵已经大为扩展，设计更具生命力，更加多样化，日益体现了"形式追随需求"的直接反映生活意义的倾向。人性是人的社会性和自然性的统一，人类在创造"人-社会-自然"的和谐发展中，创造了崭新的生活方式和生存空间。所有这些，都体现了"以人为核心"的设计价值观。

　　人才是国力，设计人才创造了设计世界；飞速发展的经济，必然伴有工业设计教育的长足进步。

　　"工业造型设计"专业教学指导小组成立于 1987 年 10 月。专业教学指导小组的任务之一是：研究专业课教材建设中的方针政策问题，协助主管部门进行教材评优和教材使用评介工作；制订教材建设规划，组织编写、评选教材。根据这一任务，教学指导小组制定了"七五"教材出版规划。在各院校的共同努力下，编写了以下教材：《产品造型材料与工艺》（主编程能林）；《人机工程学》（主编丁玉兰）；《视觉传达设计》（主编曾宪楷）；《工业设计史》（何人可编）；《造型基础》（主编张福昌）；《产品造型设计》（主编高敏）；《工业设计方法学》（主编简召全）。

　　这套教材是以工科院校的工业设计专业为主要对象编写的，也考虑了艺术类招生学校的教学要求，并由有这方面教学经验的教师担任主编，因此基本上能满足我国现今工业设计教育的要求。本书也可供企业中从事设计工作的人员学习参考。

　　在本书的编写过程中，我们取长补短、互相交流、团结合作，每位编者都付出了极大的艰辛，按照推荐教材的要求努力在辩证唯物主义和历史唯物主义思想的指导下，认真贯彻理论与实践相结合的方针，努力提高教材的思想性、科学性、启发性、先进性和适用性，力求反映工业设计的先进水平，提高教材的质量。

本书的出版，解决了工业设计教育中急需教材的有无问题。在"八五"教材规划中，我们还要继续努力，以求进一步扩大教材的品种和提高教材的质量。

最后，应当感谢机电部教材编辑室和北京理工大学出版社，是在他们的帮助和支持下，这套教材才得以和广大读者见面。

高等工业学校《工业造型设计》
专 业 教 学 指 导 小 组 组 长　简召全
1991 年 4 月

统编版前言

  《人机工程学》（统编版）一书系全国高等工业院校工业造型设计专业教学指导组组织编写的统编教材之一。本书是根据 1987 年 10 月全国高等工业院校工业造型设计专业教学指导组制订的教学计划和教学大纲，以及 1988 年 6 月该专业教学指导组审定的"人机工程学编写大纲"编写的。初稿完成后，于 1989 年 11 月在该专业的教材审稿会上通过审稿。

  本书按高等工业院校工业造型设计专业本科生对人机工程学课程的要求，以 54～72 学时专业必修课的内容，来控制全书内容的深度、广度和字数。编者力求在本教材中提供必要的人机工程学方面的设计资料和数据，又本着少而精的原则来处理全书的内容。编写过程中，在汇集各有关院校的本课程教学资料和研究成果的基础上，又广泛收集和分析了国内外较新的文献资料，特别是对我国近年来在人机工程学方面的研究成果作了充分的反映。例如，我国 1989 年 7 月开始实施的 GB 10000—1988《中国成年人人体尺寸》标准中有关人体测量数据，已选入本书。此外，本书还反映了作者自己的研究成果。

  本书作为教学用书，不可能阐述人机工程学的全部内容。但作为人机工程学学科的第一本全国统编教材，仍具有一定的编写特色，本书是以人机工程学所涉及的人、机、环境三要素的核心问题为主，又考虑到工业造型设计专业本科生应掌握的该学科基础知识的特殊需要，来选择、安排全书的内容和章节。全书共十章，包括两部分内容，前三章为人机工程学理论基础，后七章为工业造型设计中的有关人机工程学设计原理和设计方法。其主要内容为：人机工程学概论，人体测量与人体模型，人的感知与反应特征，显示装置设计，操纵装置设计，作业空间与用具设计，作业环境的分析与评价，作业疲劳与安全设计，人机系统设计以及典型的人机系统设计。因此，本书既可作为高等工业院校工业设计专业的必修课教材，也可作为其他产品设计类专业必修课或选修课的教学参考书，还可供人机工程学方面的研究人员和有关的工程技术人员参考。

  本书由同济大学丁玉兰主编，由上海交通大学朱崇贤主审。参加审稿的还有北京理工大学简召全、鄢必让，湖南大学程能林，重庆大学高敏，湖北工学院曾宪楷，无锡轻工业学院张福昌，哈尔滨科技大学刘长英、任家富，云南工学院胡志勇，武汉工业大学陈汗青，机械工业出版社王世刚，北京理工大学出版社吴家楠。专家们对书稿提出许多宝贵的意见和建议；特别是主审人对书稿全部内容进行了逐字逐句、认真细致的审阅，并提出许多具体的修改意见。编者在此向他们表示真诚的感谢。此外，哈尔滨科技大学金洪彬参加了本书大纲的拟订工作，也在此向他表示谢意。

  书稿的第一、二、三、七章由同济大学丁玉兰编写；第四、五章由重庆大学郭钢编写；第六、八章由北京理工大学沈文琪编写；第九、十章由湖南大学赵江洪编写。由于编者水平有限，书中难免有错误和欠妥之处，恳请广大读者批评指正。

编 者

1989 年 11 月

目　　录

第 1 章　人机工程学学科导论

1.1　人机工程学的命名及定义

人机工程学（Man-Machine Engineering）是研究人、机械及其工作环境之间相互作用的学科。该学科在其自身的发展过程中，逐步打破了各学科之间的界限，并有机地融合了各相关学科的理论，不断地完善自身的基本概念、理论体系、研究方法以及技术标准和规范，从而形成了一门研究和应用范围都极为广泛的综合性边缘学科。因此，它具有现代各门新兴边缘学科共有的特点，如学科命名多样化、学科定义不统一、学科边界模糊、学科内容综合性强、学科应用范围广泛等。

1.1.1　学科的命名

由于本学科研究和应用的范围极其广泛，它所涉及的各学科、各领域的专家、学者都试图从自身的角度来给本学科命名和下定义，因而世界各国对本学科的命名不尽相同，即使同一个国家对本学科名称的提法也很不统一，甚至有很大差别。

例如，本学科在美国称为"Human Engineering"（人类工程学）或"Human Factors Engineering"（人的因素工程学）；西欧国家多称为"Ergonomics"（人类工效学）；而其他国家大多引用西欧的名称。

"Ergonomics"一词是由希腊词根"ergon"（即工作、劳动）和"nomoi"（即规律、规则）复合而成，其本义为人的劳动规律。由于该词能够较全面地反映本学科的本质，又源自希腊文，便于各国语言翻译上的统一，而且词义保持中立性，不显露它对各组成学科的亲密和间疏，因此目前较多的国家采用"Ergonomics"一词作为本学科命名。例如，苏联和日本都引用该词的音译，苏联译为"Эргономика"，日本译为人间工学。

人机工程学在我国起步较晚，目前在国内的名称尚未统一，除普遍采用人机工程学外，常见的名称还有人-机-环境系统工程、人体工程学、人类工效学、人类工程学、工程学心理学、宜人学、人的因素等。因名称不同，其研究重点略有差别。

由于本书力图从研究人-机关系的角度为工业设计者提供有关这一边缘学科的基础知识，因而本书便采用人机工程学这一学科名称。但是，任何一个学科的名称和定义都不是一成不变的，特别是新兴边缘学科，随着学科的不断发展、研究内容的不断扩大，其名称和定义也将发生变化。

1.1.2　学科的定义

与命名一样，对本学科所下的定义也不统一，而且随着学科的发展，其定义也在不断发生变化。

美国人机工程学专家 C. C. 伍德（Charles C. Wood）对人机工程学所下的定义：设备设计必须适合人的各方面因素，以便在操作上付出最小的代价而求得最高效率。W. B. 伍德森（W. B. Woodson）则认为：人机工程学研究的是人与机器相互关系的合理方案，亦即对人的知觉显示、操作控制、人机系统的设计及其布置和作业系统的组合等进行有效的研究，其目的在于获得最高的效率及作业时感到安全和舒适。著名的美国人机工程学及应用心理学家 A. 查帕尼斯（A. Chapanis）说："人机工程学是在机械设计中，考虑如何使人获得操作简便而又准确的一门学科。"

另外，在不同的研究和应用领域，带有侧重点和倾向性的定义很多，就不一一介绍了。

国际人类工效学学会（International Ergonomics Association，IEA）为本学科所下的定义是最有权威、最全面的定义，即人机工程学是研究人在某种工作环境中的解剖学、生理学和心理学等方面的各种因素，研究人和机器及环境的相互作用，研究在工作中、家庭生活中和休假时怎样统一考虑工作效率、人的健康、安全和舒适等问题的学科。

结合国内本学科发展的具体情况，我国 1979 年出版的《辞海》中对人机工程学给出了如下的定义，即人机工程学是一门新兴的边缘学科。它是运用人体测量学、生理学、心理学和生物力学以及工程学等学科的研究方法和手段，综合地进行人体结构、功能、心理以及力学等问题研究的学科，用以设计使操作者能发挥最大效能的机械、仪器和控制装置，并研究控制台上各个仪表的最适位置。

从上述本学科的命名和定义来看，尽管学科名称多样、定义歧异，但是本学科在研究对象、研究方法、理论体系等方面并不存在根本上的区别。这正是人机工程学作为一门独立的学科存在的理由，同时也充分体现了学科边界模糊、学科内容综合性强、涉及面广等特点。

1.2　人机工程学的起源与发展

英国是世界上开展人机工程学研究最早的国家，但本学科的奠基性工作实际上是在美国完成的。所以，人机工程学有"起源于欧洲，形成于美国"之说。本学科的起源可以追溯到 20 世纪初期。作为一门独立的学科，在其形成与发展史中，大致经历了以下三个阶段。

1.2.1　经验人机工程学

20 世纪初，美国学者 F. W. 泰罗（Frederick W. Taylor）在传统管理方法的基础上，首创了新的管理方法和理论，并据此制定了一整套以提高工作效率为目的的操作方法，考虑了人使用的机器、工具、材料及作业环境的标准化问题。例如，他曾经研究过铲子的最佳形状、重量，研究过如何减少由于动作不合理而引起的疲劳等。其后，随着生产规模的扩大和科学技术的进步，科学管理的内容不断充实丰富，其中动作时间研究、工作流程与工作方法分析、工具设计、装备布置等，都涉及人和机器、人和环境的关系问题，而且都与如何提高人的工作效率有关，其中有些原则至今对人机工程学研究仍有一定意义。因此，人们认为他的科学管理方法和理论是后来人机工程学发展的奠基石。

从泰罗的科学管理方法和理论的形成到第二次世界大战之前，称为经验人机工程学的发展阶段。这一阶段的主要研究内容是：研究每一职业的要求；利用测试来选择工人和安排工作；规划利用人力的最好方法；制订培训方案，使人力得到最有效的发挥；研究最优良的工作条件；研究最好的管理组织形式；研究工作动机，促进工人和管理者之间的通力合作。

在经验人机工程学发展阶段，研究者大都是心理学家，其中突出的代表是美国哈佛大学的心理学教授 H. 闵斯特伯格（H. Munsterberg），其代表作是《心理学与工业效率》。他提出了心理学对人在工作中的适应与提高效率的重要性。闵氏把心理学研究工作与泰罗的科学管理方法联系起来，对选择、培训人员与改善工作条件、减轻疲劳等问题曾做过大量的实际工作。由于当时本学科的研究偏重于心理学方面，因而在这一阶段大多称本学科为"应用实验心理学"。学科发展的主要特点是：机械设计的主要着眼点在于力学、电学、热力学等工程技术方面的原理设计上，在人机关系上是以选择和培训操作者为主，使人适应于机器。

经验人机工程学一直延续到第二次世界大战之前，当时，人们所从事的劳动在复杂程度和负荷量上都有了很大变化。因而改革工具、改善劳动条件和提高劳动效率成为最迫切的问题，从而使研究者对经验人机工程学所面临的问题进行科学的研究，并促使经验人机工程学进入科学人机工程学阶段。

1.2.2　科学人机工程学

本学科发展的第二阶段是第二次世界大战期间。在这个阶段中，由于战争的需要，许多国家大力发展效能高、威力大的新式武器和装备。但由于片面注重新式武器和装备的功能研究，而忽视了其中"人的因素"，因而由于操作失误而导致失败的教训屡见不鲜。例如，由于战斗机中座舱及仪表位置设计不当，造成飞行员误读仪表和误用操纵器而导致意外事故；或由于操作复杂、不灵活和不符合人的生理尺寸而造成战斗命中率低等现象经常发生。失败的教训引起决策者和设计者的高度重视。通过分析研究逐步认识到，在人和武器的关系中，主要的限制因素不是武器而是人，并深深感到"人的因素"在设计中是不能忽视的一个重要条件；同时还认识到，要设计好一个高效能的装备，只有工程技术知识是不够的，还必须有生理学、心理学、人体测量学、生物力学等学科方面的知识。因此，在第二次世界大战期间，首先在军事领域中开展了与设计相关学科的综合研究与应用。例如，为了使所设计的武器能够符合士兵的生理特点，武器设计工程师不得不请解剖学家、生理学家和心理学家为设计操作合理的武器出谋献策，结果收到了良好的效果。军事领域中对"人的因素"的研究和应用，使科学人机工程学应运而生。

科学人机工程学一直延续到 20 世纪 50 年代末。在其发展的后一阶段，由于战争的结束，本学科的综合研究与应用逐渐从军事领域向非军事领域发展，并逐步应用军事领域中的研究成果来解决工业与工程设计中的问题，如飞机、汽车、机械设备、建筑设施以及生活用品等。人们还提出在设计工业机械设备时也应集中运用工程技术人员、医学家、心理学家等相关学科专家的共同智慧。因此，在这一发展阶段中，本学科的研究课题已超出了心理学的研究范畴，使许多生理学家、工程技术专家投入本学科中来共同研究，从而使本学科的名称也有所变化，大多称为"工程心理学"。本学科在这一阶段的发展特点是，重视工业与工程设计中"人的因素"，力求使机器适应于人。

1.2.3　现代人机工程学

到了 20 世纪 60 年代，欧美各国进入了大规模的经济发展时期。在这一时期，由于科学技术的进步，人机工程学获得了更多的发展机会。例如，在宇航技术的研究中，提出了人在失重情况下如何操作，在超重情况下人的感觉如何等新问题。又如原子能的利用、电子计算机的应用以及各种自动装置的广泛使用，使人-机关系更趋复杂。同时，在科学领域中，由于控制论、信息论、系统论和人体科学等学科中新理论的建立，在本学科中应用"新三论"来进行人机系统的研究便应运而生。所有这一切，不仅给人机工程学提供了新的理论和新的实验场所，同时也给本学科的研究提出了新的要求和新的课题，从而促使人机工程学进入了系统的研究阶段。从20世纪60年代至今，可以称其为现代人机工程学发展阶段。

随着人机工程学所涉及的研究和应用领域的不断扩大，从事本学科研究的专家所涉及的专业和学科也就愈来愈多，主要有解剖学、生理学、心理学、工业卫生学、工业与工程设计、工作研究、建筑与照明工程、管理工程等专业领域。

经笔者的系统分析，将现代人机工程学的最新发展特点归纳如下。

① 软件化：软件人机工程学与硬件人机工程学并驾齐驱。

② 网络化：线上人机交互系统与线下人机交互系统协同发展。

③ 虚拟化：实物实验研究与虚拟开发技术结合成为发展趋势。

④ 数字化：数字化产品开发与人机工程学数据共享进入发展常态。

⑤ 智能化：普通人机系统向智能化人机系统演化是人机工程学发展的必然趋势。

由于人机工程学的迅速发展及其在各个领域中的作用愈来愈显著，从而引起各学科专家、学者的关注。1961年，正式成立了国际人类工效学学会（IEA），该学术组织为推动各国人机工程学的发展起了重要作用。IEA自成立至今，已分别在瑞典、德国、英国、法国、荷兰、美国、波兰、日本、中国等国家召开了22次国际性学术会议，交流和探讨不同时期本学科的研究动向和发展趋势，从而有力地推动着本学科不断向纵深发展。

本学科在国内起步虽晚，但发展迅速。新中国成立前仅有少数人从事工程心理学的研究，到20世纪60年代初，也只有中国科学院、中国人民解放军军事科学院等少数单位从事本学科中个别问题的研究，而且其研究范围仅局限于国防和军事领域。但是，这些研究却为我国人机工程学的发展奠定了基础。"十年动乱"期间，本学科的研究曾一度停滞，直至70年代末才进入较快的发展时期。

随着我国科学技术的发展和对外开放，人们逐渐认识到人机工程学研究对国民经济发展的重要性。目前，该学科的研究和应用已扩展到工农业、交通运输、医疗卫生以及教育系统等国民经济的各个部门，由此也促进了本学科与工程技术和相关学科的交叉渗透，使人机工程学成为国内科坛上一门引人注目的边缘学科。在此背景下，我国已于1989年正式成立了本学科与IEA相应的国家一级学术组织——中国人类工效学学会（Chinese Ergonomics Society，CES），其后，CES成为IEA成员，并于2009年8月在北京召开了第17届国际人类工效学学术会议，显然，这是我国人机工程学发展中又一个新的里程碑。

1.3 人机工程学的研究内容与方法

1.3.1 学科的研究内容

人机工程学研究应包括理论和应用两个方面，但当今本学科研究的总趋势还是重于应用。而对于学科研究的主体方向，则由于各国科学和工业基础的不同，侧重点也不相同。例如，美国侧重工程和人机关系；法国侧重劳动生理学；苏联注重工程心理学；保加利亚偏重人体测量；捷克、印度等则注重劳动卫生学。

虽然各国对本学科研究的侧重点不同，但纵观本学科在各国的发展过程，确定本学科研究内容有如下的一般规律。总的来说，工业化程度不高的国家往往是从人体测量、环境因素、作业强度和疲劳等方面着手研究，随着这些问题的解决，才转到感官知觉、运动特点、作业姿势等方面的研究，然后进一步转到操纵、显示设计、人机系统控制以及人机工程学原理在各种工业与工程设计中的应用等方面的研究；最后则进入人机工程学的前沿领域，如人机关系、人与环境关系、人与生态、人的特性模型、人机系统的定量描述，直至团体行为、组织行为等方面的研究。

虽然人机工程学的研究内容和应用范围极其广泛，但本学科的根本研究方向却是通过揭示人、机、环境之间相互关系的规律，以达到确保人-机-环境系统总体性能的最优化。因此，从人-机-环境系统角度出发，人机工程学的研究内容可用图 1-1 加以说明。图中曲线交叉形成七个分支，各分支的研究内容主要是：

① 人的特性的研究；
② 机器特性的研究；
③ 环境特性的研究；
④ 人-机关系的研究；
⑤ 人-环境关系的研究；
⑥ 机-环境关系的研究；
⑦ 人-机-环境系统性能的研究。

图 1-1　人机工程学的研究内容

图 1-1 所示的研究内容充分表明本学科交叉的特点，涉及内容十分复杂。对工业设计学科而言，也是围绕着人机工程的基本研究方向来确定相关的研究内容。对工业设计师来说，从事本学科研究的主要内容可概括为以下四个方面。

1. 人体特性的研究

人体特性的研究主要研究在工业设计中与人体有关的问题。例如，人体形态特征参数、人的感知特性、人的反应特性以及人在劳动中的心理特征等。研究的目的是解决机械设备、工具、作业场所以及各种用具和用品的设计如何与人的生理、心理特点相适应，从而为使用者创造安全、舒适、健康、高效的工作条件。

2. 工作场所和信息传递装置的设计

工作场所设计得合理与否，将对人的工作效率产生直接的影响。工作场所设计一般包括工作空间设计、座位设计、工作台或操纵台设计以及作业场所的总体布置等，这些设计都需要应用人体测量学和生物力学等知识和数据。研究作业场所设计的目的是保证物质环境适合于人体的特点，使人以无害于健康的姿势从事劳动，既能高效地完成工作，又感到舒适和不致过早产生疲劳。

人与机器以及环境之间的信息交流分为两个方面：显示器向人传递信息，控制器则接收人发出的信息。显示器研究包括视觉显示器、听觉显示器以及触觉显示器等的设计，同时还要研究显示器的布置和组合等问题。控制器设计则要研究各种操纵装置的形状、大小、位置以及作用力等在人体解剖学、生物力学和心理学方面的问题，在设计时，还需考虑人的定向动作和习惯动作等。

3. 环境控制与安全保护设计

从广义上说，人机工程学所研究的效率，不仅是指所从事的工作在短期内有效地完成，而且还指在长期内不存在对健康有害的影响，并使事故危险性缩小到最低限度。从环境控制方面，应保证照明、微小气候、噪声和振动等常见作业环境条件适合操作人员的要求。

保护操作者免遭"因作业而引起的病痛、疾患、伤害或伤亡"也是设计者的基本任务。因而在设计阶段，安全防护装置就被视为机械的一部分，应将防护装置直接接入机器内。此外，还应考虑在使用前对操作者的安全培训，研究在使用中操作者的个体防护等。

4. 人机系统的总体设计

人机系统工作效能的高低首先取决于它的总体设计，也就是要在整体上使"机"与人体相适应。人机配合成功的基本原因是两者都有自己的特点，在系统中可以互补彼此的不足，如机器功率大、速度快、不会疲劳等，而人具有智慧、多方面的才能和很强的适应能力。如果注意在分工中取长补短，则两者的结合就会卓有成效。显然，系统基本设计问题是人与机器之间的分工以及人与机器之间如何有效地交流信息等问题。

1.3.2 学科的研究方法

人机工程学的研究广泛采用了人体科学和生物科学等相关学科的研究方法及手段，也采取了系统工程、控制理论、统计学等其他学科的一些研究方法，而且本学科的研究也建立了一些独特的新方法，以探讨人、机、环境要素间复杂的关系问题。这些方法中包括：

1. 观察分析法

为了研究系统中人和机的工作状态，常采用各种各样的观察方法，如工人操作动作的分析、功能分析和工艺流程分析等大都采用观察法。

分析法是在调研、观察等方法获得了一定的资料和数据后采用的一种研究方法。

荷兰 Noldus 公司的 Observer 行为观察分析系统是研究人类行为的标准工具，可用来记录分析被研究对象的动作、姿势、运动、位置、表情、情绪、社会交往、人机交互等各种活动；记录被研究对象各种行为发生的时刻、发生的次数和持续的时间，然后进行统计处理，得到分析报告，可以应用于心理学、人因工程、产品可用性测试、人机交互等领域的实验研究。

便携式 Observer XT Video 行为观察分析系统放置在手提箱中，使用时将箱中的音视频设备拿取出并架设好，录制受试者的行为录像，如图 1-2 所示，完成后设备装入箱中便于携带。

2. 实测法

实测法是一种借助于仪器设备进行实际测量的方法。例如，对人体静态与动态参数的测量，对人体生理参数的测量或者是对系统参数、作业环境参数的测量等。

3. 实验法

它是当实测法受到限制时采用的一种研究方法，一般在实验室进行，也可以在作业现场进行。例如，为了获得人对各种不同显示仪表的认读速度和差错率的数据时，一般在实验室进行。如需了解色彩环境对人的心理、生理和工作效率的影响时，由于需要进行长时间和多人次的观测才能获得比较真实的数据，通常是在作业现场进行实验。图 1-3 所示的是头盔式眼动规律的实验装置。

图 1-2   Observer XT Video 行为观察分析系统

图 1-3   头盔式眼动规律的实验装置

4. 模拟和模型实验法

由于机器系统一般比较复杂，因而在进行人机系统研究时常采用模拟的方法。模拟方法包括各种技术和装置的模拟，如操作训练模拟器、机械的模型以及各种人体模型等。通过这类模拟方法可以对某些操作系统进行逼真的实验，可以得到从实验室研究外推所需的更符合实际的数据。图 1-4 所示为应用模拟和模型实验法研究人机系统特性的典型实例。因为模拟器或模型通常比它所模拟的真实系统价格便宜得多，又可以进行符合实际的研究，所以得到较多的应用。

图 1-4   应用模拟和模型实验法研究
人机系统特性的典型案例

5. 计算机数值仿真法

由于人机系统中的操作者是具有主观意志的生命体，用传统的物理模拟和模型方法研究人机系统，往往不能完全反映系统中生命体的特征，其结果与实际相比必有一定误差。另外，随着现代人机系统越来越复杂，采用物理模拟和模型方法研究复杂人机系统，不仅成本高、周期长，而且模拟和模型装置一经定型，就很难作修改变动。为此，一些更为理想而有效的方法逐渐被研究创建并得以推广，其中的计算机数值仿真法已成为人机工程学研究的一种现代方法。

数值仿真是在计算机上利用系统的数学模型进行仿真性实验研究。研究者可对尚处于设计阶段的未来系统进行仿真，并就系统中的人、机、环境三要素的功能特点及其相互间的协调性进行分析，从而预知所设计产品的性能，并进行改进设计。应用数值仿真研究，能大大缩短设计周期，降低成本。图 1-5 是人体动作分析仿真图形输出。

图 1-5　人体动作分析仿真图形输出

1.4　人机工程学体系及应用

人机工程学虽然是一门综合性的边缘学科，但它有着自身的理论体系，同时又从许多基础学科中吸取了丰富的理论知识和研究手段，所以具有现代交叉学科的特点。

1.4.1　学科的体系

该学科的根本目的是通过揭示人、机、环境三要素之间相互关系的规律，从而确保人-机-环境系统总体性能的最优化。从其研究目的看，就充分体现了本学科主要是"人体科学""工程科学"和"环境科学"之间的有机融合。更确切地说，本学科实际上是人体科学、环境科学不断向工程科学渗透和交叉的产物。它是以人体科学中的人体解剖学、劳动生理学、人体测量学、人体力学和劳动心理学等学科为"一肢"；以环境科学中的环境保护学、环境医学、环境卫生学、环境心理学和环境监测学等学科为"另一肢"；而以工程科学中的工业设计、工程设计、安全工程、系统工程、机械工程以及管理工程等学科为"躯干"，形象地构成了本学科的体系。本学科理论的构成是基于系统论、模型论和优化论，由此建立了本学科的两个重要的核心思想，其一是以人为中心的设计理念；其二是以人为本的管理思想。完整的学科体系可用图 1-6 加以描述。

1.4.2　学科的应用

1. 人机工程学在产业部门的应用

人机工程学在不同的产业部门，其应用范围极为广泛。无论什么产业部门，作为生产手段的工具、机械及设备的设计和运用以及生产场所的环境改善，为减轻作业负担而对作业方式的改善和研究开发，为防止单调劳动而对作业进行的合理安排，为防止人的差错而设计的安全保障系统，为提高产品的操作性能、舒适性及安全性而对整个系统进行的设计和改善等都是应该开展研究的课题。

2. 人机工程学在管理工程中的应用

在工业生产中，人机工程首先应用于产品设计，如汽车的视界设计、仪器的表盘设计以及对操作性能、座椅舒适性、各种家用电器的使用性能等的分析研究。此外，以人为本的管理理念已逐步渗透到管理学科，所涉及的主要内容见表 1-1。近十几年来，世界各国应用人机工程的领域较广，取得的成绩也较显著。

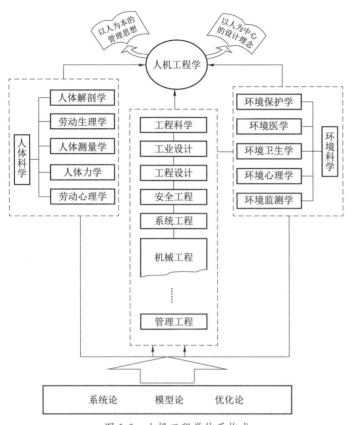

图 1-6　人机工程学体系构成

表 1-1　人机工程学在管理学科的应用

学科领域	对　象	内　　容
管　理	人与组织、设备、信息、技术、职能、模式等	经营流程再造、生产与服务过程优化、组织结构与部门界面管理、管理运作模式、决策行为模式、参与管理制度、企业文化建设、管理信息系统、计算机集成制造系统（CIMS）、企业网络、模拟企业、程序与标准、沟通方式、人事制度、激励机制、人员选拔与培训、安全管理、技术创新、CI 策划等

3. 人机工程学在设计领域中的应用

　　由表 1-1 可知，人机工程学与国民经济的各部门都有密切关系。仅从工业设计这一范畴来看，大至航天系统、城市规划、建筑设施、自动化工厂、机械设备、交通工具，小至家具、服装、文具以及盆、杯、碗、筷之类的生活用品，总之为人类各种生产与生活所创造的一切"物"，在设计和制造时，都必须把"人的因素"作为一个重要条件来考虑。显然，研究和应用人机工程学原理和方法就成为工业设计者所面临的新课题之一。人机工程学与工业设计相关的研究领域可用表 1-2 加以说明。

表 1-2　人机工程学与工业设计相关的研究领域

领域	对象	实例
设施或产品的设计	航天系统	火箭、人造卫星、宇宙飞船等
	建筑设施	城市规划、工业设施、工业与民用建筑等
	机械设备	机床、建筑机械、矿山机械、农业机械、渔业机械、林业机械、轻工机械、动力设备以及电子计算机等
	交通工具	飞机、火车、汽车、电车、船舶、摩托车、自行车等
	仪器设备	计量仪表、显示仪表、检测仪表、医疗器械、照明器具、办公事务器械以及家用电器等
日用品设计	器具	家具、工具、文具、玩具、体育用具以及生活日用品等
	服装	劳保服、生活用服、安全帽、劳保鞋等
作业的设计	作业姿势、作业方法、作业量以及工具的选用和配置等	工厂生产作业、监视作业、车辆驾驶作业、物品搬运作业、办公室作业以及非职业活动作业等
环境的设计	声环境、光环境、热环境、色彩环境、振动、尘埃以及有毒气体环境等	工厂、车间、控制中心、计算机房、办公室、车辆驾驶室、交通工具的乘坐空间以及生活用房等

1.5　人机工程学与工业设计

1.5.1　人机工程学的发展与设计思想的演变

由人机工程学的发展历史表明，在其不同的发展阶段，设计的指导思想也有很大的差异。随着人机工程学的进一步发展，以人为中心的设计思想将会提升到一个更高的水平。据有关专家指出，未来人机工程学的发展，将倡导人-机-环境系统一体化的设计理念，由此，市场的满意度也相应提高。人机工程学的发展与设计思想的演变过程如图 1-7 所示。

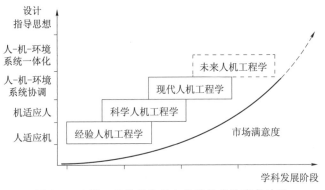

图 1-7　人机工程学的发展与设计思想的演变过程

1.5.2　人机工程学对工业设计的作用

人机工程学研究的内容及对工业设计的作用可以概括为以下五个方面。

1. 为工业设计中考虑"人的因素"提供人体尺寸参数

应用人体测量学、人体力学、劳动生理学、劳动心理学等学科的研究方法，对人体结构特征和机能特征进行研究，提供人体各部分的尺寸、体重、体表面积、比重、重心以及人体各部分在活动时的相互关系和可及范围等人体结构特征参数；还提供人体各部分的出力范围、活动范围、动作速度、动作频率、重心变化以及动作时的习惯等人体机能特征参数；分析人的视觉、听觉、触觉以及肤觉等感受器官的机能特性；分析人在各种劳动时的生理变化、能量消耗、疲劳机理以及人对各种劳动负荷的适应能力；探讨人在工作中影响心理状态的因素以及心理因素对工作效率的影响等。

2. 为工业设计中"物"的功能合理性提供科学依据

如果进行纯物质功能的创作活动，不考虑人机工程学的原理与方法，那将是创作活动的失败。因此，如何解决"物"与人相关的各种功能的最优化，创造出与人的生理、心理机能相协调的"物"，这将是当今工业设计中在功能问题上的新课题。通常，在考虑"物"中直接由人使用或操作的部件的功能问题时，如信息显示装置、操纵控制装置、工作台和控制室等部件的形状、大小、色彩及其布置方面的设计基准，都是以人体工程学提供的参数和要求为设计依据。

3. 为工业设计中考虑"环境因素"提供设计准则

通过研究人体对环境中各种物理、化学因素的反应和适应能力，分析声、光、热、振动、粉尘和有毒气体等环境因素对人体的生理、心理以及工作效率的影响程度，确定人在生产和生活活动中所处的各种环境的舒适范围和安全限度，从保证人体的健康、安全、舒适和高效出发，为工业设计中考虑"环境因素"提供分析评价方法和设计准则。

4. 为进行人-机-环境系统设计提供理论依据

人机工程学的显著特点是，在认真研究人、机、环境三个要素本身特性的基础上，不单纯着眼于个别要素的优良与否，而是将使用"物"的人和所设计的"物"以及人与"物"所共处的环境作为一个系统来研究，在人机工程学中将这个系统称为"人-机-环境"系统。在这个系统中，人、机、环境三个要素之间相互作用、相互依存的关系决定着系统总体的性能。本学科的人机系统设计理论，就是科学地利用三个要素之间的有机联系来寻求系统的最佳参数。

系统设计的一般方法，通常是在明确系统总体要求的前提下，着重分析和研究人、机、环境三个要素对系统总体性能的影响、应具备的各自功能及其相互关系，如系统中机和人的职能如何分工、如何配合，环境如何适应人，机对环境有何影响等问题，经过不断修正和完善三要素的结构方式，最终确保系统最优组合方案的实现。人机工程学为工业设计开拓了新的设计思路，并提供了独特的设计方法和有关理论依据。

5. 为坚持以"人"为核心的设计思想提供工作程序

一项优良的设计必然是人、环境、技术、经济、文化等因素巧妙平衡的产物。为此，要求设计师有能力在各种制约因素中，找到一个最佳平衡点。从人机工程学和工业设计两个学科的共同目标来评价，判断最佳平衡点的标准，就是在设计中坚持以"人"为核心的主导思想。

以"人"为核心的主导思想具体表现在各项设计均应以人为主线，将人机工程理论贯穿于设计的全过程。人机工程学研究指出，在产品设计全过程的各个阶段，都必须进行人机工程学设计，以保证产品使用功能得以充分发挥。表 1-3 所示为工业设计各阶段中人机工程设计的工作程序。

表 1-3 工业设计各阶段中人机工程设计的工作程序

设计阶段	人机工程设计的工作程序
规划阶段（准备阶段）	1. 考虑产品与人及环境的全部联系，全面分析人在系统中的具体作用； 2. 明确人与产品的关系，确定人与产品关系中各部分的特性及人机工程要求的设计内容； 3. 根据人与产品的功能特性，确定人与产品功能的分配
方案设计	1. 从人与产品、人与环境方面进行分析，在提出的众多方案中按人机工程学原理进行分析比较； 2. 比较人与产品的功能特性、设计限度、人的能力限度、操作条件的可靠性以及效率预测，选出最佳方案； 3. 按最佳方案制作简易模型，进行模拟试验，将试验结果与人机工程学要求进行比较，并提出改进意见； 4. 对最佳方案写出详细说明：方案获得的结果、操作条件、操作内容、效率、维修的难易程度、经济效益、提出的改进意见
技术设计	1. 从人的生理、心理特性考虑产品的构形； 2. 从人体尺寸、人的能力限度考虑确定产品的零部件尺寸； 3. 从人的信息传递能力考虑信息显示与信息处理； 4. 根据技术设计确定的构形和零部件尺寸选定最佳方案，再次制作模型，进行试验； 5. 从操作者的身高、人体活动范围、操作方便程度等方面进行评价，并预测还可能出现的问题，进一步确定人机关系可行程度，提出改进意见
总体设计	对总体设计用人机工程学原理进行全面分析，反复论证，确保产品操作使用与维修方便、安全与舒适，有利于创造良好的环境条件，满足人的心理需要，并使经济效益、工作效率俱佳
加工设计	检查加工图是否满足人机工程学要求，尤其是与人有关的零部件尺寸、显示与控制装置。对试制的样机全面进行人机工程学总评价，提出需要改进的意见，最后正式投产

社会发展、技术进步、产品更新、生活节奏紧张，这一切必然导致"物"的质量观的变化，人们将会更加注重"方便""舒适""可靠""价值""安全"和"效率"等指标方面的评价。人机工程学等新兴边缘学科的迅速发展和广泛应用，也必然会将工业设计的水准推到人们所追求的崭新的高度。

第 2 章 人体测量与数据应用

2.1 人体测量的基本知识

2.1.1 产品设计与人体尺度

为了使各种与人体尺度有关的设计对象能符合人的生理特点，让人在使用时处于舒适的状态和适宜的环境中，就必须在设计中充分考虑人体的各种尺度，因而也就要求设计者能了解一些人体测量学方面的基本知识，并能熟悉有关设计所必需的人体测量基本数据的性质和使用条件。

人体测量学也是一门新兴的学科，它是通过测量人体各部位尺寸来确定个体之间和群体之间在人体尺寸上的差别，用以研究人的形态特征，从而为各种工业设计和工程设计提供人体测量数据。

人机工程学范围内的人体形态测量数据主要有两类，即人体构造尺寸和功能尺寸的测量数据。人体构造上的尺寸是指静态尺寸；人体功能上的尺寸是指动态尺寸，包括人在工作姿势下或在某种操作活动状态下测量的尺寸。此外，有些文献中，也将人体生理参数的测量包括在人体测量学内容中，但为了系统叙述的方便，本章仅介绍人体形态测量的有关内容。

各种机械、设备、设施和工具等设计对象在适合于人的使用方面，首先涉及的问题是如何适合于人的形态和功能范围的限度。例如，一切操作装置都应设在人的肢体活动所能及的范围之内，其高低位置必须与人体相应部位的高低位置相适应，而且其布置应尽可能设在人操作方便、反应最灵活的范围之内，如图 2-1（a）所示。其目的就是提高设计对象的宜人性，让使用者能够安全、健康、舒适地工作，从而有利于减少人体疲劳和提高人机系统的效率。在设计中所有涉及人体尺度参数的确定都需要应用大量人体构造和功能尺寸的测量数据。在设计时若不很好考虑这些人体参数，就很可能造成操作上的困难和不能充分发挥人机系统效率。图 2-1（b）所示为单人活动受限空间的人体尺度，适

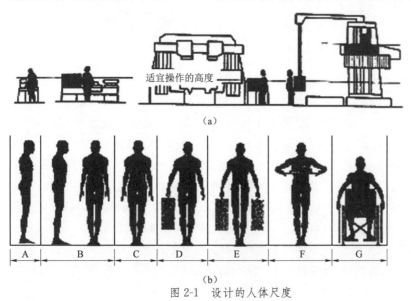

图 2-1 设计的人体尺度

用于公共空间设计的人体尺度要求。总之，这一明显的例子足以说明人体测量参数对各种与人体尺度有关的设计对象具有重要意义。

2.1.2 人体测量的主要方法

人体测量方法主要有普通测量法、三维数字化人体测量法和摄像法三种。下面介绍前两种方法。

1. 普通测量法

普通人体测量仪器可以采用一般的人体生理测量的有关仪器，包括人体测高仪、直角规、弯角规、三脚平行规、软尺、测齿规、立方定颅器、平行定点仪等，其数据处理采用人工处理或者人工输入与计算机处理相结合的方式。它主要用来测量人体构造尺寸，如图 2-2 所示。

此种测量方式耗时耗力，数据处理容易出错，数据应用不灵活，但成本低廉，具有一定的适用性。

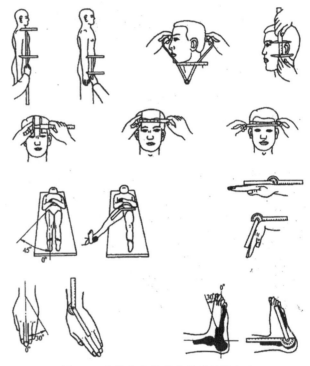

图 2-2　人体各部位尺寸普通测量方法

2. 三维数字化人体测量法

三维数字化人体测量法分为手动接触式、手动非接触式、自动接触式、自动非接触式等，最终可以根据所需速度、精度和价格确定合适的方式。

（1）手动接触式三维数字化测量仪　美国佛罗里达州的 FARO 技术公司的 FaroArm 是典型的手动接触式数字化测量仪。测量时，操作者手持 Faro 手臂，其末端的探针在接触被测人体的表面时按下按钮，测量人体表面点的空间位置。三维数据信息记录下探针所测点的 X、Y、Z 坐标和探针手柄方向，并采用 DSP 技术通过 RS232 串口线连接到各种应用软件包上。

（2）手动非接触式三维数字化测量仪　非接触式测量是运用真实人体数据的技术，随着计算机技术和三维空间扫描仪技术的发展，高解析度的三维资料足以描述准确的人体模型，如图 2-3 所示。

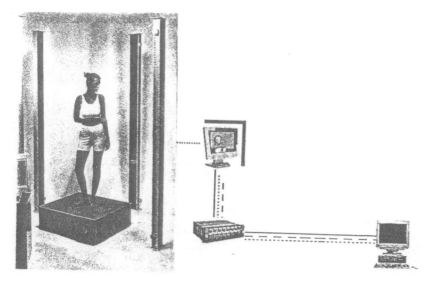

图 2-3　三维人体扫描系统

VITUS 全身三维人体扫描仪是德国 VITRONIC 公司的最新一代产品，由于其体积小，所以可以将它放在更衣室中。它能够提供足够的人体尺寸，以便进行量身定做和大规模定制，实现电子商务。

除了全身 3D 人体扫描仪之外，还有 3D 脚部扫描仪、3D 头部扫描仪，目前这些仪器已经在人体测量、汽车驾驶研究等方面得到了大规模应用。

2.1.3　中国成年人人体测量基本术语

《用于技术设计的人体测量基础项目》（GB/T 5703—2023）、《在产品设计中应用人体尺寸百分位数的通则》（GB/T 12985—1991）、《建立人体测量数据库的一般要求》（GB/T 22187—2008）规定了中国成年人人体尺寸测量术语。标准规定，只有在被测量者姿势、测量基本面、测量方向、测点等符合下列要求的前提下，测量数据才是有效的。

1. 被测者的姿势

（1）立姿　被测者身体挺直，头部以法兰克福平面定位，眼睛平视前方，肩部放松，上肢自然下垂，手伸直，掌心向内，手指轻贴大腿侧面，左、右足后跟并拢，前端分开大致呈 45°夹角，体重均匀分布于两足的姿势。

（2）坐姿　被测者躯干挺直，头部以法兰克福平面定位，眼睛平视前方，膝弯屈大致成直角，足平放在地面上的姿势。

（3）坐姿中指指尖点上举高　坐姿时，上肢垂直上举，中指指尖点至椅面的距离。

（4）直立跪姿　被测者挺胸跪在水平地面上，头部以眼耳平面定位，眼睛平视前方，肩部放松，上肢自然下垂，手伸直，手掌朝向体侧，手指轻贴大腿侧面，伸直躯干、大腿，并使两大腿前表面平齐，小腿保持水平，下肢并拢的姿势。

（5）直立跪姿体长　跪姿下，大腿前表面最突部位至足趾尖点（第一或第二趾）间平行于矢状面的水平距离。

（6）直立跪姿体高　跪姿下，从头顶点至水平地面的距离。

（7）俯卧姿　被测者俯卧在水平面上，躯干下肢自然伸展，下肢并拢两上肢间距与肩同宽并向前水平伸展，两手掌心向内，手指伸直并拢，尽可能抬头，两眼注视正前方的姿势。

（8）俯卧姿体长　俯卧姿下，从足趾尖点（第一或第二趾）至手握轴间平行于矢状面的水平距离。

（9）俯卧姿体高　俯卧姿下，从头部最高点至水平地面的距离。

（10）爬姿　被测者躯干伸直，下肢并拢，大腿与水平面保持垂直，小腿保持水平，足背绷直。两手、臂与肩同宽并垂直支撑在水平面上。尽可能抬头，两眼注视正前方的姿势。

（11）爬姿体长　爬姿下，头部水平最突点至足趾尖点（第一或第二趾）间平行于矢状面的水平距离

（12）爬姿体高　爬姿下，头部最高点至水平地面的距离。

2. 测量基准面

人体测量基准面的定位是由三个互为垂直的轴（铅垂轴、纵轴和横轴）来决定的。人体测量中设定的轴线和基准面如图 2-4 所示。

（1）矢状面　通过铅垂轴和纵轴的平面及与其平行的所有平面都称为矢状面。

（2）正中矢状面　在矢状面中，把通过人体正中线的矢状面称为正中矢状面。正中矢状面将人体分成左右对称的两部分。

（3）冠状面　通过铅垂轴和横轴的平面及与其平行的所有平面都称为冠状面。冠状面将人体分成前、后两部分。

（4）横断面　与矢状面及冠状面同时垂直的所有平面都称为水平面。水平面将人体分成上、下两部分。

（5）眼耳平面　通过左、右耳屏点及右眼眶下点的水平面称为眼耳平面或法兰克福平面。

3. 测量方向

① 在人体上、下方向上，将上方称为头侧端，将下方称为足侧端。

② 在人体左、右方向上，将靠近正中矢状面的方向称为内侧，将远离正中矢状面的方向称为外侧。

③ 在四肢上，将靠近四肢附着部位的称为近位，将远离四肢附着部位的称为远位。

④ 对于上肢，将桡骨侧称为桡侧，将尺骨侧称为尺侧。

⑤ 对于下肢，将胫骨侧称为胫侧，将腓骨侧称为腓侧。

4. 支承面和衣着

立姿时站立的地面或平台以及坐姿时的椅平面应是水平、稳固、不可压缩的。

要求被测量者裸体或穿着尽量少的内衣（例如只穿内裤和背心）测量，在后者情况下，在测量胸围时，男性应撩起背心，女性应松开胸罩后再进行测量。

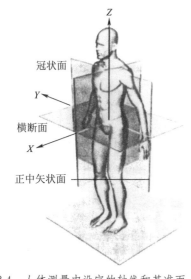

图 2-4　人体测量中设定的轴线和基准面

2.1.4　人体测量的常用仪器

在人体尺寸参数的测量中，所采用的人体测量仪器有人体测高仪、人体测量用直脚规、人体测量用弯脚规、人体测量用三脚平行规、坐高椅、量足仪、角度计、软卷尺以及医用磅秤等。我国对人体尺寸测量专用仪器已制定了标准，而通用的人体测量仪器可采用一般的人体测量的有关仪器。《人体测量仪器》（GB/T 5704—2008）是人体测量仪器的技术标准。

1. 人体测高仪

人体测高仪主要是用来测量身高、坐高、立姿和坐姿的眼高以及伸手向上

所及的高度等立姿和坐姿的人体各部位高度尺寸。

如图 2-5（a）所示，该测高仪适用于读数值为 1 mm、测量范围为 0～1 996 mm 人体高度尺寸的测量。

若将两支弯尺分别插入固定尺座和活动尺座，与构成主尺杆的第一、二节金属管配合使用时，即构成圆杆弯脚规，可用于测量人体各种宽度和厚度。

2. 人体测量用直脚规

人体测量用直脚规用来测量两点间的直线距离，特别适宜测量距离较短的不规则部位的宽度或直径，如测量耳、脸、手、足等部位的尺寸。

此种直脚规适用于读数值为 1 mm 和 0.1 mm，测量范围为 0～200 mm 和 0～250 mm 人体尺寸的测量。直脚规根据有无游标读数分Ⅰ型和Ⅱ型两种类型。其中，无游标读数的Ⅰ型直脚规根据测量范围的不同，又分为ⅠA 和ⅠB 两种形式。其结构如图2-5（b）所示。

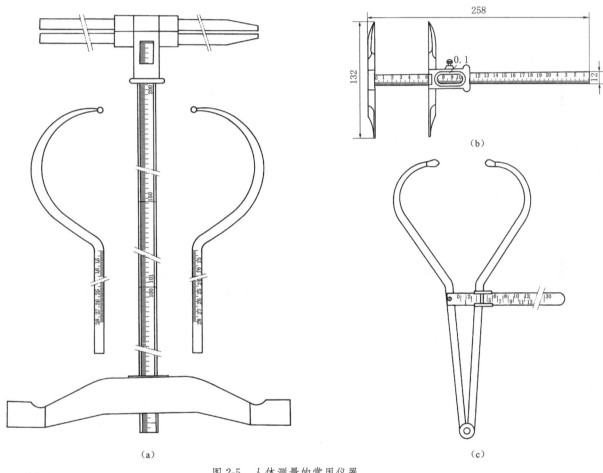

（a）

（b）

（c）

图 2-5　人体测量的常用仪器

（a）人体测高仪；（b）人体测量用直脚规；（c）人体测量用弯脚规

3. 人体测量用弯脚规

人体测量用弯脚规用于不能直接以直尺测量的两点间距离的测量，如测量肩宽、胸厚等部位的尺寸。

此种弯脚规适用于读数值为 1 mm，测量范围为 0～300 mm 的人体尺寸的测量。按其脚部形状的不同分为椭圆体形（Ⅰ型）和尖端形（Ⅱ型）。图 2-5（c）为Ⅱ型弯脚规。

2.2 人体测量中的主要统计函数

由于群体中个体与个体之间存在着差异，一般来说，某一个体的测量尺寸不能作为设计的依据。为使产品适合于一个群体的使用，设计中需要的是一个群体的测量尺寸。然而，全面测量群体中每个个体的尺寸又是不现实的。通常是通过测量群体中较少量个体的尺寸，经数据处理后而获得较为精确的所需群体尺寸。

在人体测量中所得到的测量值都是离散的随机变量，因而可根据概率论与数理统计理论对测量数据进行统计分析，从而获得所需群体尺寸的统计规律和特征参数。

2.2.1 均值

表示样本的测量数据集中地趋向某一个值，该值称为平均值，简称均值。均值是描述测量数据位置特征的值，可用来衡量一定条件下的测量水平和概括地表现测量数据的集中情况。对于有 n 个样本的测量值：x_1，x_2，$\cdots$，x_n，其均值为

$$\overline{x} = \frac{x_1 + x_2 + \cdots + x_n}{n} = \frac{1}{n}\sum_{i=1}^{n} x_i \tag{2-1}$$

2.2.2 方差

描述测量数据在中心位置（均值）上下波动程度的差异的值叫均方差，通常称为方差。方差表明样本的测量值是变量，既趋向均值而又在一定范围内波动。对于均值为 $\overline{x}$ 的 n 个样本测量值 x_1，x_2，$\cdots$，x_n，其方差 S^2 的定义为

$$S^2 = \frac{1}{n-1}\left[(x_1 - \overline{x})^2 + (x_2 - \overline{x})^2 + \cdots + (x_n - \overline{x})^2\right]$$

$$= \frac{1}{n-1}\sum_{i=1}^{n}(x_i - \overline{x})^2 \tag{2-2}$$

用上式计算方差，其效率不高，因为它要用数据作两次计算，即首先用数据算出 $\overline{x}$，再用数据去算出 S^2。推荐一个在数学上与上式等价、计算起来又比较有效的公式，即

$$S^2 = \frac{1}{n-1}(x_1^2 + x_2^2 + \cdots + x_n^2 - n\overline{x}^2)$$

$$= \frac{1}{n-1}\left(\sum_{i=1}^{n} x_i^2 - n\overline{x}^2\right) \tag{2-3}$$

如果测量值 x_i 全部靠近均值 $\overline{x}$，则优先选用这个等价的计算式来计算方差。

2.2.3 标准差

由方差的计算公式可知，方差的量纲是测量值量纲的平方，为使其量纲和均值相一致，则取其均方根差值，即标准差来说明测量值对均值的波动情况。所以，方差的平方根 S_D 称为标准差。对于均值为 $\overline{x}$ 的 n 个样本测量值 x_1，x_2，$\cdots$，x_n，其标准差 S_D 的一般计算式为

$$S_D = \left[\frac{1}{n-1}\left(\sum_{i=1}^{n} x_i^2 - n\overline{x}^2\right)\right]^{\frac{1}{2}} \tag{2-4}$$

2.2.4 抽样误差

抽样误差又称标准误差，即全部样本均值的标准差。在实际测量和统计分

析中，总是以样本推测总体，而在一般情况下，样本与总体不可能完全相同，其差别就是由抽样引起的。抽样误差数值大，表明样本均值与总体均值的差别大；反之，说明其差别小，即均值的可靠性高。

概率论证明，当样本数据列的标准差为 S_D，样本容量为 n 时，则抽样误差 $S_{\bar{x}}$ 的计算式为

$$S_{\bar{x}} = \frac{S_D}{\sqrt{n}} \tag{2-5}$$

由式（2-5）可知，均值的抽样误差 $S_{\bar{x}}$ 要比测量数据列的标准差 S_D 小 $\sqrt{n}$ 倍。当测量方法一定，样本容量越多时，测量结果精度越高。因此，在可能范围内增加样本容量，可以提高测量结果的精度。

2.2.5　百分位数

人体测量的数据常以百分位数 P_K 作为一种位置指标、一个界值。一个百分位数将群体或样本的全部测量值分为两部分：有 $K\%$ 的测量值小于或等于它；有 $(100-K)\%$ 的测量值大于它。例如，在设计中最常用的是 P_5、P_{50}、P_{95} 三种百分位数。其中，第 5 百分位数代表"小"身材，是指有 5% 的人群身材尺寸小于此值，而有 95% 的人群身材尺寸均大于此值；第 50 百分位数表示"中"身材，是指大于和小于此人群身材尺寸的各为 50%；第 95 百分位数代表"大"身体，是指 95% 的人群身材尺寸均小于此值，而有 5% 的人群身材尺寸大于此值。

在一般的统计方法中，并不一一罗列出所有百分位数的数据，而往往以均值 $\bar{x}$ 和标准差 S_D 来表示。虽然人体尺寸并不完全是正态分布，但通常仍可使用正态分布曲线来计算。因此，在人机工程学中可以根据均值 $\bar{x}$ 和标准差 S_D 来计算某百分位数人体尺寸，或计算某一人体尺寸所属的百分位数。

（1）求某百分位数人体尺寸　当已知某项人体测量尺寸的均值为 $\bar{x}$，标准差为 S_D，需要求任一百分位的人体测量尺寸 x 时，可用下式计算：

$$x = \bar{x} \pm (S_D \times K) \tag{2-6}$$

式中，K 为变换系数，设计中常用的百分比与变换系数 K 的关系见表 2-1。

表 2-1　百分比与变换系数 K

百分比/%	K	百分比/%	K
0.5	2.576	70	0.524
1.0	2.326	75	0.674
2.5	1.960	80	0.842
5	1.645	85	1.036
10	1.282	90	1.282
15	1.036	95	1.645
20	0.842	97.5	1.960
25	0.674	99.0	2.326
30	0.524	99.5	2.576
50	0.000	—	—

当求 1%~50%之间的数据时，式中取"一"号；当求 50%~99%之间的数据时，式中取"＋"号。

（2）求数据所属百分率 当已知某项人体测量尺寸为 x_i，其均值为 $\bar{x}$，标准差为 S_D，需要求该尺寸 x_i 所处的百分率 P 时，可按下列方法求得，即按 $z=(x_i-\bar{x})/S_D$ 计算出 z 值，根据 z 值在有关手册中的正态分布概率数值表上查得对应的概率数值 p，则百分率 P 按下式计算：

$$P=0.5+p \tag{2-7}$$

2.3 常用的人体测量数据

2.3.1 中国成年人人体尺寸

《中国成年人人体尺寸》（GB/T 10000—2023）是 2024 年 3 月 1 日开始实施的中国成年人人体尺寸国家标准。本标准代替《中国成年人人体尺寸》（GB/T 10000—1988）和《工作空间人体尺寸》（GB/T 13547—1992），给出了用于技术设计的中国成年人人体尺寸的基本统计数值，包括静态人体尺寸和用于工作空间设计的人体功能尺寸。

人体数据适用于成年人消费用品、交通、服装、家居、建筑、劳动防护、军事等生产与服务产品、设备、设施的设计及技术改造更新，以及各种与人体尺寸相关的操作、维修、安全防护等工作空间的设计及其工效学评价。

标准中所列出的数据是代表从事工业生产的中国成年人（男 18~70 岁，女 18~70 岁）人体尺寸，并按男、女性别分开列表。在各类人体尺寸数据表中，除了给出工业生产中成年人年龄范围内的人体尺寸，同时还将该年龄范围分为三个年龄段：18~25 岁（男、女）；26~35 岁（男、女）；36~60 岁（男）和 36~60 岁（女）；61~70 岁（男、女），且分别给出这些年龄段的各项人体尺寸数值。为了应用方便，各类数据表中的各项人体尺寸数值均列出其相应的百分位数。但限于篇幅，本章中仅引用了工业生产中成年人年龄范围内的人体尺寸，其他各个年龄段的人体尺寸从略。

1. 男性人体静态尺寸

18~70 岁成年男性静态人体尺寸百分位数如表 2-2 所示。

表 2-2 18~70 岁成年男性静态人体尺寸百分位数

	测量项目	百分位数						
		P_1	P_5	P_{10}	P_{50}	P_{90}	P_{95}	P_{99}
1	体重/kg	47	52	55	68	83	88	100
	立姿测量项目/mm							
2	身高	1 528	1 578	1 604	1 687	1 773	1 800	1 860
3	眼高	1 416	1 464	1 486	1 566	1 651	1 677	1 730
4	肩高	1 237	1 279	1 300	1 373	1 451	1 474	1 525
5	肘高	921	957	974	1 037	1 102	1 121	1 161
6	手功能高	649	681	696	750	806	823	854
7	会阴高	628	655	671	729	790	807	849

测量项目	百分位数						
	P_1	P_5	P_{10}	P_{50}	P_{90}	P_{95}	P_{99}
8	胫骨点高	389	405	415	445	477	488	509
9	上臂长	277	289	296	318	339	347	358
10	前臂长	199	209	216	235	256	263	274
11	大腿长	403	424	434	469	506	517	537
12	小腿长	320	336	345	374	405	415	434
13	肩最大宽	398	414	421	449	481	490	510
14	肩宽	339	354	361	386	411	419	435
15	胸宽	236	254	265	299	330	339	356
16	臀宽	291	303	309	334	359	367	382
17	胸厚	172	184	191	218	246	254	270
18	上臂围	227	246	257	295	332	343	369
19	胸围	770	809	832	927	1 032	1 064	1 123
20	腰围	642	687	713	849	986	1 023	1 096
21	臀围	810	845	864	938	1 018	1 042	1 098
22	大腿围	430	461	477	537	600	620	663

坐姿测量项目/mm							
23	坐高	827	856	870	921	968	979	1 007
24	坐姿颈椎点高	599	622	635	675	715	726	747
25	坐姿眼高	711	740	755	798	845	856	881
26	坐姿肩高	534	560	571	611	653	664	686
27	坐姿肘高	199	220	231	267	303	314	336
28	坐姿大腿厚	112	123	130	148	170	177	188
29	坐姿膝高	443	462	472	504	537	547	567
30	坐姿腘高	361	378	386	413	442	450	469
31	坐姿两肘间宽	352	376	390	445	505	524	56
32	坐姿臀宽	292	308	316	346	379	388	410
33	坐姿臀-腘距	407	427	438	472	507	518	538
34	坐姿臀-膝距	509	526	535	567	601	613	635
35	坐姿下肢长	830	873	892	956	1 025	1 045	1 086

头部测量数据/mm							
36	头宽	142	147	149	158	167	170	175
37	头长	170	175	178	187	197	200	205
38	形态面长	104	108	111	119	129	133	144
39	瞳孔间距	52	55	56	61	66	68	71
40	头围	531	543	550	570	592	600	617
41	头矢状弧	305	320	325	350	372	380	395

测量项目		百分位数						
		P_1	P_5	P_{10}	P_{50}	P_{90}	P_{95}	P_{99}
42	耳屏间弧（头冠状弧）	321	334	340	360	380	386	397
43	头高	202	210	217	231	249	253	260
手部测量项目/mm								
44	手长	165	171	174	184	195	198	204
45	手宽	78	81	82	88	94	96	100
46	食指长	62	65	67	72	77	79	82
47	食指近位宽	18	18	19	20	22	23	23
48	食指远位宽	16	16	17	18	20	20	21
49	掌围	182	190	193	206	220	225	234
足部测量项目/mm								
50	足长	224	232	236	250	264	269	278
51	足宽	85	89	9	98	104	106	110
52	足围	218	226	231	247	263	268	278

2. 女性人体静态尺寸

18～70 岁成年女性静态人体尺寸百分位数如表 2-3 所示。

表 2-3　18～70 岁成年女性静态人体尺寸百分位数

测量项目		百分位数						
		P_1	P_5	P_{10}	P_{50}	P_{90}	P_{95}	P_{99}
1	体重/kg	41	45	47	57	70	75	84
立姿测量项目/mm								
2	身高	1 440	1 479	1 500	1 572	1 650	1 673	1 725
3	眼高	1 328	1 366	1 384	1 455	1 531	1 554	1 601
4	肩高	1 161	1 195	1 212	1 276	1 345	1 366	1 411
5	肘高	867	895	910	963	1 019	1 035	1 070
6	手功能高	617	644	658	705	753	767	797
7	会阴高	618	641	653	699	749	765	798
8	胫骨点高	358	373	381	409	440	449	468
9	上臂长	256	267	271	292	311	318	332
10	前臂长	188	195	202	219	238	245	256
11	大腿长	375	395	406	441	476	487	508
12	小腿长	297	311	318	345	375	384	401
13	肩最大宽	366	377	384	409	440	450	470
14	肩宽	308	323	330	354	377	383	395
15	胸宽	233	247	255	283	312	319	335

测量项目	百分位数						
	P_1	P_5	P_{10}	P_{50}	P_{90}	P_{95}	P_{99}
16 臀宽	281	293	299	323	349	358	375
17 胸厚	168	180	186	212	240	248	265
18 上臂围	216	235	246	290	332	344	372
19 胸围	746	783	804	895	1 009	1 042	1 109
20 腰围	599	639	663	781	923	964	1 047
21 臀围	802	837	854	921	1 009	1 040	1 111
22 大腿围	443	470	485	536	595	617	661
坐姿测量项目/mm							
23 坐高	780	805	820	863	906	921	943
24 坐姿颈椎点高	563	581	592	628	664	675	697
25 坐姿眼高	665	690	704	745	787	798	823
26 坐姿肩高	500	521	531	570	607	617	636
27 坐姿肘高	188	209	220	253	289	296	314
28 坐姿大腿厚	108	119	123	137	155	163	173
29 坐姿膝高	418	433	440	469	501	511	531
30 坐姿腘高	341	351	356	380	408	418	439
31 坐姿两肘间宽	317	338	352	410	474	491	529
32 坐姿臀宽	293	308	317	348	382	393	414
33 坐姿臀-腘距	396	416	426	459	492	503	524
34 坐姿臀-膝距	489	506	514	544	577	588	607
35 坐姿下肢长	792	833	849	904	960	977	1 015
头部测量数据/mm							
36 头宽	137	141	143	151	159	162	168
37 头长	162	167	170	178	187	189	194
38 形态面长	96	100	102	110	119	122	130
39 瞳孔间距	50	52	54	58	64	66	71
40 头围	517	528	533	552	571	577	591
41 头矢状弧	280	303	311	335	360	367	381
42 耳屏间弧（头冠状弧）	313	324	330	349	369	375	385
43 头高	199	206	213	227	242	246	253
手部测量项目/mm							
44 手长	153	158	160	170	179	182	188
45 手宽	70	73	74	80	85	87	90
46 食指长	59	62	63	68	73	74	77
47 食指近位宽	16	17	17	19	20	21	21

	测量项目	百分位数						
		P_1	P_5	P_{10}	P_{50}	P_{90}	P_{95}	P_{99}
48	食指远位宽	14	15	15	17	18	18	19
49	掌围	163	169	172	185	197	201	211
	足部测量项目/mm							
50	足长	208	215	218	230	243	247	256
51	足宽	77	82	83	90	96	98	102
52	足围	200	207	211	225	240	245	254

立姿静态人体尺寸测量项目示意见图 2-6。

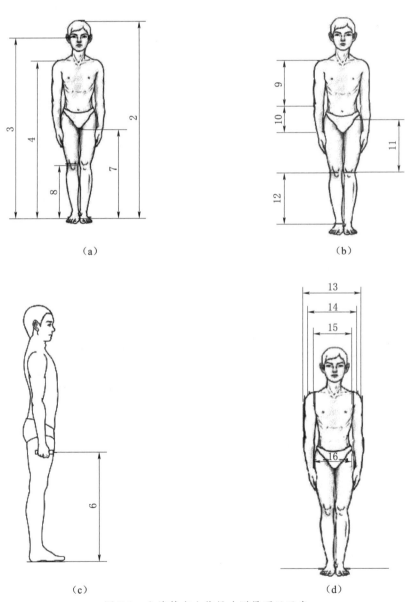

图 2-6　立姿静态人体尺寸测量项目示意

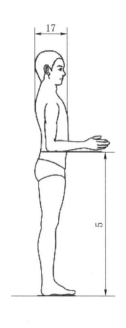

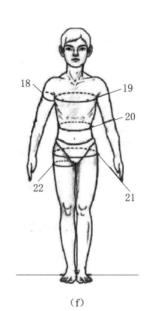

（e）　　　　　　　　　　　　　（f）

图 2-6　立姿静态人体尺寸测量项目示意（续图）

标引序号说明：2—身高；3—眼高；4—肩高；5—肘高；6—手功能高；7—会阴高；8—胫骨点高；9—上臂长；10—前臂长；11—大腿长；12—小腿长；13—肩最大宽；14—肩宽；15—胸宽；16—臀宽；17—胸厚；18—上臂围；19—胸围；20—腰围；21—臀围；22—大腿围

注：图 2-6 中的编号与表 2-2 和表 2-3 中的编号一一对应。

坐姿静态人体尺寸测量项目示意见图 2-7。

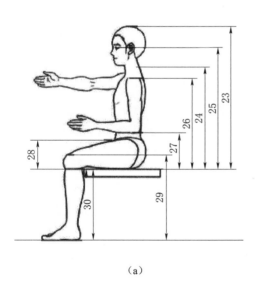

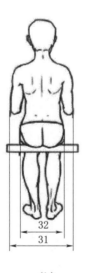

（a）　　　　　　　　　　　　　（b）

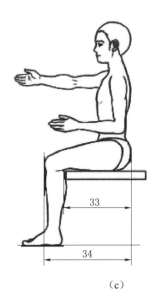 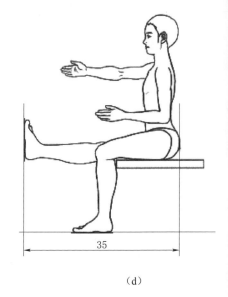

(c)   (d)

图 2-7　坐姿静态测量项目示意

标引序号说明：23—坐高；24—坐姿颈椎点高；25—坐姿眼高；26—坐姿肩高；27—坐姿肘高；28—坐姿大腿厚；29—坐姿膝高；30—坐姿腘高；31—坐姿两肘间宽；32—坐姿臀宽；33—坐姿臀-腘距；34—坐姿臀-膝距；35—坐姿下肢长

注：图 2-7 中的编号与表 2-2 和表 2-3 中的编号一一对应。

头部测量项目示意见图 2-8。

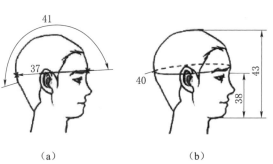 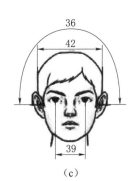

（a）   （b）   （c）

图 2-8　头部测量项目示意

标引序号说明：36—头宽；37—头长；38—形态面长；39　瞳孔间距；40—头围；41—头矢状弧；42—耳屏间弧（头冠状弧）；43—头高。

注：图 2-8 中的编号与表 2-2 和表 2-3 中的编号一一对应。

手部测量项目示意见图 2-9。

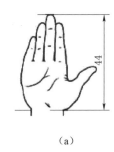 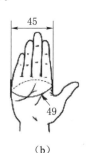 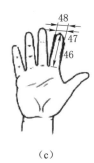

（a）   （b）   （c）

图 2-9　手部测量项目示意

标引序号说明：44—手长；45—手宽；46—食指长；47—食指近位宽；48—食指远位宽；49—掌围。

注：图 2-9 中的编号与表 2-2 和表 2-3 中的编号一一对应。

足部测量项目示意见图 2-10。

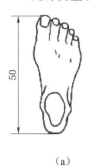 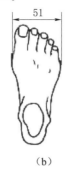 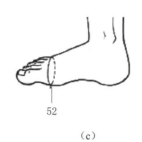

（a）　　　　　　　（b）　　　　　　　（c）

图 2-10　足部测量项目示意

标引序号说明：50—足长；51—足宽；52—足围。

注：图 2-10 中的编号与表 2-2 和表 2-3 中的编号一一对应。

3. 男性工作空间设计用功能尺寸

18～70 岁成年男性工作空间设计用功能尺寸百分位见表 2-4。

表 2-4　18～70 岁成年男性工作空间设计用功能尺寸百分位

单位：mm

	测量项目	百分位数						
		P_1	P_5	P_{10}	P_{50}	P_{90}	P_{95}	P_{99}
1	上肢前伸长	729	760	774	822	873	888	920
2	上肢功能前伸长	628	654	667	710	758	774	808
3	前臂加手前伸长	403	418	425	451	478	486	501
4	前臂加手功能前伸长	291	308	316	340	365	374	398
5	两臂展开宽	1 547	1 594	1 619	1 698	1 781	1 806	1 864
6	两臂功能展开宽	1 327	1 378	1 401	1 475	1 556	582	1 638
7	两肘展开宽	804	827	839	878	918	931	959
8	中指指尖点上举高	1 868	1 948	1 986	2 104	2 228	2 266	2 338
9	双臂功能上举高	1 764	1 845	880	1 993	2 113	2 150	2 222
10	坐姿中指指尖点上举高	1 188	1 242	1 267	1 348	1 432	1 456	1 508
11	直立跪姿体长	581	612	628	679	732	749	786
12	直立跪姿体高	1 166	1 200	1 217	1 274	1 332	1 351	1 391
13	俯卧姿体长	1 922	1 982	2 014	2 115	2 220	2 253	2 326
14	俯卧姿体高	343	351	355	374	397	404	422
15	爬姿体长	1 128	1 161	1 178	1 233	1 290	1 308	1 347
16	爬姿体高	743	765	776	813	852	864	891

4. 女性工作空间设计用功能尺寸

18～70 岁成年女性工作空间设计用功能尺寸百分位见表 2-5。

表 2-5　18～70 岁成年女性工作空间设计用功能尺寸百分位

单位：mm

	测量项目	百分位数						
		P_1	P_5	P_{10}	P_{50}	P_{90}	P_{95}	P_{99}
1	上肢前伸长	640	693	709	755	805	820	856
2	上肢功能前伸长	535	595	609	653	700	715	751
3	前臂加手前伸长	372	386	393	416	441	448	461

测量项目		百分位数						
		P_1	P_5	P_{10}	P_{50}	P_{90}	P_{95}	P_{99}
4	前臂加手功能前伸长	269	284	291	313	338	346	365
5	两臂展开宽	1 435	1 472	1 491	1 560	1 633	1 655	1 704
6	两臂功能展开宽	1 231	1 267	1 287	1 354	1 428	1 452	1 509
7	两肘展开宽	753	770	780	813	848	859	882
8	中指指尖点上举高	1 740	1 808	1 836	1 939	2 046	2 081	2 152
9	双臂功能上举高	1 643	1 709	1 737	1 836	1 942	1 974	2 047
10	坐姿中指指尖点上举高	1 081	1 137	1 159	1 234	1 307	1 329	1 372
11	直立跪姿体长	610	621	627	647	668	674	689
12	直立跪姿体高	1 103	1 131	1 146	1 198	1 254	1 271	1 308
13	俯卧姿体长	1 826	1 872	1 897	1 982	2 074	2 101	2 162
14	俯卧姿体高	347	351	353	362	375	379	388
15	爬姿体长	1 097	1 117	1 127	1 164	1 203	1 215	1 241
16	爬姿体高	707	720	728	753	781	789	808

工作空间设计用人体功能尺寸测量项目示意见图 2-11。

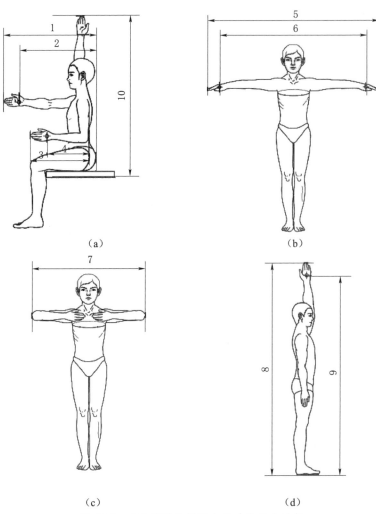

（a）

（b）

（c）

（d）

图 2-11　工作空间设计用人体功能尺寸示意

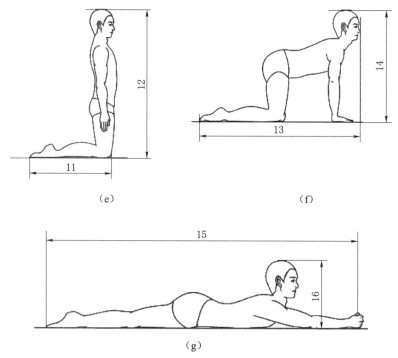

（e）　　　　　　　　　　　　　（f）

（g）

图 2-11　工作空间设计用人体功能尺寸示意（续图）

标引序号说明：1—上肢前伸长；2—上肢功能前伸长；3—前臂加手前伸长；4—前臂加手功能前伸长；5—两臂展开宽；6—两臂功能展开宽；7—两肘展开宽；8—中指指尖点上举高；9—双臂功能上举高；10—坐姿中指指尖点上举高；11—直立跪姿体长；12—直立跪姿体高；13—俯卧姿体长；14—俯卧姿体高；15—爬姿体长；16—爬姿体高。

6. 跪姿、俯卧姿、爬姿人体尺寸的计算

在工作空间的工效学设计中，两臂和两肘展开宽、跪姿、俯卧姿、爬姿的基本人体尺寸项目数值可按表 2-6、表 2-7 计算。

表 2-6　男性工作空间设计用功能尺寸项目推算表

尺寸项目/mm	推算公式
两臂展开宽	$87.363+0.955H$
两臂功能展开宽	$11.052+0.877H$
两肘展开宽	$90.236+0.467H$
直立跪姿体长	$-361.992+0.617H$
直立跪姿体高	$128.309+0.679H$
俯卧姿体长	$62.06+1.217H$
俯卧姿体高	$275.479+1.459W$
爬姿体长	$117.958+0.661H$
爬姿体高	$61.036+0.446H$

注：（1）H 为身高（mm）；W 为体重（kg）

（2）数据使用注意事项：

① 人体功能尺寸数据均为裸体、标准姿态下的测量结果，应根据工作场所的具体特点、工作姿势等适当增加修正量；

② 进行工作空间的工效学设计时，本文件应与 GB/T 12985—1991 配套使用。

表 2-7　女性工作空间设计用功能尺寸项目推算表

尺寸项目/mm	推算公式
两臂展开宽	$72.468+0.946H$
两臂功能展开宽	$32.604+0.834H$
两肘展开宽	$97.372+0.455H$
直立跪姿体长	$212.689+0.276H$
直立跪姿体高	$64.719+0.721H$
俯卧姿体长	$126.542+1.18H$
俯卧姿体高	$308.342+0.949W$
爬姿体长	$368.218+0.506H$
爬姿体高	$19.347+0.355H$

注：（1）H 为身高（mm）；W 为体重（kg）。

（2）数据使用注意事项：

① 人体功能尺寸数据均为裸体、标准姿态下的测量结果，应根据工作场所的具体特点、工作姿势等适当增加修正量；

② 进行工作空间的工效学设计时，本文件应与 GB/T 12985—1991 配套使用。

2.4　人体测量数据的应用

只有在熟悉人体测量基本知识之后，才能选择和应用各种人体数据；否则，有的数据可能被误解。如果使用不当，还可能导致严重的设计错误。另外，各种统计数据不能作为设计中的一般常识，也不能代替严谨的设计分析。因此，当设计中涉及人体尺寸时，设计者必须熟悉数据测量定义、适用条件、百分位的选择等方面的知识，才能正确地应用有关的数据。

2.4.1　主要人体尺寸的应用原则

为了使人体测量数据能有效地为设计者利用，从以上各节所介绍的大量人体测量数据中，精选出部分工业设计常用的数据，如图 2-12 所示。将这些数据的定义、应用条件、选择依据等列于表 2-8。

2.4.2　人体尺寸的应用方法

1. 确定所设计产品的类型

在涉及人体尺寸的产品设计中，设定产品功能尺寸的主要依据是人体尺寸百分位数，而人体尺寸百分位数的选用又与所设计产品的类型密切相关。在 GB/T 12985—1991 中，依据产品使用者人体尺寸的设计上限值（最大值）和下限值（最小值）对产品尺寸设计进行了分类，产品类型的名称及其定义列于表 2-9。凡涉及人体尺寸的产品设计，应按该分类方法确认所设计的对象是属于其中的哪一种类型。

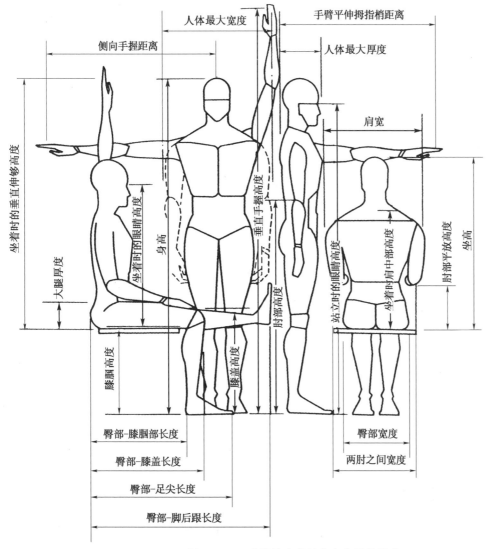

图 2-12　工业设计中常用的人体测量尺寸

表 2-8　主要人体尺寸的应用原则

人体尺寸	应用条件	百分位选择	注意事项
身高	身高用于确定通道和门的最小高度。然而，一般建筑规范规定的以及成批生产制作的门和门框高度都适用于 99％ 以上的人，所以，这些数据可能对于确定人头顶上的障碍物高度更为重要	由于主要的功用是确定净空高度，所以应该选用高百分位数据。因为天花板高度一般不是关键尺寸，设计者应考虑尽可能地适应100％的人	身高一般是不穿鞋测量的，故在使用时应给予适当补偿
站立时的眼睛高度	该高度可用于确定在剧院、礼堂、会议室等处人的视线，用于布置广告和其他展品，用于确定屏风和开敞式大办公室内隔断的高度	百分位选择将取决于关键因素的变化。例如：如果设计中的问题是决定隔断或屏风的高度，以保证隔断后面人的私密性要求，那么隔断高度就与较高人的眼睛高度有关（第95百分位或更高）。其逻辑是假如高个子人不能越过隔断看过去，那么矮个子人也一定不能。反之，假如设计问题是允许人看到隔断里面，那么逻辑是相反的，隔断高度应考虑较矮人的眼睛高度（第5百分位或更低）	由于这个尺寸是光脚测量的，所以还要加上鞋的高度，男子大约需加2.5 cm，女子大约需加 7.6 cm。这些数据应该与脖子的弯曲和旋转以及视线角度资料结合使用，以确定不同状态、不同头部角度的视觉范围

人体尺寸	应用条件	百分位选择	注意事项
肘部高度	对于确定柜台、梳妆台、厨房案台、工作台以及其他站着使用的工作表面的舒适高度，肘部高度数据是必不可少的。通常，这些表面的高度都是凭经验估计或是根据传统做法确定的。然而通过科学研究发现，最舒适的高度是低于人的肘部高度7.6 cm。另外，休息平面的高度应该低于肘部高度2.5～3.8 cm	假定工作面高度确定为低于肘部高度约7.6 cm，那么从96.5 cm（第5百分位数据）～111.8 cm（第95百分位数据）的高度都将适合中间的90%的男性使用者。考虑到第5百分位的女性肘部高度较低，这个范围应为88.9～111.8 cm，才能对男女使用者都适应。由于其中包含许多其他因素，如存在特别的功能要求和每个人对舒适高度见解不同等，所以这些数值也只是假定推荐的	确定上述高度时必须考虑活动的性质，有时这一点比推荐的"低于肘部高度7.6 cm"还重要
挺直坐高	用于确定座椅上方障碍物的允许高度。在布置双层床时，搞创新的节约空间设计时，例如利用阁楼下面的空间吃饭或工作都要由这个关键的尺寸来确定其高度。确定办公室或其他场所的低隔断要用到这个尺寸，确定餐厅和酒吧里的火车座隔断也要用到这个尺寸	由于涉及间距问题，所以采用第95百分位的数据比较合适	座椅的倾斜、座椅软垫的弹性、衣服的厚度以及人坐下和站起来时的活动都是要考虑的重要因素
放松坐高	可用于确定座椅上方障碍物的最小高度。布置双层床时，搞创新的节约空间设计时，例如利用阁楼下面的空间吃饭或工作，都要根据这个关键尺寸来确定其高度。确定办公室和其他场合的低隔断要用到这个尺寸，确定餐厅和酒吧里的火车座隔断也要用到这个尺寸	由于涉及间距问题，所以采用第95百分位的数据比较合适	座椅的倾斜、座椅软垫的弹性、衣服的厚度以及人坐下和站起来时的活动都是要考虑的重要因素
坐着时的眼睛高度	当视线是设计问题的中心时，确定视线和最佳视区要用到这个尺寸，这类设计对象包括剧院、礼堂、教室和其他需要有良好视听条件的室内空间	假如有适当的可调节性，就能适应从第5百分位到第95百分位或者更大的范围	应该考虑本书中其他地方所论述的头部与眼睛的转动范围、座椅软垫的弹性、座椅面距地面的高度和可调座椅的调节范围
坐着时肩中部高度	大多数用于机动车辆中比较紧凑的工作空间的设计中，很少被建筑师和室内设计师所使用。但是，在设计那些对视觉、听觉有要求的空间时，这个尺寸有助于确定妨碍视线的障碍物，也许在确定火车座的高度以及类似的设计中有用	由于涉及间距问题，所以一般采用第95百分位的数据	要考虑座椅软垫的弹性
肩宽	肩宽数据可用于确定环绕桌子的座椅间距和影剧院、礼堂中的排椅座位间距，也可用于确定公用和专用空间的通道间距	由于涉及间距问题，应使用第95百分位的数据	使用这些数据要注意可能涉及的变化。要考虑衣服的厚度，对薄衣服要附加7.9 mm，对厚衣服要附加7.6 cm。还要注意，由于躯干和肩的活动，两肩之间所需的空间会加大

人体尺寸	应 用 条 件	百 分 位 选 择	注 意 事 项
两肘之间宽度	该宽度可用于确定会议桌、餐桌、柜台和牌桌周围座椅的位置	由于涉及间距问题,应使用第95百分位的数据	应该与肩宽尺寸结合使用
臀部宽度	这些数据对于确定座椅内侧尺寸和设计吧台、柜台和办公座椅极为有用	由于涉及间距问题,应使用第95百分位的数据	根据具体条件,与两肘之间宽度和肩宽结合使用
肘部平放高度	与其他一些数据和考虑因素联系在一起,该高度用于确定椅子扶手、工作台、书桌、餐桌和其他特殊设备的高度	肘部平放高度既不涉及间距问题,也不涉及伸手够物的问题,其目的只是能使手臂得到舒适的休息即可。选择第50百分位左右的数据是合理的。在许多情况下,这个高度为14~27.9 cm,这样一个范围可以适合大部分使用者	座椅软垫的弹性、座椅表面的倾斜以及身体姿势都应予以注意
大腿厚度	大腿厚度是设计柜台、书桌、会议桌、家具及其他一些室内设备的关键尺寸,而这些设备都需要把腿放在工作面下面。特别是有直拉式抽屉的工作面,要使大腿与大腿上方的障碍物之间有适当的间隙,这些数据是必不可少的	由于涉及间距问题,应选用第95百分位的数据	在确定上述设备的尺寸时,其他一些因素也应该同时予以考虑,例如腿弯高度和座椅软垫的弹性
膝盖高度	膝盖高度是确定从地面到书桌、餐桌和柜台底面距离的关键尺寸,尤其适用于使用者需要把大腿部分放在家具下面的场合。坐着的人与家具底面之间的靠近程度,决定了膝盖高度和大腿厚度是否是关键尺寸	要保证适当的间距,就应选用第95百分位的数据	要同时考虑座椅高度和坐垫的弹性
膝腘高度	膝腘高度是确定座椅面高度的关键尺寸,尤其对于确定座椅前缘的最大高度更为重要	确定座椅高度,应选用第5百分位的数据,因为如果座椅太高,大腿受到压力会使人感到不舒服。例如,一个座椅高度能适应小个子人,也就能适应大个子人	选用这些数据时必须注意坐垫的弹性
臀部—膝腘部长度	这个长度用于座椅的设计中,尤其适用于确定腿的位置、确定长凳和靠背椅等前面的垂直面以及确定椅面的长度	应该选用第5百分位的数据,这样能适应最多的使用者——臀部-膝腘部长度较长和较短的人。如果选用第95百分位的数据,则只能适合这个长度较长的人,而不适合这个长度较短的人	要考虑椅面的倾斜度
膝部—膝盖长度	该长度用于确定椅背到膝盖前方的障碍物之间的适当距离,例如,用于影剧院、礼堂和教堂的固定排椅设计中	由于涉及间距问题,所以应选用第95百分位的数据	这个长度比臀部-足尖长度要短,如果座椅前面的家具或其他室内设施没有放置足尖的空间,就应该使用臀部-足尖长度
臀部-足尖长度	该长度用于确定椅背到膝盖前方的障碍物之间的适当距离,例如,用于影剧院、礼堂和教堂的固定排椅设计中	由于涉及间距问题,所以应选用第95百分位的数据	如果座椅前方的家具或其他室内设施有放脚的空间,而且间隔要求比较重要,就可以使用臀部-膝盖长度来确定合适的间距

人体尺寸	应 用 条 件	百 分 位 选 择	注 意 事 项
臀部-脚后跟长度	对于室内设计人员来说,使用是有限的,当然可以利用它们布置休息室座椅或不拘礼节地就坐座椅。另外,还可用于设计搁脚凳、理疗和健身设施等综合空间	由于涉及间距问题,所以应选用第95百分位的数据	在设计中,应该考虑鞋、袜对这个尺寸的影响,一般,对于男鞋,要加2.5 cm;对于女鞋,应加7.6 cm
坐着时的垂直伸够高度	该高度主要用于确定头顶上方的控制装置和开关等的位置,所以较多地被设备专业的设计人员所使用	选用第5百分位的数据是合理的,这样可以同时适应小个子人和大个子人	要考虑椅面的倾斜度和椅垫的弹性
垂直手握高度	可用于确定开关、控制器、拉杆、把手、书架以及衣帽架等的最大高度	由于涉及伸手够东西的问题,如果采用高百分位的数据,就不能适应小个子人,所以设计出发点应该基于适应小个子人,这样也同样能适应大个子人	尺寸是不穿鞋测量的,使用时要给予适当的补偿
立姿侧向手握距离	有助于设备设计人员确定控制开关等装置的位置,还可以为建筑师和室内设计师用于某些特定的场所,例如医院、实验室等。如果使用者是坐着的,这个尺寸可能会稍有变化,但仍能用于确定人侧面的书架位置	由于主要的功用是确定手握距离,这个距离应能适应大多数人,因此,选用第5百分位的数据是合理的	如果涉及的活动需要使用专门的手动装置、手套或其他某种特殊设备,这些都会延长使用者的一般手握距离,对于这个延长量应予以考虑
手臂平伸拇指梢距离	有时人们需要越过某种障碍物去够一个物体或者操纵设备,这些数据可用来确定障碍物的最大尺寸。本书中列举的设计情况是在工作台上方安装搁板或在办公室工作桌前面的低隔断上安装小柜	选用第5百分位的数据,就能适应大多数人	要考虑操作或工作的特点
人体最大厚度	尽管这个尺寸可能对设备设计人员更为有用,但它们也有助于建筑师在较紧张的空间里考虑间隙或在人们排队的场下设计所需要的空间	应该选用第95百分位的数据	衣服的厚薄、使用者的性别以及一些不易察觉的因素都应予以考虑
人体最大宽度	可用于设计通道宽度、走廊宽度、门和出入口宽度以及公共集会场所等	应该选用第95百分位的数据	衣服的厚薄、人走路或做其他事情时的影响以及一些不易察觉的因素都应予以考虑

表 2-9 产品尺寸设计分类

产品类型	产品类型定义	说 明
Ⅰ型产品尺寸设计	需要两个人体尺寸百分位数作为尺寸上限值和下限值的依据	又称双限值设计

产品类型	产品类型定义	说　明
Ⅱ型产品尺寸设计	只需要一个人体尺寸百分位数作为尺寸上限值或下限值的依据	又称单限值设计
ⅡA型产品尺寸设计	只需要一个人体尺寸百分位数作为尺寸上限值的依据	又称大尺寸设计
ⅡB型产品尺寸设计	只需要一个人体尺寸百分位数作为尺寸下限值的依据	又称小尺寸设计
Ⅲ型产品尺寸设计	只需要第50百分位数（P_{50}）作为产品尺寸设计的依据	又称平均尺寸设计

2. 选择人体尺寸百分位数

表2-9中的产品尺寸设计类型，按产品的重要程度又分为涉及人的健康、安全的产品和一般工业产品两个等级。在确认所设计的产品类型及其等级之后，选择人体尺寸百分位数的依据是满足度。人机工程学设计中的满足度，是指所设计产品在尺寸上能满足多少人使用，通常以合适使用的人数占使用者群体的百分比表示。产品尺寸设计的类型、等级、满足度与人体尺寸百分位数的关系见表2-10。

表2-10　产品尺寸设计的类型、等级、满足度与人体尺寸百分位数的关系

产品类型	产品重要程度	百分位数的选择	满足度
Ⅰ型产品	涉及人的健康、安全的产品	选用P_{99}和P_1作为尺寸上、下限值的依据	98%
	一般工业产品	选用P_{95}和P_5作为尺寸上、下限值的依据	90%
ⅡA型产品	涉及人的健康、安全的产品	选用P_{99}和P_{95}作为尺寸上限值的依据	99%或95%
	一般工业产品	选用P_{90}作为尺寸上限值的依据	90%
ⅡB型产品	涉及人的健康、安全的产品	选用P_1和P_5作为尺寸下限值的依据	99%或95%
	一般工业产品	选用P_{10}作为尺寸下限值的依据	90%
Ⅲ型产品	一般工业产品	选用P_{50}作为产品尺寸设计的依据	通用
成年男、女通用产品	一般工业产品	选用男性的P_{99}、P_{95}或P_{90}作为尺寸上限值的依据； 选用女性的P_1、P_5或P_{10}作为尺寸下限值的依据	通用

表2-10中给出的满足度指标是通常选用的指标，特殊要求的设计，其满足度指标可另行确定。设计者当然希望所设计的产品能满足特定使用者总体中所有的人使用，尽管这在技术上是可行的，但在经济上往往是不合理的。因此，满足度的确定应根据所设计产品使用者总体的人体尺寸差异性、制造该类产品技术上的可行性和经济上的合理性等因素进行综合优选。

还需要说明的是，在设计时虽然确定了某一满足度指标，但用一种尺寸规格的产品却无法达到这一要求。在这种情况下，可考虑采用产品尺寸系列化和产品尺寸可调节性设计解决。

3. 确定功能修正量

有关人体尺寸标准中所列的数据是在裸体或穿单薄内衣的条件下测得的，测量时不穿鞋或穿着纸拖鞋。而设计中所涉及的人体尺寸应该是在穿衣服、穿鞋甚至戴帽条件下的人体尺寸。因此，考虑有关人体尺寸时，必须给衣服、鞋、帽留下适当的余量，也就是在人体尺寸上增加适当的着装修正量。

其次，在人体测量时要求躯干为挺直姿势，而人在正常作业时，躯干则为自然放松姿势，为此应考虑由于姿势不同而引起的变化量。此外，还需考虑实现产品不同操作功能所需的修正量，所有这些修正量的总计为功能修正量。功能修正量随产品的不同而异，通常为正值，但有时也可能为负值。

通常用实验方法求得功能修正量，但也可以从统计数据中获得。对于着装和穿鞋修正量可参照表 2-11 中的数据确定。对姿势修正量的常用数据是，立姿时的身高、眼高减 10 mm；坐姿时的坐高、眼高减 44 mm。考虑操作功能修正量时，应以上肢前展长为依据，而上肢前展长是后背至中指尖点的距离，因而对操作不同功能的控制器应作不同的修正，如对按钮开关可减 12 mm；对推滑板推钮、扳动扳钮开关则减 25 mm。

表 2-11　正常人着装身材尺寸修正值　　　　　　　　　　mm

项　　目	尺寸修正量	修 正 原 因	项　　目	尺寸修正量	修 正 原 因
站姿高	25～38	鞋高	两肘间宽	20	
坐姿高	3	裤厚	肩-肘	8	手臂弯曲时，肩肘部衣物压紧
站姿眼高	36	鞋高	臂-手	5	—
坐姿眼高	3	裤厚	叉腰	8	—
肩宽	13	衣	大腿厚	13	—
胸宽	8	衣	膝宽	8	—
胸厚	18	衣	膝高	33	—
腹厚	23	衣	臀-膝	5	—
立姿臀宽	13	衣	足宽	13～20	—
坐姿臀宽	13	衣	足长	30～38	—
肩高	10	衣（包括坐姿高 3 及肩高 7）	足后跟	25～38	

4. 确定心理修正量

为了克服人们心理上产生的"空间压抑感""高度恐惧感"等心理感受，或者为了满足人们"求美""求奇"等心理需求，在产品最小功能尺寸上附加一项增量，称为心理修正量。心理修正量也是用实验方法求得，一般是通过被试者主观评价表的评分结果进行统计分析，求得心理修正量。

5. 产品功能尺寸的设定

产品功能尺寸是指为确保实现产品某一功能而在设计时规定的产品尺寸。该尺寸通常是以设计界限值确定的人体尺寸为依据，再加上为确保产品某项功能实现所需的修正量。产品功能尺寸有最小功能尺寸和最佳功能尺寸两种，具体设定的通用公式如下：

① 最小功能尺寸＝人体尺寸百分位数＋功能修正量
② 最佳功能尺寸＝人体尺寸百分位数＋功能修正量＋心理修正量

2.4.3 人体身高在设计中的应用方法

人体尺寸主要决定人机系统的操纵是否方便和舒适宜人。因此，各种工作面的高度和设备高度，如操纵台、仪表盘、操纵件的安装高度以及用具的设置高度等，都要根据人的身高来确定。以身高为基准确定工作面高度、设备和用具高度的方法，通常是把设计对象归为各种典型的类型，并建立设计对象的高度与人体身高的比例关系，以供设计时选择和查用。图 2-13 所示的是以身高为基准的设备和用具的尺寸推算图，图中各代号的定义见表 2-12。

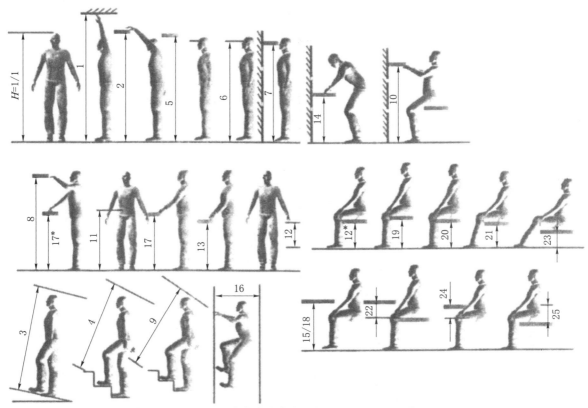

图 2-13　以身高为基准的设备和用具的尺寸推算图

表 2-12　图 2-13 中各代号的定义及设备高与身高之比

代号	定　义	设备高与身高之比
1	举手达到的高度	4/3
2	可随意取放东西的搁板高度（上限值）	7/6
3	倾斜地面的顶棚高度（最小值，地面倾斜度为 5°～15°）	8/7
4	楼梯的顶棚高度（最小值，地面倾斜度为 25°～35°）	1/1
5	遮挡住直立姿势视线的搁板高度（下限值）	33/34
6	直立姿势眼高	11/12
7	抽屉高度（上限值）	10/11
8	使用方便的搁板高度（上限值）	6/7
9	斜坡大的楼梯的天棚高度（最小值，倾斜度为 50°左右）	3/4
10	能发挥最大拉力的高度	3/5
11	人体重心高度	5/9

代号	定　义	设备高与身高之比
12	手提物的长度（最大值）	6/11
12*	坐高（坐姿）	6/11
13	灶台高度	10/19
14	洗脸盆高度	4/9
15	办公桌高度（不包括鞋）	7/17
16	垂直踏棍爬梯的空间尺寸（最小值，倾斜80°～90°）	2/5
17	采取直立姿势时工作面的高度	3/8
17*	使用方便的搁板高度（下限值）	3/8
18	桌下空间（高度的最小值）	1/3
19	工作椅的高度	3/13
20	轻度工作的工作椅高度*	3/14
21	小憩用椅子高度*	1/6
22	桌椅高差	3/17
23	休息用的椅子高度*	1/6
24	椅子扶手高度	2/13
25	工作用椅子的椅面至靠背点的距离	3/20

注：＊号为座位基准点的高度（不包括鞋）。

第 3 章　人的智能与人机智能

3.1　人的智能生成的脑神经科学基础

进入 21 世纪以来，国内外对智能科学及其相关学科，如脑科学、神经科学、认知科学、思维科学以及人工智能的研究高度重视。智能科学的兴起和发展标志着以人为中心的认知和智能活动的研究已进入新的阶段。智能科学的研究将使人类自我了解和挖掘潜能，从而把人的知识和智能提高到空前未有的高度。

智能科学的发展推升了工程领域智能化的研究热潮。显然，人机系统智能化是传统人机系统的发展方向，人机智能系统将是人机工程学科中的一个重要的研究内容。由此，笔者率先将人的智能与人机智能及其相关内容引入人机工程学领域，让本书给读者传递更多新的信息。

3.1.1　人的神经系统

人的神经系统构成包括脑、脊髓以及与它们相连的周围神经。神经系统对身体其他器官系统的功能起着调节或主导的作用。机体的感觉、运动、消化、呼吸、泌尿、生殖、循环和代谢等功能都是在神经系统的控制和调节下进行的。神经系统借助于感受器接收内外环境的各种信息，通过周围神经传入脊髓和脑的各级中枢进行整合，然后一方面直接经周围神经的传出部分，另一方面间接经内分泌腺的作用到达身体各部的效应器，控制和调节全身各器官系统的活动，使它们协调一致，维持机体内环境的稳定并适应环境的变化，保证生命活动的进行。

人的神经系统结构如图 3-1 所示，为了便于叙述和理解，可将较为复杂的图 3-1 简化为工程上常见的框图，如图 3-2 所示。

神经系统按所在的位置和功能的不同可区分为中枢部和周围部两大部分。中枢部即中枢神经系统，包括位于颅腔内的脑和椎管内的脊髓。周围部即周围神经系统的一端与脑或脊髓相连，另一端通过各种神经末梢装置与全身其他系统、器官相联系。其中与脑相连的，称脑神经，与脊髓相连的，称脊神经。按其分布的器官，可分为支配体表、骨、关节和骨骼肌的躯体神经和支配内脏、心血管、平滑肌和腺体的内脏神经。

3.1.2　大脑的结构

脑是人类意识和思维等高级神经活动的器官，也是人类智能的物质基础，要研究智能就首先要了解。大脑的解剖结构见图 3-3 和图 3-2 上框图。

脑可分为大脑、间脑、小脑和脑干四部分。大脑由结构大致对称的左、右两半球组成，包括大脑皮质（皮层）、皮质下白质和灰质（基底神经节）等，中间由胼胝体相连。大脑半球遮盖着间脑、中脑和小脑，间脑包括丘脑和下丘脑（丘脑下部），脑干包括中脑、桥脑和延髓。大脑半球的表面有很多深浅不等的沟或裂，沟或裂之间的隆起叫回，它们大大地增加了大脑的表面面积。大脑半球表面重要的沟或裂有大脑外侧裂、中央沟和顶枕裂。大脑半球借外侧裂、中央沟及枕切迹至顶枕裂顶端之间的假想连线分为五个脑叶，即额叶、顶叶、颞叶、枕叶及岛叶。覆盖在大脑半球表面的一层灰质结构称为大脑皮层，约占中枢神经系统灰质的 90%。

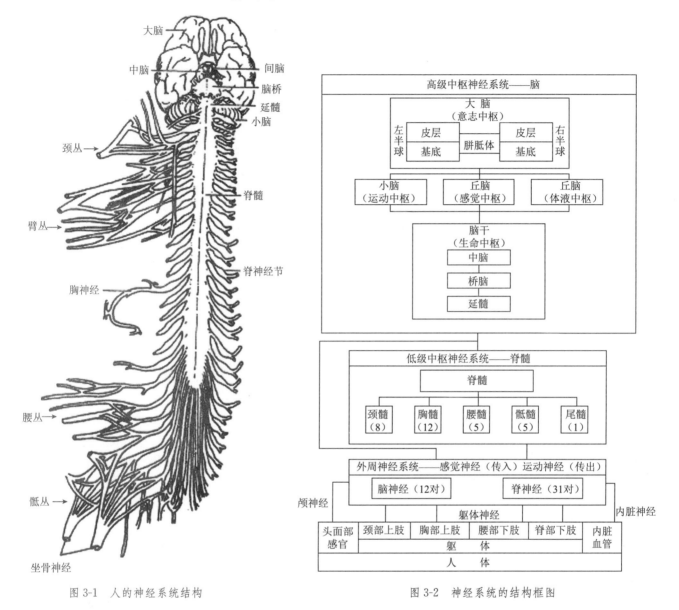

<table>
<tr><td colspan="6" align="center">高级中枢神经系统——脑</td></tr>
</table>

图 3-1 人的神经系统结构　　　　　　　　　图 3-2 神经系统的结构框图

3.1.3　大脑皮层的功能

　　大脑皮层是覆盖大脑半球外层的灰质，是物种进化的高级产物。从哺乳动物开始出现了高度发达的大脑皮层，并随着神经系统的进化而进化。新发展起来的大脑皮层在调节机能上起着主要作用；而皮层下各级脑部及脊髓虽也有发展，但在机能上已从属于大脑皮层。大脑皮层在人类身上发展到最高阶段，产生了新的飞跃，有了抽象思维能力，成为意识活动的物质基础。

　　大脑皮层是神经系统的最高级中枢。从人体各部经各种传入系统传来的神经冲动向大脑皮质集中，在此会通、整合后产生特定的感觉；或维持觉醒状态；或获得一定情调感受；或以易化的形式存储为记忆；或影响其他的脑部功能状态；或转化为运动性冲动传向低位中枢，借以控制机体的活动，应答内外环境的刺激。大脑皮层的不同功能往往相对集中在某些特定部位，其主要的功能定位如下：

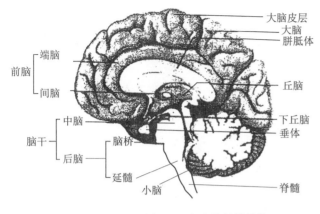

图 3-3　大脑的解剖结构

1. 躯体感觉区

对侧半身外感觉和本体感觉，冲动传达此区，产生相应的感觉。身体各部分在此区更精细的代表区是倒置的，身体各部分代表区的大小取决于功能上的重要性，见图 3-4（a）。

2. 躯体运动区

躯体运动区接收来自肌、腱和关节等处有关身体位置、姿势以及各部运动状态的本体感觉冲动，借以控制全身的运动。如图 3-4（b）所示，身体各部分在此区更精细的代表区基本上是倒置的，但头面部仍是正的，运动越是精细的部位，如手、舌、唇等，代表区的面积越大。

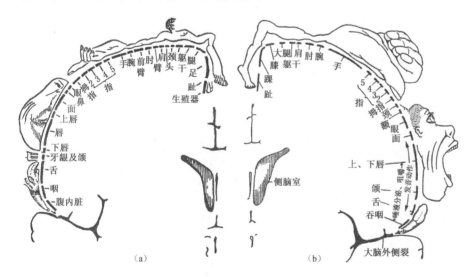

图 3-4　躯体感觉区和运动区
（a）躯体感觉区；（b）躯体运动区

3. 大脑皮层联络区

大脑皮层单项感觉区和运动区之外的部分，具有更广泛、更复杂的联系，它们可将单项信息进行综合分析，形成复杂功能，且与情绪、意识、思维、语言等功能有密切关系，这些部位称为联络区。三个基本联络区如下：

第一区（保证调节紧张度或觉醒状态的联络区）　它的机能是保持大脑皮

层的清醒，使选择性活动能持久地进行。如果这一区域的器官（脑干网状结构、脑内侧皮层或边缘皮层）受到损伤，人的整个大脑皮层的觉醒程度就下降，人的选择性活动就不能进行或难以进行，记忆也变得毫无组织。

第二区（接收、加工和存储信息的联络区）　如果这一区域的器官（如视觉区——枕叶、听觉区——颞叶和一般感觉区——顶叶）受到损伤，就会严重破坏接收和加工信息的条件。

第三区（规划、调节和控制人复杂活动形式的联络区）　负责编制人在进行中的活动程度，并加以调整和控制。如果这一区域的器官（脑的额叶）受到损伤，人的行为就会失去主动性，难以形成意向，不能规划自己的行为，对行为进行严格的调节和控制也会遇到障碍。

可见，人脑是一个多输入、多输出、综合性很强的大系统。长期的进化发展，使人脑具有庞大无比的机能结构，很高的可靠性、多余度和容错能力。人脑所具有的功能特点，使人在人机系统中成为一个最重要的、最主导的环节。

3.1.4　脑神经网络的组成

大脑皮层的基本组成单位和功能单位是神经细胞，又称神经元，如图 3-5 所示。神经元的特点是能被输入刺激所激活，引起神经冲动，进行冲动传导，其功能就是信息传递。

神经细胞的大小、形状和它们的具体功能均有不同，可分为脑神经元、感觉神经元和运动神经元，如图 3-6 所示。它们在构造上基本由 3 部分组成：细胞体、树突、轴突和突触。各部分的功能特点分述如下。

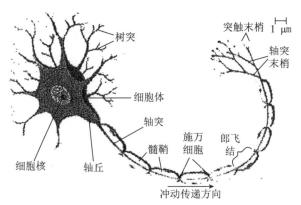

图 3-5　神经元模型示意

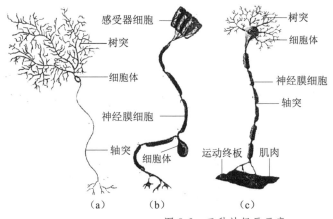

图 3-6　三种神经元示意

（a）脑神经元；（b）感觉神经元；（c）运动神经元

（1）细胞体　由细胞核、细胞质和细胞膜组成。细胞体的外面是一层厚为 5～10 mm 的细胞膜，膜内有一个细胞核和细胞质。神经元的细胞膜具有选择性的通透性，因此会使细胞膜的内外液的成分保持差异，形成细胞膜内外之间有一定的电位差，这个电位差称为膜电位，其大小随细胞体输入信号强弱而变化，一般在 20～100 mV。

（2）树突　由细胞体向外伸出的许多树枝状较短的突起称为树突。它长约 1 mm，用于接收周围其他神经细胞传入的神经冲动。

（3）轴突　由细胞体向外伸出的最长的一条神经纤维称为轴突。远离细胞体一侧的轴突端部有许多分支，称轴突末梢，或称神经末梢，其上有许多扣结，称为突触扣结。轴突通过轴突末梢向其他神经元传出神经冲动。

（4）突触　一个神经元的轴突末梢和另一个神经元的树突或细胞体之间，通过微小间隙相联结，这样的联结称为突触。突触的直径为 0.5～2 μm，突触间隙有 200 Å 数量级。从信息传递过程看，一个神经元的树突，在突触处从其他神经元接收信号，这些信号可能是激励性的，也可能是抑制性的。突触有兴奋型和抑制型两种形式。

一个神经元有 10^3～10^4 个突触，人脑中大约有 10^{14} 个突触，神经细胞之间通过突触复杂地结合着，从而形成了大脑的神经（网络）系统，如图 3-7 所示。

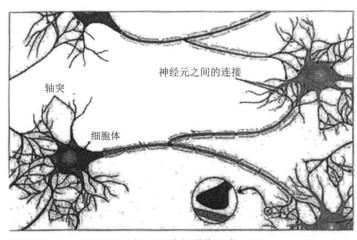

图 3-7　神经网络示意

突触是神经元之间传递信息的重要特殊"接口"，它包括突触前细胞（发出信号的神经细胞）、突触间隙和突触后细胞（接收信号的神经细胞）三部分。

由神经细胞的兴奋而发出的电脉冲，沿轴突以 100 m/s 左右速度传到和其他神经细胞结合的突触。轴突的末端每当脉冲到来时就放出某种化学物质，这种化学物质作用于接收脉冲信号的神经细胞的细胞膜上，以改变突触部分细胞膜的膜电压，把这个部分的膜电位叫作突触后电位。

另外，这种化学物质由于神经细胞的种类不同而不同，既有提高膜电位的，也有减弱膜电位的。输出脉冲是把膜电位提高还是降低，由传送脉冲的神经细胞种类而定。把可以使之结合的其他神经细胞的膜电位提高的神经细胞，叫作兴奋性神经细胞；使之变弱的神经细胞，叫作抑制性神经细胞。

3.1.5 信息在人脑中的转化

人脑的处理信息和编码方式是一个十分复杂的问题。研究表明：人脑在处理信息方面，不是对单个的信息元素进行处理，而是对整个信息集合的层次关系进行处理。因此，人脑存储和处理信息的机制主要是以获取信息群的方式来对信息进行分类和处理的，这是一种群处理的过程。因此，视、听、触、嗅觉等感觉器官所接收的主要是外界信息图像的整个拓扑结构和与之对应的信息元素群所组成的混合物，而不是简单的互相独立的信息元素。这是生命在自然界中长期演化的结果。因此，人脑也对这种层次结构的图形和由这些图形所派生出的高级层次上的关系进行处理。在人脑中，信息是由一个不低于二级层次的结构来表述的：第一层次是外部信息的接收和转译结果，它包括外部信息原始的拓扑结构及与之相适应的神经元冲动（它使得神经元冲动与外部刺激之间有一个一一对应的关系）；第二层次是在第一层次的基础上建立起来的。信息在高级层次中不断地抽取、交联、组合，并且参与与外界的信息交流，逐渐转化成一个统一的整体，并从这个整体中产生出较原始的高级因素——概念；概念进一步升华，即会产生出意识、情感等高级智能因素。信息在人脑中的转化过程如图 3-8 所示。

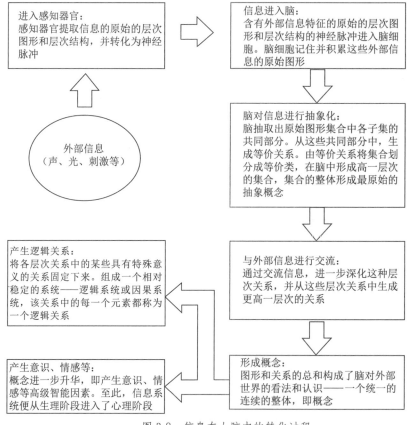

图 3-8　信息在人脑中的转化过程

从图 3-8 中可以看到人脑最基本的思维过程和思维方法。而概念和意识是整个思维的基础。

人脑是产生意识的器官，世界上除了人脑这种特殊物质外，任何东西都不能产生意识。人脑对外来信息不是简单地予以反应，在加工和保存信息的过程中，还会产生意图、制订计划、执行程序、监督和控制活动，这就是人类高级的有意识的活动。研究表明，人的意识活动是复杂的机能系统，它们不是由脑的局部部位所决定，而是在大脑皮层的多个区和脑的多个机能系统的协同活动中实现的。

3.2　人的智能形成的认知科学机制

3.2.1　认知科学研究的意义

研究人脑的另一门重要科学是起源于 20 世纪 50 年代末的认知科学 (Cognitive Science)。它研究人脑的认知过程和机制，包括意识、感情、思维等高级神经活动。作为一门交叉学科，它是在哲学（认识论）、心理科学、计算机科学、神经科学、科学语言学、比较人类学、进化生物学、动物行为学以及其他基础科学交界面上涌现出来的高度跨学科的新兴科学。

认知科学是 20 世纪世界科学标志性的新兴研究领域，它作为探究人脑或心智工作机制的前沿性尖端学科，已经引起全世界科学家的广泛关注。

认知科学的兴起和发展标志着对以人类为中心的认知和智能活动的研究已进入新的阶段。认知科学研究是"国际人类前沿科学计划"的重点，认知科学及其信息处理方面的研究被列为整个计划的三大部分之一。近年来，认知科学的发展得到国际科技界尤其是发达国家政府的高度重视和大力支持：1979 年，美国的认知科学学会成立；美国和欧盟分别推出"脑的十年"计划和"欧盟脑的十年"；日本则推出"脑科学时代"计划。

认知科学的科学目标在于智力和智能的本质，是建立认知科学和新型智能系统的计算理论，是解决对认知科学和信息科学具有重大意义的若干基础理论和智能系统实现的关键技术问题。

3.2.2　人的智能形成宏观过程

在建模之前，先分析现实世界中，人在学习、工作中智能活动的宏观过程，可用图 3-9 来加以描述。

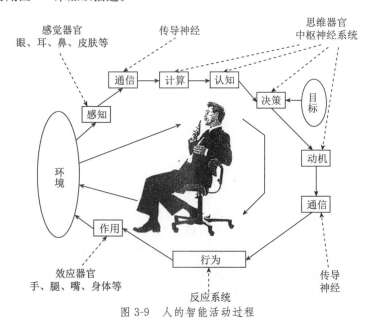

图 3-9　人的智能活动过程

在该过程中，感知器官为眼、耳、鼻、皮肤等，以完成对环境信息的感知。效应器官为手、腿、嘴和身体的其他动作部分，它根据反应系统的行为要求，实现所需的行为和动作以完成对外界环境的作用。传导神经完成对感知信息和决策信息的传递。思维器官主要由中枢神经系统所构成。其中，"计算"实现对感知信息的预处理；"认知"实现由信息到知识的转换；"决策"根据目标，利用知识生成解决问题的方案；"动机"产生行为的内部动力。

从人的智能活动过程分析所获得的最重要启示是，人类的智能活动是一个完整而有机的过程，支持这种过程的是一个完整而有机的系统。这个过程中的任何一个子系统的失效都有可能使整个过程最终归于失败；这个系统中的任何一个子系统的损坏也有可能最终导致整个系统的失效或者是部分失效。这是一个整体论观点。当然，这个宏观过程的分析也告诉我们，过程中的各个"子过程"及系统中的各个"子系统"又分别担负着各自不同的功能，这些不同功能之间相互联系、相互依存、相互作用、相辅相成，缺一不可。

3.2.3　人的智能形成过程模型

从上述分析所获得的重要启示可进一步归纳出几条能获得公认的建模基本假设，作为建模的重要基础。

① 所有的历史事实都表明，人类是一种具有"不断谋求更好生存与发展条件"的目的的物种。目的，是一只驾驭人类一切活动的"看不见然而又无时不在和无处不在"的手。

② 人类具有足够灵敏的感觉器官和发达的感知系统，能够适时地获得外部环境和自身内部各种变化的信息，并根据自己的目的来选择需要注意的信息，排除不需要的信息。

③ 人类具有庞大的传导神经系统，通过它可以把人体联系成为一个有机的整体，并能够把获得的各种环境信息传递给身体的各个部位，也可以把自己的决策传递到相应的部位。

④ 人类具有各种各样的信息处理系统，特别是其中的思维器官，它们具有强大的归纳、分析和演绎的能力，通过它们，人类可以从纷繁的信息现象中分析、归纳和演绎出经验和知识。

⑤ 人类拥有总体容量巨大的记忆系统，从而能够对所获得的各种信息和经过各种处理所获得的中间结果（包括经验知识）进行分门别类的存储，供此后随时随处检索应用。

⑥ 人类拥有必要的本能知识和大量而简明的常识知识，前者是他们在成为人类之前就通过进化逐步积累起来的求生避险知识，后者是后天逐步学习和积累起来的实用性知识。

⑦ 人类具有发达的行动器官（也称为效应器官或执行器官），人类能够通过行动器官把自己的意志和集体的思想变为实际的行动，对外部环境的状态进行一定的干预、调整和改变。

⑧ 人类具有语言能力，能够通过语言表达自己的意愿和理解他人的思想，因此能够与同伴进行交流和协商，形成有效的合作和社会行为。

总的来说，具有上述各项基本能力要素的人类，能够利用自己的感觉器官感知外部环境变化的信息，能够通过神经系统把这些信息传递到身体的各个部位，特别是传递给思维器官，并根据大脑记忆系统中所存储的信息和知识（起初只有本能知识和初步的常识知识）对外来的信息进行各种程度的加工处理，这些处理的结果就成为人类对环境的某些新的认识（经验知识和规范知识），然后依据自身的目的和这些新旧知识对环境的变化进行评估，产生应对的策略，再通过行动器官按照策略对环境作出反应。

根据上述分析，可建立人的智能形成过程模型，如图 3-10 所示。

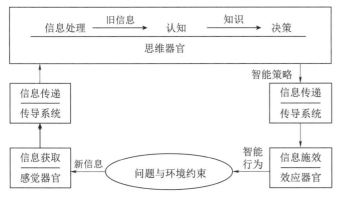

图 3-10　人的智能形成过程模型

该模型表明，人的智能是由人的整个信息系统支撑的：当人面对具体的问题、问题的环境和预期目标的时候，通过自己的感觉器官获得关于问题-环境-目标的信息（称为"新信息"），并通过神经系统把这些信息传送给思维器官。在思维器官，这些信息首先经过非认知的预处理（如排序、分类、过滤、去除冗余以及进行某些必要的数值计算和简单的逻辑处理等）变成有序的便于利用的"旧信息"，然后通过认知把信息转换为相应的知识，再把知识激活成为能够满足约束、解决问题、达到目标的智能策略，进而通过神经系统把智能策略传送到效应器官，把智能策略转换为相应的智能行为，通过这种智能行为的作用实现对问题的求解，在满足约束条件下达到预期的目标。

3.2.4　人的智能形成转换机制

图 3-10 表明，在给定了问题、环境（即求解问题所必须遵循的约束条件，也就是先验知识）和目标的前提下，只要获得了相关的信息，只要能够完成相应的"信息到知识的转换"及"知识到智能策略的转换"，生成智能的核心任务就完成了。为了简明，可以把智能生成的共性核心机制表述为 信息-知识-智能转换。甚至还可以更加简明地把它表述为"信息转换"。在这个意义上可以认为，智能的生成机制就是信息转换。

既然智能的共性生成机制表现为"由信息到知识和由知识到智能的转换"，现在就逐一来考查其中所包含的各种重要的转换问题。由于篇幅所限，本书只介绍转换的基本原理。

转换一　由本体论信息到认识论信息（信息获取）。

智能生成机制首先要解决"在给定条件下获得相关信息"的问题，即本体论信息（外部世界的问题信息与环境信息）转换为认识论信息（系统获得的信息）的问题。

转换二　由认识论信息到知识（认知）。

智能生成共性机制的第二个转换是由认识论信息提炼知识。我国智能科学学者钟义信在其"知识理论框架"研究中曾经探讨"把信息提炼为知识"和

"把知识激活为智能策略"的原则方法。其中指出，某个事物的信息表现的是"该事物运动的状态及其变化的具体方式"；事物的知识表达的则是"该类事物运动的状态及其变化的抽象规律"。由"具体的变化方式"到"抽象的变化规律"的过程，正是从信息资源中提炼知识的过程。因此，由认识论信息到知识的转换原理，本质上是一种归纳和抽象的处理过程。

转换三 从知识到智能策略（决策）。

智能生成共性机制的第三个转换是由知识到智能策略的转换。由于策略比较集中地体现了求解问题的智能，因此也常常把它称为"智能策略"。当然，准确地说，完整的智能概念应当包含智能生成的过程以及智能应用的过程。所以，策略体现的其实只是狭义智能。

生成智能策略的重要条件是要具备相关问题及其环境的足够知识和信息；生成智能策略的另一个重要条件是要有明确的目标。前者为生成智能策略提供必要的基础，后者为生成智能策略提供引导的方向。基础和方向，两者缺一不可。可以认为，与其他问题不同，求解智能策略的一个重要特色就是"目标导引"。没有目标，就谈不上智能。因此，生成智能策略的过程实质上就是在给定"问题及其环境的知识和信息以及求解目标的信息"的约束条件下求解问题的过程。

转换四 由智能策略到智能行为（执行）。

生成求解问题的智能策略之后，后续的过程就是要执行这个智能策略，即把智能策略转换为智能行为，使实际问题得到真正的解决。从功能的意义上说，控制系统就是完成由智能策略到智能行为转换的技术系统。

在人的大脑具有产生智能的物质基础上，通过感知、认知、学习等一系列转换过程，从而形成人的各种智能活动。前述四个转换过程，随着人和事的不同，转换的时间有长短之分，转换过程有难易之分，解决问题层次有高低之分，取得的成果也有等级之分。但是，在人的智能形成过程中，四个转换环节是缺一不可的。

3.3 人的智能涌现的思维科学探秘

3.3.1 关于思维科学的重要论述

著名科学家钱学森院士对科学发展的重要贡献之一，是他提出的科学技术体系。在该体系中，共有 11 个科学技术门类，思维科学是其中重要的门类之一，是关于认识论的科学。所以，科技界公认他是思维科学的倡导者。

在 20 世纪 80 年代，钱学森提出开展思维科学的研究，并对思维科学作了界定。他指出，思维科学的任务是研究怎样处理从客观世界获得的信息。

1995 年，钱学森以信息处理的观点阐述了思维科学的基础科学——思维学——包括三个部分："逻辑思维，微观法；形象思维，宏观法；创造思维，微观与宏观结合。创造思维才是智慧的源泉，逻辑思维和形象思维都是手段。"并再次强调了形象思维是突破口以及它的重要作用。并且他还预言，有待创建的新学科是作为思维科学突破口的形象（直感）思维学，作为智能涌现的创造思维学，作为体现群体智能的社会思维学等。科学家的预言标志着一个新的研究领域的诞生。

对于自然界最高的物质活动——人类思维，钱学森的思维学将其清楚地划分为抽象（逻辑）思维、形象思维和灵感思维，并指出虽然划分为三种思维，但实际上人的每个思维活动过程都不会是单一的思维在起作用，往往是两种，甚至三种思维交错、混合地在起作用。该划分统一了学术界的观点。借鉴前人对思维的研究，将三种思维基本特点进行归纳，如表 3-1 所示。

表 3-1　思维的基本特点

思维形式	载体特点	特　征
抽象思维	一些抽象的概念、理论和数字等	抽象性、逻辑性、规律性、严密性
形象思维	形象，如语言、图形、符号等	形象性、概括性、创造性、运动性
灵感思维	既可以是抽象的概念等，又可以是形象	突发性、偶然性、独创性、模糊性

3.3.2　抽象思维的特征

在感性认识的基础上，通过概念、判断、推理，反映事物的本质，揭示事物的内部联系的过程是抽象思维。概念是反映事物的本质和内部联系的思维形式，概念不仅是实践的产物，同时也是抽象思维的结果。在对事物的属性进行分析、综合、比较的基础上，抽取出事物的本质属性，撇开非本质属性，从而形成对某一事物的概念。

任何一个科学的概念、范畴和一般原理，都是通过抽象和概括而形成的，一切正确的、科学的抽象和概括所形成的概念和思想，都更深刻、更全面、更正确地反映着客观事物的本质。

判断是对事物情况有所肯定或否定的思维形式。判断是展开了的概念，它表示概念之间的一定联系和关系。客观事物永远是具体的，因此，要作出恰当的判断，必须注意事物所处的时间、地点和条件。人们的实践和认识是不断发展的，与此相适应，判断的形式也不断变化，从低级到高级，即从单一判断向特殊判断，再向普遍判断转化。

由判断到推理是认识进一步深化的过程。判断是概念之间矛盾的展开，从而更深刻地揭露了概念的实质。推理是判断之间矛盾的展开，它揭露了各个判断之间的必然联系，即从已有的判断（前提）逻辑地推论出新的判断（结论）。判断构成推理，在推理中又不断发展，这说明，推理同概念、判断是相互联系、相互促进的。

从抽象思维活动过程可反映出该思维形式具有抽象性、逻辑性、规律性和严密性。抽象思维深刻地反映着外部世界，使人能在认识客观规律的基础上科学地预见事物和现象的发展趋势，对科学研究具有重要意义。

3.3.3　形象思维的特征

形象思维是凭借头脑中储有的表象进行的思维，这种思维活动是右脑进行的，因为右脑主要负责直观的、综合的、几何的、绘画的思考认识和行为。有时形象思维或叫直感思维主要采用典型化的方式进行概括，并用形象材料来思维。形象是形象思维的细胞。形象思维具有以下四个特征。

（1）**形象性** 形象材料的最主要特征是形象性，亦即具体性、直观性，这同抽象思维所使用的概念、理论、数字等显然是不同的。

（2）**概括性** 通过典型形象或概括性的形象把握同类事物的共同特征。科学研究中广泛使用的抽样试验、典型病例分析及各种科学模型等，均具有概括性的特点。

（3）**创造性** 创造性思维所使用的思维材料和思维产品绝大部分都是加工改造过或重新创造出来的形象，艺术家构思人物形象时和科学家设计新产品时的思维材料都具有这样的特点。既然一切有形物体的创新与改造，一般都表现在形象的变革上，那么设计者在进行这种构思时就必须对思维中的形象加以利用或创造。

（4）**运动性** 形象思维作为一种理性认识，它的思维材料不是静止的、孤立的、不变的。提供各种想象、联想与创造性构思，促进思维的运动，对形象进行深入的研究分析，获取所需的知识，这些特性使形象思维既超出了感性认识而进入了理性认识的范围，又不同于抽象思维，而是另一种理性认识。形象思维对技术开发、创新设计具有重要意义。

3.3.4 灵感思维特征

灵感思维也称作顿悟。它是人们借助直觉启示所猝然迸发的一种领悟或理解的思维形式。诗人、文学家的"神来之笔"，军事指挥家的"出奇制胜"，思想战略家的"豁然贯通"，科学家、发明家的"茅塞顿开"等，都说明了灵感的这一特点。它是在经过长时间的思索，问题没有得到解决，但是突然受到某一事物的启发，问题却一下子解决的思维方法。"十月怀胎，一朝分娩"，就是这种方法的形象化的描写。灵感来自信息的诱导、经验的积累、联想的升华、事业心的催化。

人类的顿悟是人脑反映客观现实的一种机能。爱因斯坦认为，顿悟是大脑的特异功能，属于特异思维。灵感思维有下列特点：

（1）**新颖性或独创性** 灵感是爆发出来照亮思维困境的特殊光华和智慧闪电。世上没有两个完全相同的灵感。雕塑家罗丹说，拉斐尔（意大利画家）的色彩与伦勃朗（荷兰画家）的色彩完全不同，这正是拉斐尔的灵感所需要的色彩。灵感都是独创的。例如索海勒·伯沙拉用咖啡作画的灵感，就颇具独创性。

（2）**短暂性或易逝性** 灵感的高潮期很短，稍现即逝，过后难以回忆，必须及时捕捉住。苏轼有著名诗句："作诗火急追亡逋，情景一失后难摹。"歌德每逢诗兴勃发时，马上跑到桌旁站着写起来，顾不得纸的正或斜。

（3）**突然性或不确切性** 灵感好像来无影去无踪，何时出现，难以预料。爱迪生研制电灯时遇到灯丝寿命太短的难题，先后试用碳、白金等 1 600 多种材料，耗时一年多仍毫无结果。但他毫不气馁，一天，他看到一把芭蕉扇，突然来了灵感，用竹丝燃烧炭化制成了竹丝电灯，这就是最早的白炽灯丝。

（4）**必然性与偶然性统一** 不期而至和瞬时顿悟的灵感，往往在偶然机遇的情况下出现，却富有必然性。只有大脑存储的信息已经联系起来全线接通的前提下，才能一触开关，立即全部闪光。例如，1830 年，奥斯特在指导学生实验时，瞥见电流能使电磁针偏转，从而导致电磁关系的发现。这事出偶然，却是在他 10 年探索的基础上发现的。

（5）伴有高度兴奋　一旦灵感出现，抑制解除，就会热情迸发，欣喜若狂。古希腊阿基米德苦思多日未解决在不破坏皇冠的前提下辨别其是否纯金的问题，眼看期限将至，他去洗澡，终于从溢水中引起了他的顿悟。他兴奋得顾不上穿好衣服就跳了出来，大呼"尤里卡"（我发现了）！

3.3.5　人的思维机理探秘

脑科学正日益成为世界各国争相研究的重点科学领域之一。2000 年，瑞典科学家阿尔维德·卡尔松、美国科学家保罗·格林加德和奥地利科学家埃里克·坎德尔就是因为在脑科学领域做出了杰出贡献而获得诺贝尔医学奖。这一领域频传喜讯，下面介绍其中一些较新的发现，以期读者了解一些当前脑科学研究领域的新成果。

① 2001 年 1 月，加拿大科学家发现了人解读声音的大脑部位。一见钟情已令人费解，但医学界发现，即使只闻其声不见其人，也足以令人"一听倾情"。加拿大蒙特利尔神经病学院的一项研究发现，人脑的某一个特定部分负责辨认人的声音，而这种辨认能力可以将人声所含的复杂情感解码，而这可能正是人们对歌星等的声音"一听倾情"的关键。

② 2001 年 5 月，科学家首次发现 70 岁人的大脑仍会长出新的神经元（脑细胞）。他们在患者的一个小小区域——海马状突起处——发现了新生的神经元，能够使大脑恢复部分功能。这里处于大脑深层，对人的学习和记忆能力非常重要。这一发现否定了此前科学家关于成人脑细胞损伤后就不能再生的定论。

③ 2001 年 5 月 8 日，科学家发现控制"自我"的人脑区域。美国加利福尼亚旧金山大学神经学家布鲁斯·米勒说，他们在治疗患有一种罕见的脑叶萎缩症的病人时，发现了控制人的"自我"意识的脑部区域。这个位于人类大脑右额叶前部的某个区域，看来"储蓄"着人的自我意识。通俗点说，人的个性特质、信仰、喜好与厌憎之意，都是从那里产生的。

④ 2001 年 6 月，美国科学家进行的一项实验结果表明，进入人类视野的东西并不一定全都会被看到，大脑对于人看到的事物应该是什么样子，可能有一种先入为主的"成见"，即它只让我们看到部分事物。科学家把这一现象称为"运动致盲"。他们认为，大脑是从零散杂乱的视觉输入信号中选择信息来组织成图像的，在这个过程中，大脑有时候会剔除某些信息。

⑤ 2001 年，我国科学家发现人脑记忆"新大陆"，不仅是近年来脑科学的重大进展之一，也是我国科学家取得的重大原创性成果。这是一块沉睡已久的"大陆"：比指甲盖略大，深藏脑中，不为人知。经过 10 多年的研究和实验，我国科学家发现了这个和学习、记忆功能有关的新区域，并得到国际科学界的认可。此前科学家已发现的分管记忆的海马、杏仁核等结构分散在大脑的不同部位，长期以来，人们一直在问：这些分散的结构之间是怎样联系的？"新大陆"的发现无疑为破解这一谜团提供了新线索。原来，"新大陆"正好位于几个结构之间，处于"枢纽"位置，与它们有着密切的功能联系。

⑥ 2003 年，德国科学家发现大脑协调工作机理。人的大脑左、右半脑有比较明确的分工，但面临某个具体问题时，大脑是如何决定让哪一半来进行工作，左、右半脑又是如何交流沟通的呢？德国科学家设计了一个独特的认字实验，发现了大脑内部协调左、右脑工作的"管理中心"和其中的控制机理。前

带皮质作为大脑的"管理中心"首先负责对具体问题进行判断，之后按照问题的不同性质"通知"相应负责的半脑，也就是将任务"分配"下去，它同时承担着左、右半脑之间互相交流沟通的任务。

⑦ 近年来，科学家们的最新研究成果表明，灵感的秘密在脑电波上。人在觉醒状态下进行思维活动时，大脑中有两种脑波，一种叫作 α 波，另一种叫作 β 波。α 波是有规则的调和振动，表明精神集中，大脑中有许多神经回路投入协调一致的工作。与此相反，β 波是不规则不调和的振动，表示大脑的活动分散，精神不集中。科学家们认为，当灵感出现时，脑电波中 α 波就占优势。此时大脑中的潜意识大门打开，大脑思维可以抓住潜意识中所存储的主观信息，使其上升到意识中来，这就产生了智慧火花一闪间的悟性——灵感。

⑧ 2004 年，美国科学家首次通过研究揭示了大脑产生"顿悟"的独特机制。"顿悟"作为人类解决科学和其他问题的一种独特方式，基本得到广泛认可。它具有一些与常规解题方法不同的特征，比如说"顿悟"前常有百思不得其解的阶段；灵感突如其来的时候，自己往往并没有意识到在想问题，事后也无法说清究竟是怎么得到答案的。美国西北大学和德雷克塞尔大学科学家的一项最新研究表明，"顿悟"的产生有赖于大脑的活动机制，正是其独特的计算和神经中枢机制导致了灵感降临的那些"突破性时刻"。他们推断，前上颞回区域能促进大脑将看似不相关的信息进行集成，使人们在其中找到早先没有发现的联系，从而"顿悟"出答案。哈佛大学加德纳教授则认为，新研究结果有助于消除笼罩在人类创造性思维过程之外的神秘色彩。

3.4 人的智能扩展与智能科技进步

3.4.1 人的特殊能力

人类历史发展进程已证实，"认识世界与改造（优化）世界"的能力，是人类的基本功能，也是人类区别于其他生物物种的特殊能力，更是人类区别于机器系统的独特能力。由此，就自然地引出人的特殊能力的一般概念，具体如下：

$$人的特殊能力 \begin{cases} 人的体质能力＋体质工具能力 \\ 人的体力能力＋体力工具能力 \\ 人的智能能力＋智能工具能力 \end{cases}$$

以下只讨论人的智能能力与智能工具能力，其他两种能力的介绍请参阅相关资料。

在现实世界中，无论你所面对的实际问题是简单的还是复杂的，都要求发挥人的智能，产生智能行为，去解决具体问题。这一过程必须包括以下一些基本程序。

① 具有明确的总体目的；
② 在特定环境下能够设定具体的目标和为此需要解决的问题；
③ 在给定的问题-环境-目标前提下，能够获得必要的相关信息；
④ 能够把所获得的相关信息提炼成为相应的知识，实现认知；
⑤ 针对面临的问题-环境-目标，能够把相应的知识激活成为智能策略；
⑥ 能够把智能策略转化为智能行为，最终解决问题，达到目标；

⑦ 进而根据总体目的和新环境去设定新目标和待解的新问题，循此继进，以至无穷，形成螺旋式上升的生长系统。

可用图 3-11 来形象地说明该过程螺旋式上升的生长系统，表明人的智能能力在不断扩展。

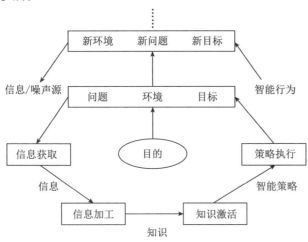

图 3-11　人的智能能力的生长系统

3.4.2　人的智能扩展与生存发展目标

按照科技发展规律，"人类自身能力扩展的实际需要"就是科学技术进步的第一要素，从根本的意义上说，科学技术发展方向取决于人类能力扩展的实际需求。这种关系可以用图 3-12 的模型来表示。

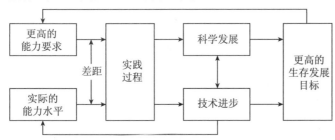

图 3-12　科学技术发展的导向力

该模型表明，不断追求"更高的生存发展目标"是人类社会进步的基本的也是永恒的动力，为此，就必然会对人类自身提出"更高的能力要求"，而当时人类所具备的"实际能力水平"与这种更高的要求之间就出现能力的"差距"。正是这种能力的差距，成为一种无形的然而又是巨大的导向力，它支配着人们朝着缩小差距的方向不断努力。科学技术发展的结果，不但缩小了原来存在的能力差距，而且也必然推动人类提出"更高的生存和发展目标"。于是，新的更高的能力又会成为新的需求，新的能力差距又会出现，新一轮的实践摸索和科学技术进步又要在新的基础上展开。

3.4.3　人的智能扩展与科技发展规律

科技史研究表明，科学技术发展的根本规律——"辅人律""拟人律"和"共生律"是科学技术发展的宏观规律。

① 科学技术之所以会发生，根本原因是"辅人"的需要，否则，人类就根本不会创造科学技术。这就是科学技术的"辅人律"。

② 科学技术之所以会发展，根本原因是"辅人"的需求在不断地深化，因此，科学技术发展的根本的轨迹必然沿着"拟人"的路线前进。这就是科学技术的"拟人律"。

③ 科学技术发展的结果，必然是以"拟人"的成果为"辅人"服务，因此，前景必然是"人为主、机为辅的人机共生合作"。这就是人与科学技术的"共生律"。

由此导出的便是科学技术发展的第三定律：共生律。它的意思是：科学技术既然是为辅人的目的而发生，按照拟人的规律、为辅人的目的而发展，那么发展的结果就必然回到它的原始宗旨——辅人。于是，人的特殊能力就应当是自身的能力加上科学技术产物（各类工具）的能力，即

$$人的特殊能力＝人的三种能力＋各类工具能力$$

而

$$人的全部智能能力＝人的智能能力＋智能工具能力$$

这就是"共生律"的一个表述，也是其后讨论的人机智能系统概念的高度概括。

3.4.4　人的智能扩展与智能信息网络

智能工具是扩展人的智力功能的工具，它的原型是人的智力系统。图3-13所示为人的智力系统和智能工具的信息模型以及它们所执行的信息功能过程。

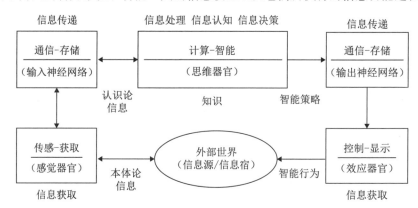

图 3-13　人的智力系统和智能工具的信息模型以及它们所执行的信息功能过程

图 3-13 中的椭圆部分表示人们面对的外部世界的各种问题，方框部分表示与这些问题打交道（认识问题、分析问题、解决问题）的智能活动过程。各个方框内横线以下的部分分别表示人的智能活动功能器官（感觉器官、输入神经网络、思维器官、输出神经网络、效应器官），横线以上的部分分别表示与这些器官相应的技术系统（传感-获取、通信-存储、计算-智能、通信-存储、控制-显示），其间的箭头表示这些功能器官（技术系统）之间的功能联系。

该模型清楚地表明，如果把传感系统、获取系统、通信系统、存储系统、计算系统、智能系统、控制系统、显示系统按照上述方式组织起来，就可能"以类似于人的方式"（当然不可能完全和人一样）完成各种智能任务。这就是完整意义上的"智能化机器体系"。人们所熟悉的传感系统、通信系统、存储系统、计算系统、智能系统、控制系统和显示系统在这个体系中各有各的位置，各有各的作用。由于智能信息网络在一定程度上能够"以类似于人的方式"完成各种智能任务，因此它可以执行"完整的生产流程"——针对问题获

取信息，传递/存储信息，加工信息提炼知识，激活知识生成智能策略，把智能策略转化成为智能行为，解决问题，从而达到目的。

显然，"智能信息网络"的实质就是一个智能化的生产工具，面对给定的问题和目标，能够以类似于人的方式去获得信息，从中提炼有用的知识，生成解决问题的智能策略，并把智能策略转化为智能行为，解决问题，达到目标。我们把这种面对特定问题的"智能信息网络"称为"专用智能工具"。

依据给定问题的不同，"专用智能工具"的信息内容、知识内容、策略和行为方式也随之不同，但是认识问题、分析问题、解决问题的机制是通用的。以各种各样的"专用智能工具"为基础，通过覆盖整个社会的公用通信网络平台的集成，就可以构成面向整个社会的大规模的"智能信息网络"体系，它就是信息时代智能化生产工具的模型。

另外还需要指出的是，"智能信息网络"特别是"大规模智能信息网络体系"代表宏观范畴（一个区域、一个省市以至一个国家）普遍的智能应用，"智能机器人"则代表微观场合（一个车间、一条流水线或一个个体岗位）的具体智能应用。智能机器人和智能信息网络是智能技术在微观（局部空间）应用领域和宏观（全部空间）应用领域的两种实现形态，是人类智能的两种具体物化形态，具有无比广阔的应用空间和无比美好的应用前景。

3.5　人机智能系统研究概览

3.5.1　人机智能系统研究论述

在国内，马希文是第一个将人看作是智能系统中不可缺少的一部分的人工智能研究者，钱学森院士曾多次肯定马希文的这个观点。

钱学森曾经在早期指出智能计算机是非常重要的事，是国家大事，关系到下一个世纪我们国家的地位。如在这个问题有所突破，将有深远的影响。但后来他提出新的看法：

我们要研究的问题不是智能机，而是人与机器相结合的智能系统。不能把人排除在外，是一个人机智能系统。

计算机也是一个巨系统，再加上情报、资料、信息库……而成为一个人机智能系统。我们的目的就是构造这样一个系统，它就成为"总体设计部"的不可缺少的支撑了。因此，我们才称它为尖端技术。

目前机器还没法解决的事，先让人来干。等机器能做的事慢慢多起来时，人也就被解放得多一些了，人就能发挥更大的作用了。

并且他还强调人的作用的意义，归纳而言：

① 人的意识活动是很丰富的，包括自觉的意识、潜意识、下意识，人是靠这些意识活动来认识世界的。

② 为了认识世界和改造世界，人始终发挥着主导的作用，我们要研究的是人和机器相结合的智能系统。

③ 现在还不可能很快实现这种人机智能系统，目前只能做些"妥协"，实事求是，尽量开拓当前计算机的科学技术，使计算机尽可能地多帮助人来做些工作，最终实现人机智能系统。搞人机结合的智能系统，就是让电子计算机及信息系统干它们能干的"理性"的事，把人留在只有人脑这个复杂巨系统才能

干的"非理性"的事，并让两者有机地结合起来。这至少是个技术革命！所以我们的奋斗目标不是中国智能计算机，而是人机结合的智能系统。

另外，中国科学院自动化研究所戴汝为院士等提出的人机综合集成思想，浙江大学路甬祥、陈鹰教授等人提出的人机一体化理论等，都是关于人机智能系统的。

我国哲学家熊十力教授认为，人的智慧，通常叫作心智，而心智又可以分成两部分，一部分叫作"性智"，另一部分叫作"量智"。性智是一个人把握全局，定性进行预测、判断的能力，是通过文学、艺术等方面的培养与训练而形成的。性智可以说是形象思维的结果，人们对艺术、音乐、绘画等方面的创作与鉴赏能力等都是形象思维的体现。心智的另一部分称为量智，是通过对问题的分析、计算，通过科学的训练而形成的智慧。人们对理论的掌握与推导，用系统的方法解决问题的能力都属于量智，是逻辑思维的体现。分析现在的计算机的体系结构，用计算机对量智进行模拟是有效的。人工智能的研究表明模拟逻辑思维可以取得成功。由于计算机是由人研制出来的，所以计算机不可能做所有的事情。总而言之，明智的方法是人脑与计算机相结合，性智由人来创造与实现，而与量智有关的则由计算机来实现，这样是合理而又有实效的途径。

在国外，也有类似的看法。美国的德瑞福斯兄弟和德福雷斯早已指出用计算机来实现人工智能的局限性：对于那些非形式化的领域，包括有规律但无规则支持的，那些不能形式化的问题，看上去似乎很简单，但计算机却无能为力，而人善于处理的是这一领域的问题，否则人就无法进行下去。实际上，人具有意识与思维能力，计算机没有，即所谓的电脑（计算机）是"死"的，人脑是"活"的。在国外，莱纳特（Lenat）与费根鲍姆（Feigenbaum）在1991年也明确提出"人机结合做预测"是知识系统的"第二个纪元"。他们写道："系统"将使智能计算机与智能人之间形成一种同事关系，人与计算机各自都完成自己擅长的任务，系统智能是这种合作的产物。人与计算机的这种交互可能天衣无缝并极其自然，以至技能、知识及想法在人脑中或在计算机的知识结构中都是没有什么关系的，断定智能在程序之中是不准确的。在这样的人机系统中将出现超人的智能和能力。在这个阈值之外，有着我们如今无法想象的奇迹。百科全书计划（CYC）的研究者在1991年文章的最后提到了一个新的智能系统的目标，他们认为，"……（系统）的知识在哪儿（在人的头脑中或在计算机的知识结构里）都没有关系，断定智能在程序中是不准确的"。

伴随着计算机技术的迅猛发展，机器智能的研究不但在一些传统领域中获得很大的成功，并且在一些新兴的领域也取得很大的发展。但是机器智能的研究却由单纯追求机器智能的目的，发展为追求人机结合智能的系统。这已经逐步成为中国、外国机器智能界的共识。

从体系上讲，人作为一个成员，综合到整个系统中，利用并发挥人类和计算机各自的长处，把人和计算机结合起来形成新的体系。强调人在未来智能系统中的作用，是对传统人工智能研究，也是对传统自动化研究目标的革命，将带来一系列在研究方向及研究课题上的变革。同样，也给人机工程学研究增加了新活力。

3.5.2　人机智能系统概念

实现人机智能结合，一方面，通过智能集成提高人机系统的综合智能水平；另一方面，通过智能开发促进人的智能的发展和机器智能的开发，达到人机系统的高度智能化、协调化，如图 3-14 所示。

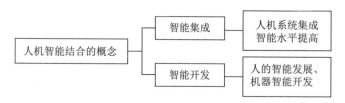

图 3-14　人机智能结合的概念

人机智能结合是指人的智能与机器智能（人工智能）的结合，有两方面的含义：

（1）智能集成　人的智能与人工智能相结合，取长补短，产生集成智能。可表示为

$$HI+AI\longrightarrow II$$

式中，HI 为人的智能（Human Intelligence）；AI 为人工智能（Artificial Intelligence）；II 为集成智能（Integrated Intelligence）；＋为集成。

例如，人的创造才能与计算机的逻辑运算能力相结合，设计启发式智能系统。

（2）智能开发　人的智能与人工智能相结合，相互促进，开发智能，可表示为

$$HI\times AI\longrightarrow DI$$

式中，HI 为人的智能；AI 为人工智能；DI 为开发智能（Developing Intelligence）；×为促进。

例如，利用人工智能知识工程技术，集中多个专家的知识和经验，构成群体专家系统，可具有高于个别专家的智能水平。利用人的智能，加入启发信息，可提高专家系统知识推理效率。

系统的"智能化"，不仅意味着人工智能的应用，机器智能水平的提高，而且需要在人机合理分工的条件下，进行人机智能集成，提高系统的集成智能水平。为了实现人机智能集成，首先，需要应用人机系统和工程心理学方法，进行人机合理分工。如人为主导，进行需要主动性、创造性、灵活性的工作；机为辅助，进行需要精确计算、重复操作、海量存储的工作。其次，需要通过多媒体智能界面（MII），进行交互式友好通信，协同合作解题，才能实现人机智能结合，组成具有集成智能的智能化系统。

3.5.3　人机智能系统的开发应用示例

人类对科技的执着向往矢志不渝。创造一种自动装置进行劳作和服务，提升生产效率，改善生活质量，是各国科技工作者的夙愿。从简单的工具到复杂的机器，再到全面交互和智能感知于一体，机器人的发展凝聚着全人类的匠心智慧和无限想象。

机器人是各种先进技术的深度融合，是提高生产效率和产品质量、提升生活水平的重要工具，也将是智能社会、智慧地球发展中不可或缺的重要支撑。人工智能将赋予机器人自主决策、自我控制能力，甚至使其像人一样思考和想象，进而成为人类未来生产和生活中的重要伙伴。

机器人技术及产业将深刻影响全球制造业的形态与格局。以机器人带动社会要素创新、增加就业岗位、拉动经济增长，是世界各国的共同战略与目标。例如，美国先进制造伙伴计划、德国"工业 4.0"战略、日本"机器人新战略"及"中国制造 2025"，都将机器人产业作为发展的重要方向，折射出各国在新的机遇中争夺竞争新优势的决心。

基于上述原因，本节用了较多篇幅介绍由人和机器人组成的人机智能系统的开发应用概貌。

1. 人与服务机器人智能系统

2013 年 8 月 3 日，东京大学与丰田公司共同研制的陪护机器人 KIROBO 被发射到太空（见图 3-15）。KIROBO 的使命是与在空间站工作的宇航员聊天，缓解他们的孤独感。KIROBO 身高约 34 cm，体重约 1 kg，具备面部识别和语音通信功能。成功完成任务的 KIROBO 已于 2015 年 2 月 10 日返回地球。

图 3-15 机器人 KIROBO

2013 年 8 月 19 日，交互式城市管理机器人 Jurek 现身波兰卢布林街头（见图 3-16）。Jurek 能够为民众提供监管、指路、信息咨询等多种服务，也能做出多个不同的表情。同时，Jurek 还是欧洲机器与人互动研究的公共平台。

图 3-16 机器人 Jurek

2. 人与协作机器人智能系统

Rethink Robotics 公司也推出了它们的智能协作机器人 Sawyer（见图 3-17）。该机器人身高约 1 m，自重 19 kg，具备 7 个自由度，能够进入非常狭窄和拥挤的空间。友好的人机交互风格、独特的柔顺控制技术能保证 Sawyer 和人类并肩进行安全、高效的工作。此外，Sawyer 还能独立完成许多工作，如机器操控、电路板测试等，有望将人们从重复性工作中解放出来。

图 3-17　Sawyer 机器人

机器人巨头 ABB 也宣布推出新型双臂协作机器人 YuMi（见图 3-18）。该款机器人双臂宽度不足 1 m，全身以软性材料包裹，配备全新的力学传感技术，以保障操作人员的安全。YuMi 机器人具有工作范围大、操作灵活敏捷、操控精度高的特点，能够轻松应对各种小件的组装任务，如机械手表的精密部件，手机、平板计算机和台式计算机零件的处理等。

图 3-18　ABB 的 YuMi 协作机器人

3. 人与人性化机器人智能系统

ASIMO 是本田公司开发的目前世界上最先进的类人型机器人。ASIMO 名字象征着 Advanced（高级的）、Step in（介入）、Innovative（创新的）、Mobility（移动的能力）的含义。本田希望能创造出一个可以在人的生活空间里自由移动、具有人一样的极高移动能力和高智能的类人型机器人，它能够在未来社会中与人们和谐共存，为人们提供服务，而 ASIMO 就是这个未来梦想的结晶。图 3-19 所示为 ASIMO（高级步行智能人性化机器人）在走路的情景，边上的小姑娘与人工制作的机器人的互动，构成了人类实际生活中一个奇特的场景。

ASIMO 的外形是刻意设计的，它小巧的造型和有意降低的身高尺寸在办公室或家里给人一种非常乖巧、温良听话的感觉，ASIMO 能够触摸到开关和门把手，也足够在桌椅边工作，当人坐着的时候，ASIMO 的高度正好能跟人的视线平齐，如图 3-20 所示。它对人类行为的成功模仿使人们开始相信梦想的力量并不断地追逐梦想。

图 3-19　ASIMO 走路和与小姑娘互动的情景　　图 3-20　本田总裁和 ASIMO 对话

ASIMO 是最出色的步行机器人的代表，是日本本田公司开发的目前世界上最先进的步行机器人，也是目前世界上唯一能够上下楼梯、慢速奔跑的双足机器人（见图 3-21）。ASIMO 的智能也同样出色，具有语音识别功能、人脸识别功能，甚至可以使用手势来进行交流。不仅如此，ASIMO 的手臂还能够开电灯、开门、拿东西、拖盘子甚至推车（见图 3-22）。

 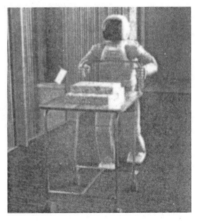

图 3-21　本田公司最新型的 ASIMO　　　　图 3-22　ASIMO 在推车

第 4 章　人类智慧与创新设计

4.1　人类智慧

1. 人类智慧的定义

人类是人的总称。人的基本特征是：能制造工具并能使用工具进行劳动的高级动物。能进行劳动是人类的基本共同点，能制造工具或者能使用工具是人类社会科学进步的合理分工。

自古希腊开始，人们就认为智慧是人的根本属性，哲学家普罗泰戈拉有句名言，"人是万物的尺度，是存在的事物存在的尺度，也是不存在的事物不存在的尺度"。马克思主义也认为，认识世界与改造世界，是人类的任务与目的。

科学的发展，使人们对物质身体的探索越来越深入，对于身体的构造、骨骼的结构、血液的循环乃至器官和细胞的功能，人类已经有了深刻的认识。但是对于什么是智慧本身，却依然不清楚其生成的机制与来源。因此，科学的发展越来越肯定智慧是人的根本属性的同时，也越来越使智慧是什么成为人类的根本困惑。

在维基百科中，智慧是这样定义的：它是高等生物所具有的基于神经器官（物质基础）的一种高级的综合能力，包含感知、知识、记忆、理解、联想、情感、逻辑、辨别、计算、分析、判断、决定等多种能力。智慧让人拥有了思考、分析、探求真理的能力。到目前为止，人类是在地球这个星球上最智慧的生物，人类的智慧帮助人们创造新的智慧，这就是智慧的奥妙所在。虽然人类最终创造的智慧可能会超越人类本身的智慧，但到现在看来还遥不可及。人工智能就是人类创造出来的系统所表现出来的智慧。

人类智慧是指人类区别于他类的辨识判断、发明创新的综合能力。其中，辨识判断能力是基础，发明创新能力是人类智慧质的升华和飞跃。一个人的智慧是有限的，个别人群的智慧也是有限的，但全人类相互交融、相映相辉、相得益彰的智慧却是无穷无尽的。虽然人类对神奇奥秘的大自然的了解迄今还是微乎其微，但人类对大自然的探索和认识，毕竟是与时俱进，与日俱增的。古今中外许多名人对前人智慧的崇敬感，很奇妙地大都转化为名人自己和后人智慧的激励感、超越感。

智慧是人类对自然的认识与思考，是超越知识的思维能力，有时是天马行空的思考。智慧反映了人类智力器官的终极功能，让人可以深刻地理解人、事、物、社会，宇宙的现状、过去与未来。

人类个体智力的高低，取决于他拥有知识的真实、准确、可靠程度；人类个体智慧的高低，则表现为知识基础上的悟性、禅性、想象力、胆量等主观因素。人类智力源于人类在生存斗争中对客观自然规律的认识与了解；人类智慧则源于人类文明、文化的发展与演化。人类智力经历了百万年进化历程，而人类智慧只有以万年计的发展历程。

创造、发明与创新是人类得以持续发展的基石。技术创造工作中的独创能力使人类进步的速度越来越快，如同站在自动扶梯上面。

我们假定每个人的工作时间为 40 年，那么以这样的时间跨度作为一代来计算，我们就可以正确地评估文明的发展速度。在过去的 4 万年中延续的 1000 代：

——超过 800 代的人生活在树林与洞穴中的非人工住所中；

——只有 120 代人认识并使用过轮子；

——约 55 代人认识并使用过阿基米德定律；

——约 40 代人使用过风车与水车；

——约 20 代人认识并使用过钟表；

——约 10 代人了解印刷术；

——5 代人乘坐过轮船与火车旅游；

——4 代人使用过电灯；

——3 代人乘坐汽车旅行，使用过电话与吸尘器；

——2 代人乘坐飞机旅行，使用过无线电与冰箱；

——只有今天这一代人到外太空旅行，使用原子能、个人计算机与笔记本电脑，通过人造卫星在全球进行音、像及其他信息传送。

人类历史上 90% 的知识与物质财富创造于 20 世纪！

2. 人类智慧的起源

人类智慧的起源能力可以归结为几个关键因素。

首先，人类具有高度发达的大脑和神经网络。大脑是智慧的物质基础，它包含了庞大的神经元网络和复杂的神经回路。这种神经系统的结构和功能使得人类能够进行高级的认知和思维活动，如抽象推理、创造性思维和符号表达。

其次，人类具有高度发达的语言能力。语言是人类智慧的重要载体和交流工具。通过语言，人类能够表达思想、共享知识、传递文化，并进行抽象和符号化的思考。语言的存在使人类能够进行深入的沟通、思维和合作，从而促进智慧的发展和传承。

另外，人类还具备抽象思维和符号化能力。人类能够将现实世界的感知和经验转化为抽象的概念和符号表示。通过抽象思维，人类能够进行推理、问题解决和创新。符号化能力使得人类能够使用符号系统，如数学、音乐、艺术等，进一步扩展智慧的领域和表达方式。

此外，人类具有学习和适应能力。人类智慧的发展是基于不断的学习和经验积累的过程。人类能够从环境中获取信息，通过观察、实验和反馈来不断调整和改进自己的认知和行为。学习能力使得人类能够不断适应新的挑战和环境，从而推动智慧的进一步发展。

人的智慧相差很大，除了客观、先天生理因素外，根本原因在于人的大脑思考、思路、思维、思想系统活动的差别。根据生理学知道，人的大脑有 140 亿～160 亿个脑细胞，其中神经性细胞就有 100 亿个。这么多神经元组成了一个庞大而复杂的高级神经系统。这个神经系统就是进行人的思考、思路、思维、思想协调活动的，活动的结果使人表现出不同层次的智慧。有没有智慧，这是人与动物的根本区别。

为了便于理解思考、思路、思维、思想产生智慧，首先要搞清楚它们各有什么含义和相互间的关联。

思想，是客观存在反映在人的意识中经过逻辑活动产生的结果。它的内容通俗地说就是"念头"。常为社会制度和物质文化生活所决定，在阶级社会，具有阶级性。思考、思路、思维都是思想的形式，思维是思想的维度，思路是思想的向度；思想是名词，思考是动词，通过思考过程产生思想。

思考，是对事物的全程考察，考察程序：一是什么？弄清楚事物存在的形式，指出事物的本质；二为什么？弄清楚事物互相制衡的规律和因果关系；三做什么？该怎么做，怎么落实，这是思考向执行转化。可见思考贯穿于人脑认识链的始终。

思路，是思想路线的简称，是思考活动的条理、线索和脉络，为思考开辟逻辑的方向和行进的通道。思路表现在事物发展过程中的各个转折点，转折点前一步一旦结束了，就该思考与之相适应的下一步的内容，这就是思路。没有思路，思考就无法进行；思路不清晰，将影响思考的速度和效果；思路不正确，就会误导整个思考。

思维，是大脑的理性认识，是分析、综合、推理等的认识过程。这是人类高级的认识活动。这个认识活动包括逻辑思维、抽象思维、形象思维、定向思维、逆向思维、发散思维、哲学思维等，对不同的事物选择不同的思维。人类的智慧主要取决于思维的质量和深度，质量和深度在实践的基础上产生和发展。

思考、思路、思维、思想组成的人脑认识链条在人对事物认识的实践中，大概是这样的过程：通过大脑神经沿着一定的思路，按照逻辑推理的思维方式，对事物进行全程思考，上升到理性得到思想，这个思想对外显示出了人的聪明才智。

总结起来，人类智慧的起源能力源自大脑的复杂结构和功能、语言的存在、抽象思维和符号化能力，以及学习和适应的能力。这些因素相互作用，共同促进了人类智慧的发展和演化，使人类成为具有高度认知能力和创造力的物种。

4.2　人类智慧的三个维度

在哈伯特·西蒙（H. A. Simom）的经典著作 *The Sciences of Artifical*（1996）中提出了两个深刻观点：第一个观点是"自然科学所关心的是事物已有的形态，而设计是从另一方面出发，关心的是事物应有的形态"；第二个观点是断言设计思维具有一个特质，使得它可以被"普遍化"。这就意味着设计可以用作跨学科的沟通工具。

所有涉及创造、解决问题、做出选择以及综合分析的职业都和设计思维有关。从物理环境和人工制品到音乐（创作）、哲学（探究系统的设计）以及政治和经济的格局，在各行各业都有着非常精美的设计。一些伟大的思想家还会把整个社会作为一个可以重新设计的系统来看待。

奈杰尔·克罗斯（Nigel Cross）在他出色的著作 *Designerly Ways of Knowing*（2007）中，提出毋庸置疑的观点：我们身边的一切都经过了设计之手。

设计能力，其实是人类智慧的三个基本维度之一。设计、科学和艺术构成了一个"与"而非"或"的关系，从而创造出人类超凡的认知能力，见图4-1。

① 科学——发现不同事物的相同之处。

② 艺术——发现相同事物的不同之处。

③ 设计——从不可用的部件中创建出可用的整体。

美国最著名的设计大师雷蒙德·罗维（Raymond Loewy，1893—1986）曾

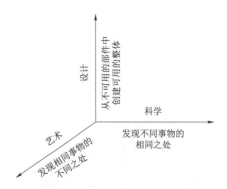

图4-1　人类智慧的三个维度

经说过："当我能够把美学的感觉与我的工程技术基础结合起来的时候，一个不平凡的时刻必将到来。"当代科学家、诺贝尔奖获得者李政道博士曾提出，"科学和艺术是不可分割的，它们的关系是与智慧和情感的二元性密切关联的。伟大艺术的美学鉴赏和伟大科学观念的理解都需要智慧。但是，随后的感受升华又是和情感分不开的。……艺术和科学事实上是一个硬币的两面。它们源于人类活动最高尚的部分，共同基础是人类的创造力，它们追求的目标都是真理的普遍性、永恒性和富有意义"。

我国著名的工业设计带头人和理论家柳冠中提出"设计是人类未来不被毁灭的第三种智慧"的观点，将设计的意义提高到了全人类未来可持续发展的高度。

一方面，设计思维是人类在创建远景上所体现出来的独特能力。在此背景下，设计思维的显著优势是能够产生新的选择。它在默认方案之上寻求更好的机会，而不是从现有的选择里选出最好的。现有的选择通常会有一个或多个性质是基于决策人在相似经验中获得的显式或隐含的假设或约束所得到的。使用高级分析工具来帮助做出最好选择的常规做法，只是在重复分析相同的已知行为模式，因为控制选择的基本假设并没有受到质疑。

另一方面，设计思维包含了对假设的质疑。它体现了一种质变，这种质变包括对美和欲望的理解。如此，设计就能识别出新的选择和目标，寻求对未来更加期望的可能性。爱因斯坦对此有很美妙的诠释，"如果我们用一种思维创造了问题，那么我们就不能再用此思维去解决这些问题"。

思维的启动是设计的开始，同时又贯穿着设计过程的始终，设计思维是设计科学的核心问题。

设计思维是一种创造性思维。

创造性思维是一种动态的、理论的、突破式的、变异式的、开放的、多维的主动思维方式。科学的逻辑思维和艺术的形象思维都需要创造性，艺术家和科学家都需要有创造欲望，才能获得成功。

创造性是人类按照自己的要求改造客观世界，自觉的创造性劳动过程的第一步，是人类在自身所能获得的经验基础上，把创造新事物的活动推向前所未有的新境界的一种高级思维活动。

设计，是人类从事目的性明确的创作活动之前以及过程中的设想和计划，是一种思考和运筹，是人类文明发展进程中创造智慧的结晶，是想象力和预见性与实际条件的契合。设计是从事任何活动都不可缺少的全面权衡和整合，以达到寻求最合理、最有效的方案。设计促进了人类文明的发展，伴随着人类的历史在进步。

4.3 设计进化与创新设计

1. 设计的进化历程

根据路甬祥院士产业发展的观点，可以将设计分为三个发展阶段：一是农耕时代的传统设计，即设计 1.0 时代；二是工业时代的现代设计，即设计 2.0 时代（也称作工业设计 1.0）；三为知识网络时代的创新设计，即设计 3.0 时代（也称作工业设计 2.0）（见图 4-2）。

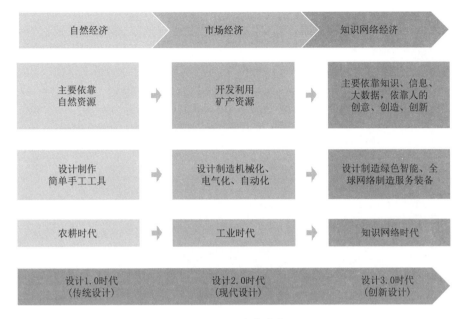

图 4-2　设计的进化

　　综上，21 世纪的创新设计是覆盖了产品设计、流程设计、工程设计、环境设计、服务设计等诸多领域，以互联网、大数据、云计算、物理信息系统等先进信息技术为支撑，具有绿色低碳化、产品智能化、工具全球化、设计服务化、资源共享化等重要特征，并广泛应用于人类社会生活的各个领域。

　　工业设计与创新设计的关系：

　　① 创新设计的产生发展于知识经济和网络信息经济时代，它是工业设计的更新与发展，在设计理念、设计环境与覆盖范围、设计工具与方式、创新模式和价值增值路径等方面都发生了显著变化；

　　② 20 世纪工业时代的现代设计主要基于物理环境，现在知识经济和信息网络经济时代的创新设计基于全球信息网络、大数据及云计算和物理环境；

　　③ 伴随着我国创新驱动发展战略的实施，工业设计在现代工业发展中的地位将不断得到提高，以设计创新为主导的工业现代化发展新模式将逐渐形成。

　　潘云鹤院士指出，当下我国的设计要从工业设计转向创新设计，需要两条路同时走：

　　"第一条路需要用科技创新、业态创新、人机交互创新、文化创新和艺术创新设计各种各样的新产品，来构造和改造各种各样的设计企业和制造企业，使我国的制造行业变成智能化制造企业，使我们的设计变成创新设计。第二条路是改造我们的设计教育，将原有的设计教育转化为创新设计教育，培养创新设计的教师、学生和创新设计师。"

　　2. 创新设计的内涵

　　设计是人类有目的创新实践活动的设想、计划和策划，影响制造和服务的品质和价值，是提升自主创新能力的重要环节。创新设计面向知识网络时代，以产业为主要服务对象，具有绿色低碳、网络智能、开放融合、共创分享等特征，集科学技术、文化艺术、服务模式创新于一体，是科技成果转化为现实生产力的关键环节，是引领新一轮产业革命发展的重要因素。

　　当前，我国正处在产业转型升级的关键时期，与全球第三次产业革命不期而遇，这是我国完成技术—经济范式转变和跨越式发展的历史性机遇，而发展创新设计则是实现从跟踪模仿到引领跨越的突破口，是推动制造业实现"三个转变"的重要抓手，也是把握新产业革命机遇，建设生态文明、国家和社会安全的关键环节。设计竞争力有望居世界前列，并有力支撑我国创新驱动发展战略和国家竞争力的提升，如图 4-3 所示。

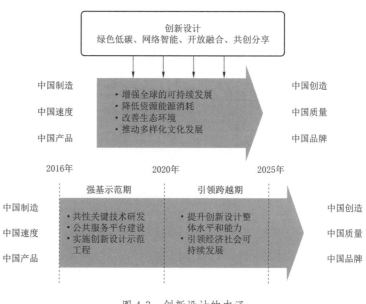

图 4-3　创新设计的内涵

3. 创新设计的方向

从国际环境看，新一轮产业革命正在兴起，世界各国都开始加快新技术研发和新产业布局，同时，诸多新技术、新业态、新商业模式不断产生，产业结构调整的力度明显加快。

① 创新设计是制造业价值链的起点，发展创新设计是实现我国制造业从跟踪模仿复制到实现跨越的突破口，是推动我国培育自主品牌、产品走向世界的重要举措；

② 发展创新设计是推动我国传统产业实现转型升级的重要抓手，也是建设生态文明、保障国家和社会安全的有力工具；

③ 创新设计可以推动我国制造业实现研发设计、采购原料、仓储运输、生产制造、批发零售、售后服务的全产业链的优化整合，是我国制造业向产业链两端延伸的重要途径。

由世界各国的经验表明，在 21 世纪创新设计已经成为引领和支撑网络信息时代新产业革命发展的主要动力。我国经济已进入由要素驱动向创新驱动转变，由注重增长速度向注重发展质量和效益转变的新常态。我国虽已成为世界第一制造大国，但企业创新设计能力尚显不足，和发达国家存在较大差距。因此，积极发展以绿色低碳化、网络智能化、工具全球化、设计服务化、资源共享化为特征的创新设计，对于全面提升我国制造业国际竞争力，优化中国制造在全球价值链中的分工地位，有力推动中国制造向中国创造转变、中国速度向中国质量转变、中国产品向中国品牌转变，实现科技支撑、创新引领、跨越发展具有重要意义。

（1）绿色低碳化　绿色经济是以经济与环境的协调发展为目的，以适应人类环保与健康需要而发展起来的一种新的经济形式，包含节能减排、清洁生产、低碳经济、循环经济等模式在内的，把资源高效利用、低污染排放、低碳排放及工业生态链、社会公平发展等理念集为一体的经济活动，是最具生命力和发展前景的包容性经济发展方式。未来的创新设计将更加倾向于设计创造多样化的绿色材料、智能材料及绿色低碳工艺与智能装备。

（2）产品智能化　未来的创新设计是在产品设计过程中嵌入微型的感知、处理和通信等功能部件，使这样的产品具有获取信息、执行决策及诸多处理和交互功能，成为智能化产品及系统。当前，通过一定的技术手段，借助相关硬件、传感器、数据存储装置、微处理器和设计软件的研究成果，智能化的创新设计在生活中的应用已快速增多。"中国制造2025"国家战略将"智能制造"作为中国制造业发展的主攻方向，将与服务业一样，建立在全球网络之上，实现人与人、人与机器、机器与机器之间的对话协同，在互联网开放式的环境下，用户可以直接参与产品的研发与设计。

（3）工具全球化　面对其他国家优秀设计工具及软件的竞争，需要具有全球化发展战略思维，大力研发面向智能化发展方向的设计工具及适应大数据和云计算、虚拟仿真、智能控制和嵌入式操作系统等软件，满足创新设计融合多学科、跨行业及领域的需求。未来设计工具及软件的使用将基于国际互联网、大数据和云计算的数字虚拟现实；高水平操作系统、设计工具和应用软件成为增加制造业竞争力的核心要素，并进而产生大数据分析、网络超算、软件和服务增值等网络设计服务新业态。

（4）设计服务化　未来中国制造将要超越或领跑其他国家，必须实现创新设计和突破现有商业模式，减少制造业和用户之间的距离，需要系统思考制造和服务的全过程。现在的商业模式是使用产品的数据信息绝大多数掌握在电商平台手中，最具有创新价值的信息被阻断回到制造商手中。而服务型制造需要解决的问题是制造业必须面对用户，制造商需要掌握使用产品和服务效果的第一手信息，对设计创新、制造技术改进和用户体验等产业链的重新整合。创新设计需要贯穿到整个价值链中，实现设计直接面对服务，这样既突破了现有商业模式，又真正地掌握了用户的需求，把现在的制造转化为服务型，这样将可以形成从创新设计到服务及用户体验的不断循环，形成全新的生态价值链体系。

（5）资源共享化　未来的创新设计不仅要满足高中低端个性化、多样化需求，也要满足自然人的多样化需求，因此需要实现信息资源共享化，以智能化、数字化、网络化及信息化等技术手段支撑全球创新设计共性技术资源共享云平台。

设计是创新活动的重要组成部分，中科院院士路甬祥（2014）指出，设计是人类对有目的创造创新活动的预先设想、计划和策划，是具有创意的系统综合集成的创新创造，也是将信息、知识、技术、创意转化为产品、工艺、装备、经营服务的先导和准备，并决定着制造和服务的价值，是提升自主创新能力的关键环节。

党的"十八大"明确提出，"科技创新是提高社会生产力和综合国力的战略支撑，必须摆在国家发展全局的核心位置"。强调要坚持走中国特色自主创新道路，实施创新驱动发展战略。

创新设计利用互联网、大数据、云计算、物理信息系统等新技术，改变和衍生出创客、众包、服务型制造等新业态，适应了当前我国大众创业、万众创新的时代需求。

在 21 世纪，创新设计逐渐成为一种具有创意的复合创新与创造活动，它面向知识经济和网络信息经济时代，以产业为主要服务对象，以绿色低碳化、网络智能化、工具全球化、设计服务化和资源共享化为主要特征，集科技、文化、艺术、服务模式创新于一体，并涉及工程设计、工业设计、服务设计等多个领域，是科技成果转化为现实生产力的重要环节，逐渐成为新一轮全球产业革命的有力支撑。随着 20 世纪末人类社会文明发展从工业化时代进入信息化时代，互联网得到快速推广，我们可以使用的数据得到爆炸式增长，这些均成为当今社会最重要的创新资源。当前新一轮产业革命如火如荼，全球发展格局走向多极化，人们对物质文化的需求也日益增长，人类自身面临着生态环境恶化、全球气候升温、网络信息安全等挑战，推动了创新设计理念的更新与发展。

4.4 创新设计的定义和人的创新能力

1. 创新设计的定义

创新目前还没有一个统一的定义，却又是一个普遍使用的概念。在商品经济社会之前，创新更多的是人们某种行为或活动的客观结果，"新"并不是目的，而是区别于已有的更加符合当时社会需求的结果。但是在商品经济社会，创新既是一种目的，又是一种结果，还是一种过程。"新"既是目的，也是结果，此时"新"的含义是指知识产权意义上的新，即在结构、功能、原理、性质、方法、过程等方面的、第一次的、显著的变化；"创"表明了"新"实现的困难，即需要经过一个开拓性的过程。

百度百科中把创新定义为"以现有的思维模式提出有别于常规或常人思路的见解为导向，利用现有的知识和物质，在特定的环境中，本着理想化需要或为满足社会需求，而改进或创造新的事物、方法、元素、路径、环境，并能获得一定有益效果的行为"。

"创新"（Innovation）的起源可追溯到 1912 年美籍经济学家熊彼特的《经济发展概论》，书中指出：创新是把一种新的生产要素和生产条件的"新结合"引入生产体系。包括 5 种情况：引入一种新产品，引入一种新的生产方法，开辟一个新的市场，获得原材料或半成品的一种新的供应来源，建立新的企业组织形式。熊彼特的创新概念包含的范围很广，涉及技术性变化的创新及非技术性变化的组织创新。

"创新"有别于"创造"（Creation）和"发明"（Invention）。对于"创新"，有两个比较权威的定义：

① 2000 年，由经济合作与发展组织（OECD）提出："创新的涵义比发明创造更为深刻，它必须考虑在经济上的运用，实现其潜在的经济价值。只有将发明创造引入经济领域，它才成为创新。"

② 2004 年，由美国竞争力委员会在《创新美国》计划中提出："创新是把感悟和技术转化为能够创造新的市场价值、驱动经济增长和提高生活标准的新产品、新过程、新方法和新服务。"

在产品创新领域，与创新有关的另外两个基本概念为创造与发明，现代管理学之父彼得·德鲁克（Peter F. Drucker）关于创新的论断实际上也揭示了创造、发明与创新的关系。图4-4表达了三者间的关系，即

创新＝创造（理论概念）＋发明（技术发明）＋商业开发

① 创造是原始设想的一种表达，如头脑中的影像、材料、模型、草图或图形等。创造过程具有结构化或非结构化的自然属性，精确预测创造发生的时间是困难的。

② 发明是原始设想得到某种技术可行性证明的结果，证明的方法如计算、仿真、建立物理模型进行试验等，即发明是导致某种有用结果的技术设想或技术创意。发明阶段的结果可以申请专利或某种知识产权加以保护。

③ 创新是发明在某企业商品化开发，企业通过产品从市场获得了收益。《第五项修炼》一书的作者彼得·圣吉说："当一个新的构想在实验室被证实可行的时候，工程师称之为'发明'（Invention），而只有当它能够以适当的规模和切合实际的成本，稳定地加以重复生产的时候，这个构想才成为一项'创新'（Innovation）。"

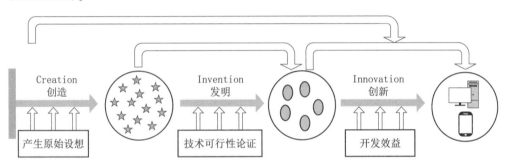

图4-4　创造、发明与创新的关系

产生设想只是创新的必要开端，发明是设想的技术实现，真正让人们从创新成果中获益的是商品化后的产品。

2. 创新设计的目标

彼得·德鲁克给产品创新又赋予了经济性的内涵，这正是商品社会创新的基本目的，创新不仅仅是为了"新"而"创"，更是为了从中获得收益。

创新机会来自以下方面，如图4-5所示。据此过程的循环，方可明确以市场需求为导向的创新设计目标。

（1）洞察力（Insight）　洞察力是指一个人多方面观察事物，从多种问题中把握其核心的能力。它是人们对个人认知、情感、行为的动机与相互关系的透彻分析。洞察力的形成需要长期的各方面知识积累和思维能力训练才能够形成。个人对产品存在问题和发展方向的洞察力，是重要的创新来源。

（2）预测（Forecasting）　产品预测是对当前产品未来状态的预见，一般需要专门的预测方法，并充分运用团队和专门专家的洞察力。

（3）类比（Analogy）　类比就是由两个对象的某些相同或相似的性质，推断它们在其他性质上也有可能相同或相似的一种推理形式。类比的关键是找到事物间的相似性，例如由鸟联想到飞行器原理。

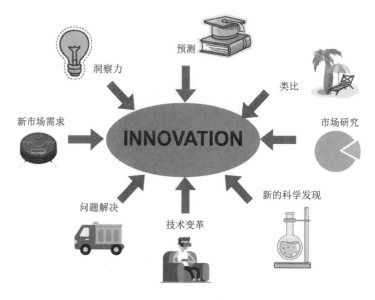

图 4-5　创新的机会

（4）市场研究（Marketing Research）　市场研究也称为"市场调查"或"市场调研"，是指为实现市场信息目的而进行研究的过程，包括定量研究、定性研究、零售研究、媒介和广告研究、商业和工业研究、对少数民族和特殊群体的研究、民意调查以及桌面研究等。通过分析市场信息，可以发现市场中的差异化需求，从而发现新的产品创意，如"老人手机"的出现。

（5）新的科学发现（New Discovery）　新发现的科学原理、新材料、新方法被工程化都可以带来新产品的创意。

（6）技术变革（Technology Change）　产品是由技术实现的，技术处于不断发展中，新技术如果能够更好地实现产品的功能，必然会替代原有技术。

（7）问题解决（Problem Solving）　产品中存在的问题是制约产品性能和市场的重要因素，产品问题的解决，形成更加符合市场需求的产品，对产品自身的改善和市场的拓展都会起到重要作用。因此发现产品中的问题并加以解决是完成产品创新的重要途径。

（8）新市场需求（New Customer Requirement）　新市场需求是指与当前产品相关但目前不能满足的需求。新的市场需求往往需要产品具有新的功能或价值，发现新的市场需求并将之转化为产品自身特性，就会产生新产品的创新。新市场需求与市场研究不同，市场研究是在已有的市场空间找到客户更加准确的需求，而新市场需求需要对已有市场之外的市场做深入研究才能获得。

3. 人的创新意识

个体的创新能力是指为了达到某一目标，综合运用所掌握的知识，通过分析解决问题，获得新颖、独创的，具有社会价值的精神和物质财富的能力。创新能力是个体的一种创造力，它包括创新意识、创新思维和创新技能三部分。

创新首先是要产生新想法，怎样才能发现新的创新机会产生新想法呢？克莱顿·克里斯坦森（Clayton M. Christensen）在其《创新者的基因》一书中，通过研究近 500 名创新者，并比照研究了近 5 000 名主管，最终总结了五项发现技能，称为创新者的基因，正是这些基因，使得创新者不同于一般的主管。

（1）联系　联系指的是大脑尝试整合并理解新颖的所见所闻。这个过程能帮助创新者将看似不相关的问题、难题或想法联系起来，从而发现新的方向。往往在多个学科和领域交错的时候，就会产生创新的突破。

（2）发问　创新者是绝佳的发问者，热衷于求索。他们提出的问题总是在挑战现状。比如乔布斯问："为什么计算机一定要装电扇？"他们往往喜欢问："如果我试着这样做，结果会怎样？"像乔布斯这样的创新者之所以会提问，是为了了解事物的现状究竟如何，为什么现状是这样，以及如何能够改进现状，或是破坏现状。如此一来，他们的问题就会激发新的见解、新的联系、新的可能性和新方向。

（3）观察　创新者同时也是勤奋的观察者。他们仔细地观察身边的世界，包括顾客、产品、服务、技术和公司。通过观察，他们能获得对新的行事方式的见解和想法。乔布斯在施乐帕洛阿尔托研究中心的观察之旅孕育了他的见解，从而催生了 Mac 计算机的创新操作系统和鼠标，以及苹果现在的 macOS 操作系统。

（4）交际　创新者交际广泛，人际关系网里的人具有截然不同的背景和观点。创新者会运用这一人际关系网，花费大量时间、精力寻找和试验想法。社交的目的不是寻求资源而交际，而是积极地通过和观点迥异的人交谈，寻找新的想法。例如，乔布斯曾经和一个名叫阿伦·凯（Alan Kay）的苹果员工交谈，阿伦·凯对他说："你去看看那些疯子在加州圣拉斐尔干的事儿吧！"他所说的疯子就是艾德·卡姆尔（Ed Catmull）和艾尔维·雷（Alvy Ray）。当时这两个人成立了一家小型计算机图像处理公司，名叫工业光魔公司（Industrial Light & Magic）（该公司曾为乔治·卢卡斯的电影制作过特效）。乔布斯很欣赏该公司的处理技术，因此以 1 000 万美元收购了工业光魔公司，并把它更名为皮克斯（Pixar），最终成功上市，市值高达 10 亿美元。

（5）实验　创新者总是在尝试新的体验，试行新的想法。他们会参观新地方，尝试新事物，搜索新信息，并且通过实验学习新事物。乔布斯终其一生都在尝试新体验——冥想，住在印度的修行所，在里德学院退学后去上书法课。所有这些多姿多彩的体验都为苹果公司激发了创新的想法。

为什么创新者比一般的主管更勤于发问、观察、交际和实验？毋庸置疑，是创新意识。克莱顿·克里斯坦森等研究了这些行为背后的驱动力，发现有两点共同之处。第一，他们积极地想要改变现状。第二，他们常常会巧妙地冒险，以改变现状。看看创新者描述自己动机的话语，我们会发现有共同之处。乔布斯想要"在宇宙间留一点响声"。谷歌的创始人拉里·佩奇（Larry Page）说过，他是来"改变世界"的。

4. 人的创造力模型

心理学领域对于创造力的定义较为一致的看法是：根据一定的目的和任务，运用一切已知信息，开展能动的思维活动，产生出某种新颖的、独特的、具有社会价值或个人价值的产品的智力品质。这里的产品是指以某种形式存在的思维成果，既可以是一种新概念、新设想、新理论，也可以是一项新技术、新工艺、新产品。

按照美国心理学家斯腾伯格（Sternberg）等的理论，个体创造力与智力、知识、思维模式、个性（人格）、动机、环境等多种因素有关，可以表示为

$$C = f(I, K, TS, P, M, E) \tag{4-1}$$

式中，C 为创造力（Creativity）；I 为智力（Intelligence）；K 为知识

（Knowledge）；TS 为思维方式（Thinking Styles）；P 为个性/人格（Personality）；M 为动机（Motivation）；E 为环境背景（Environmental context）。

斯腾伯格的理论是面向一般个体的，但对产品创新设计而言，创造力应有其独特性。下面对产品创新设计的创造力属性进行分析。

（1）智力　研究表明，在个体的智商达到一般水平后，智力对创造力的影响明显变小。因此，当个体具备设计人员的基本能力时，智力和创造力之间就没有关系了。

（2）个性　个性是指个体创新的胆量和勇气。产品创新设计，往往是一个团队工作可以弥补个体个性的差异，根据冒险转移理论，群体思维（Groupthink）更倾向于冒险。

（3）动机　动机是指个体的创新愿望。这是产品设计人员应具备的最基本素质。

（4）环境　环境是指社会环境、是否鼓励创新等。目前，全球的大环境是鼓励和提倡创新。不过，不同的企业有较大的差别。

（5）知识　知识是创新设计创造力的关键属性，是非常重要的基础，对进一步的创造活动有积极的指导作用。知识是重要的，关键是和创造性思维相结合。一个人做事做久了，会习惯性地从同一个角度来处理问题，无法跳出原有思维而从另一个角度寻找答案；富有创意的人除了拥有知识之外，还要能够超越原有知识的限制。

（6）思维模式　创造性思维方法是创造力中最重要的关键属性之一。创新能力依赖于由创新思维产生的创造力。创造力的一个先决条件是不要将固定的思维模式强加给眼前的事实，而是要学会如何另辟蹊径。因此，对产品创新设计而言，影响设计人员创造力的主要因素是设计人员所具有的知识和思维模式。知识对创造力的影响可能是正向的，也有可能是负向的，关键取决于思维模式。知识、思维模式和创造力的关系如图 4-6 所示。

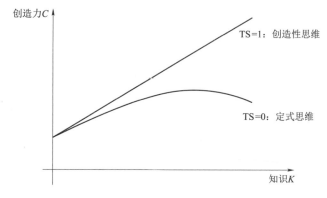

图 4-6　知识、思维方式和创造力的关系

随着知识的增加，创造力也增加，但知识增加到一定的程度，由于定式思维的作用，可能使设计人员陷入已有知识的架构而看不见更富有价值的东西，创造力不但不增加，反而下降。而由于创造性思维方式克服心理定式的约束和抑制，设计人员能灵活地运用人类已有的知识进行重新组合、叠加、联想、综合、推理、抽象等过程，形成新的思想、概念等。因此，在创造性思维下，知识增加可使创造力也增加。

（7）信息　信息是一个非常重要的因素，对灵感的激发和想象力的扩展非常有用。信息表示事实（What）以及事实发生的地点（Where）、时间（When）和涉及的人（Who）。而知识除了信息包含的内容外，还包括事实如何（How）产生和为什么（Why）会产生。信息可能是与产品设计直接相关的，如市场信息和同类产品信息；也可能是与产品设计无直接关系的信息，但它对灵感的激发和想象力的扩展是非常重要的。在信息时代，信息的获得更为容易，对创造力的影响也更大。

（8）设计方法　设计方法本身对产品创新设计创造力的影响很大。采用合适的设计方法，有利于激发设计人员的创造性。

（9）信息技术的作用以及支持工具的引入　随着计算机技术、网络技术的迅猛发展，知识库技术、信息搜索技术、人工智能技术和CAD的应用能有效帮助设计人员发挥创造潜力。

蓝奇（1993）根据信息加工的观点分析了创造力的构成成分，认为创造力由获得信息的能力、存储信息的能力、激活信息的能力、加工信息的能力、输出信息的能力和监控能力构成，涉及敏锐的观察力、集中的注意力、高效的记忆力、创造性的想象力、批判性的评价能力、创造性的思维能力及一定的元认知监控能力。根据解决问题的新颖、独特程度的不同，其把创造力划分为初级创造力、中级创造力和高级创造力三个层次，根据创造力从萌芽到形成的动态过程将创造力划分为类创造力（前创造力）、创造力、真创造力三个层次。

5. 人的创造性思维

（1）创造性思维策略　20世纪80年代初，在钱学森院士学术思想的指导下，我国对思维科学感兴趣的一些学者，结合文字、艺术、系统工程学等领域对思维科学进行了探索性研究，从而创建了思维科学。钱学森院士指出，"这样看思维学就只有三个部分：逻辑思维，微观法；形象思维，宏观法；创造思维，微观与宏观结合。创造思维才是智慧的源泉，逻辑思维和形象思维都是手段"。

因此，利用创造性思维产生产品创意方案是产品创新设计的研究重点。

图4-7所示为不同创造性思维策略在创新设计中的应用。在创新设计中可以综合运用这些策略，形成创造性思维。

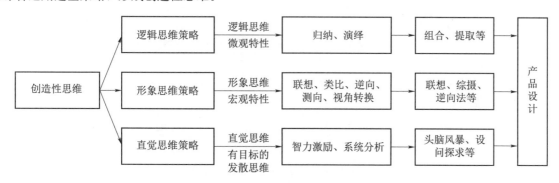

图4-7　不同创造性思维策略在创新设计中的应用

① 逻辑思维是运用归纳和演绎方法，通过组合、提取等方式把感性认识阶段对事物的认识抽象成概念，运用概念进行判断并按一定逻辑关系进行推理，从而产生新的思想认识的思维活动。逻辑思维是创新思维的基础，它微观地把注意力放在事物的各个部分上，是事物的本质化抽象。

② 形象思维是运用想象以及与之相联的情感和意志的体验，通过形象、

表象表达的方式进行的思维活动，既是本质化的抽象，又要保持事物的感性形象。因此，相对逻辑思维而言，形象思维是平面型的，是二维的。

③ 直觉思维是不以逻辑为中介，而以独特的直觉能力为中介，是从直接经验中直接觉察事物本质和规律的思维方法。直觉思维是一种基于形象思维，而又不归结为形象思维的独特的思维形式。直觉思维是立体的、三维的或多维的。

从突破点和关键作用来看，直觉思维是创造性思维的核心和灵魂。广义的直觉思维包含直觉、顿悟和灵感。

可见，直觉、顿悟和灵感都离不开经验和知识，只是直觉更多来自无准备的大脑，而顿悟和灵感是经过思考后，对知识与经验的不同形式加工的表现，如图 4-8 所示。

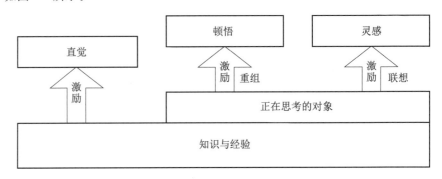

图 4-8 直觉、顿悟和灵感

直觉、顿悟和灵感是产品创新设计中形成产品创意方案的关键认知活动，但是创造性思维产生创意方案仅仅从表象上描述创意方案生成的过程，没有揭示其深层次的发生机理。研究产品创新设计的创意方案生成的内在机理，有利于形成有效的、系统的产品创新设计创意方案生成方法。

（2）人的创新设计思维形式　人的思维形式是多种多样的，因而创新思维也会有许多不同的形式。创新思维的形式很多，下面仅介绍常见的一些创新思维。表 4-1 列出的创新思维共 9 种，这些创新思维可以在不同情况和条件下使用，关键的问题是要针对具体问题的特点及要求，开展相应的创新活动。

表 4-1 创造性活动思维的形式

序号	创新思维	内　涵
1	逆向思维	指思维主体沿事物的相反方向，用反向探求的方式进行思考的思维方法
2	联想思维	指在思维过程中从研究一事物联想到另一事物的现象和变化，探寻其中相关或类似的规律，借以解决问题的思维方式
3	形象思维	指用直观形象和表象解决问题的思维方式
4	发散思维	指在思维过程中，无拘无束地将思路由一点向四面八方展开，从而获得众多的设想、方案和办法的思维过程
5	收敛思维	指以某种研究对象为中心，将众多思路和信息汇集于这个中心点，通过比较、筛选、组合、论证，从而得出在现有条件下最佳方案的思维过程

序号	创新思维	内　涵
6	多屏幕思维	指在分析和解决问题的时候，不仅考虑当前的系统，还要考虑它的超系统和子系统；不仅要考虑当前系统的过去和将来，还要考虑超系统和子系统的过去和将来
7	变维思维	指将思维对象当作能够进一步开拓或挖掘的主体，循序变换思维的视点、角度，进而猎取新颖、奇特的思想火花，从而解决问题的思维方法
8	综合思维	指把多个思维对象和多个思维方法进行综合，产生新观念、新事物的思维方式
9	变异思维	指不同于常规、常态思维的奇特思维方式，其基本特征是超越常规，标新立异

（3）创新设计中常用的原理　创新原理是依据创新思维的特点，对人们所进行的无数创新活动的经验性总结，又是对客观所反映的众多创新规律的综合性归纳。因此，它能为人们更好地认识创新活动、更好地运用创新方法、更好地为解决创新问题提供条件。创新原理有很多种，创新工程中常用的创新原理的种类与内涵列于表 4-2 中。

表 4-2　常用创新原理的种类与内涵

序号	名称	内　涵
1	综合原理	在分析各个构成要素基本性质的基础上加以综合，是综合后的整体作用导致创造性的新成果。它可以是新技术与传统技术的综合、自然科学与技术科学的综合、多学科技术成果的综合
2	组合原理	是将两种或两种以上的技术思想或物质产品的一部分或全部进行适当的组合，以形成新技术、新产品的创新原理。组合的类型有同类组合、异类组合、附加组合、重组组合以及综合组合等
3	还原原理	也称抽象创新原理。它通过研究已有事物的创造起点，把最主要的功能、性能等特性抽象出来，即"回到根本，抓住关键"，然后集中研究该功能、性能等特性的方法和手段，以取得创造性的最佳成果
4	逆反原理	打破习惯性思维定式，对已有的理论、技术、设计等持怀疑态度，或对熟悉的事情持"陌生态度"，甚至"反其道而行之"，常常可以引出极妙的发明或创新
5	变性原理	是对非对称的属性如形状、尺寸、结构、材料等进行变化而导致发明创新的原理
6	移植原理	把一个研究对象的概念、原理、方法等应用于另外研究对象并取得成果的原理。它有利于促进事物之间的交叉、渗透及综合，是一种快速有效的创新原理
7	迂回原理	在创造活动遇到一些困难问题时，暂时停止对该问题的研究，而转入对下一步的思考，或从事另外的活动，或试着改变一下观点，或研究问题的另一个侧面，让思考带着未解决的问题前进。这时，当其他问题得到解决时，该问题就迎刃而解了

序号	名称	内 涵
8	群体原理	科学技术的发展，使创新越来越需要发挥群体智慧，集思广益，取长补短。群体创新原理就是摆脱狭隘专业范围，发挥"集体力量和群体大脑"作用的协同创新原理
9	换元原理	换元原理即替换、代替的原理。它是用一种事物代替另一事物，从而达到创新的目的
10	完满原理	又称完全充分利用原理，凡是理论上未被充分利用的，都可以成为创造的目标。创造学中的"缺点列举法""完美探求法"都是在力求完满的基础上产生的

　　创新原理是对现有事物构成要素进行新的组合或分解，是在现有事物基础上的进步或发展，是在现有事物基础上的发明或创造。创新原理是人们从事创新实践的理论基础和行动指南，指导人们各式各样的创新活动。创新虽有大小、高低层次之分，但无领域、范围之限。只要能科学地掌握和运用创新的原理和方法，人人都可以创新，事事都能创新，处处都能创新，时时都能创新。

4.5　创新设计系统理论模型

1. 创新设计系统环境

　　产品设计环境是多方面的，即应考虑自然环境、社会环境、技术环境、资金环境和市场环境五个方面，如图 4-9 所示。

　　（1）自然环境　主要是生态环境的要求，包括环境保护、资源利用等。

　　（2）社会环境　更具体地说，在社会环境方面，有政治、经济、人文、法律、国际和人际等方面的内容和要求。

　　（3）技术环境　如研究与开发的队伍和试验的条件等。

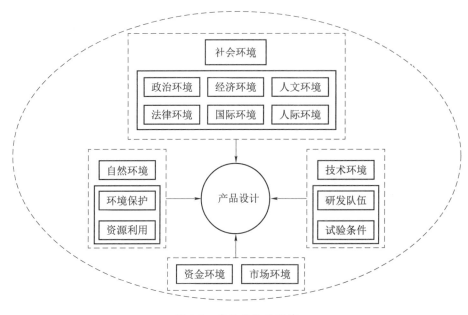

图 4-9　产品的设计环境

（4）资金环境　如资金的筹备和融资的渠道等，产品研究与开发必须要有足够的资金，在缺乏资金的条件下，研究与开发工作无法进行。

（5）市场环境　产品没有足够的市场即说明该种产品没有开发的必要性，因此，产品研究开发的前提是详细了解市场的情况。

2. 创新设计思维方法

设计思维是以人为本地利用设计师的敏感性以及设计方法，在满足技术可实现性和商业可行性的前提下，来满足人的需求的设计精神与方法。设计思维是一个可以被重复使用的解决问题的方法框架或一系列的步骤，提供解决问题的原型和一系列的工具。

首先，设计思维是以用户为中心的，从用户的需求出发，针对产品看看用户有哪些需求，能不能通过科技手段去实现，有了科技的可行性，再看看能不能不断地实现商业变现，才能使我们的产品不断给用户提供价值。所以设计思维指的是人文价值、技术可行性和商业可能性，这三者之间的交界就是设计思维带来的创新。对三者的分析如下：

（1）人文价值　创新产品，服务一定是满足用户需求，解决用户问题，与别的产品服务是有区别的，甚至是独一无二的，关键是新。

（2）技术可行性　设计师创造离不开直觉和想象，但一个概念创造能否落地就要在现有技术层面做充分的技术可行性分析。通过技术可行性分析，设计者和决策者们可以明确组织所拥有的或有关人员所掌握的技术资源条件的边界。需要充分考虑科技发展水平和现有制造水平的限制，团队技术开发能力、所需人数和开发时间的分析。

（3）商业可能性　从商业价值角度去分析创新产品或服务，是否能够实现商业价值，如果商业可能性低，现有社会环境和经济环境不能实现商业化，我们就需要对创新产品或服务进行重新思考。

无论是何种创新，都是来自这三个方面的最佳结合点。创新设计思维的形式可用图 4-10 来加以说明。

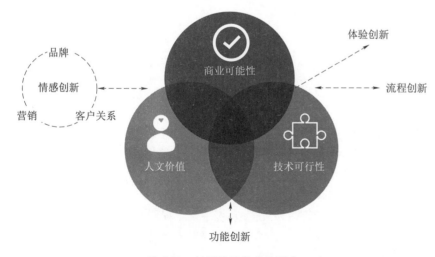

图 4-10　创新设计思维的形式

3. 创新设计系统流程

通过创新机会的观察与分析，获得新市场的需求，以新市场的需求为创新设计系统的输入，经人机工程学综合优化为系统输出，由系统反馈机制，构成创新设计系统整体迭代流程如图 4-11 所示。

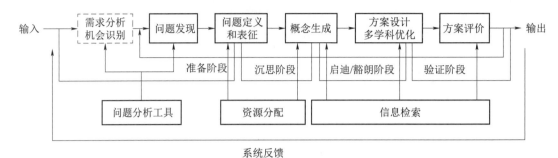

图 4-11　创新设计系统整体迭代流程

4. 创新设计系统理论

人机工程学是人-机-环境系统工程学的简称，人-机-环境系统工程是一门综合性边缘科学，为了形成其理论体系，它从一系列基础学科中吸取了丰富营养，并奠定了自身的基础理论。人-机-环境系统工程的基础理论可以概括为控制论、模型论和优化论，如图 4-12 所示。

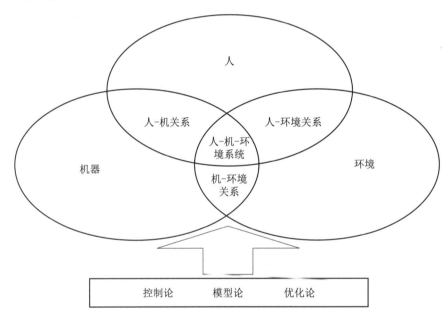

图 4-12　人-机-环境系统理论体系

（1）控制论　控制论的根本贡献在于，它用系统、信息、反馈等一般概念和术语，打破了有生命与无生命的界限，使人们能用统一的观点和尺度来研究人、机、环境这三个物质属性本是截然不同、互不相关的对象，并使其成为一个密不可分的有机整体。

（2）模型论　模型论能为人-机-环境系统工程研究提供一套完整的数学分析工具。很显然，人-机-环境系统工程不仅要求定性，而且要求定量地刻画全系统的运动规律。为此，就必须针对不同客观对象，引入适当数学模型，并通过建模、参数辨识、模拟和检验等步骤，用数学语言来阐明真实世界的客观规律。

（3）优化论　优化论的基本出发点是，在人-机-环境系统的最优组合中，一般总有多种互不相同的方法和途径，而其中必有一种或几种最好或较好的，寻求最优途径的观点和思路，这就是人-机-环境系统工程的精髓。优化论正是体现这一精髓的数学手段。

5. 创新设计系统集成模型

创新设计系统集成模型如图 4-13 所示。

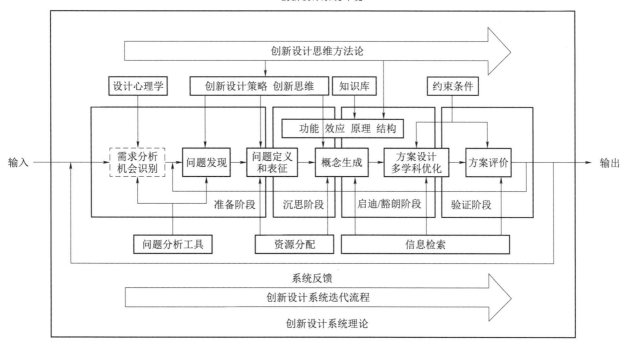

图 4-13　创新设计系统集成模型

创新设计系统集成思路如下：

① 在创新设计系统环境之下；

② 以创新设计思维方法论为导向；

③ 在创新设计系统理论为指导的基础上；

④ 完成创新设计系统迭代流程。

该模型是在创新系统设计认知规律的基础上构建的创新设计系统认知过程模型，为设计者和相关研究人员进行创新系统设计规律的研究提供了一种行之有效的方法。

第 5 章　人体生物力学与施力特征

5.1　人体运动与肌骨系统

运动系统是人体完成各种动作和从事生产劳动的器官系统，由骨、关节和肌肉三部分组成。全身的骨借关节连接构成骨骼。肌肉附着于骨，且跨过关节。由于肌肉的收缩与舒张牵动骨，通过关节的活动才能产生各种运动。所以，在运动过程中，骨是运动的杠杆，关节是运动的枢纽，肌肉是运动的动力。三者在神经系统的支配和调节下协调一致，随着人的意志，共同准确地完成各种动作。

5.1.1　肌骨系统

人体之所以能产生运动，是由于体内有一个复杂的肌肉和骨骼系统，称为肌骨系统。

人体内有 3 种类型的肌肉：附着在骨头上的骨骼肌或横纹肌、心脏内的心肌以及组成内部器官和血管壁的平滑肌。这里我们只讨论与运动有关的骨骼肌（人体内大约有 500 块骨骼肌）。

每块肌肉是由许多直径约为 0.004 in（即 0.1 mm）、长度为 0.2～5.5 in（即 5～140 mm）的肌纤维组成的，具体取决于肌肉的大小。这些肌纤维通常由肌肉两端的结缔组织捆绑成束，并使肌肉和肌纤维稳固地黏附在骨头上，见图 5-1。氧和营养物质通过毛细血管输送到肌纤维束，来自脊髓和大脑的电脉冲也经由微小的神经末梢传送给肌纤维束。

每块肌纤维还可以更进一步细分成更小的肌原纤维，直到最后的提供收缩机制的蛋白质丝。这些蛋白质丝可以分为两类，一类是有分子头的粗长蛋白质丝，称为肌球蛋白；另一类是有球状蛋白质的细长丝，称为肌动蛋白。

5.1.2　骨杠杆

人体有 206 块骨头，它们组成坚实的骨骼框架，从而可以支撑和保护肌体。骨骼系统的组成使得它可以容纳人体的其他组成部分并将其连接在一起。有的骨骼主要负责保护内部器官，如头骨覆盖着大脑起保护大脑的作用，胸骨将肺和心脏与外界隔绝起来保护心肺。而有的骨头，如长骨的上下末端，可以和其连接的肌肉产生肌体运动和活动。

附着于骨的肌肉收缩时，牵动着骨绕关节运动，使人体形成各种活动姿势和操作动作。因此，骨是人体运动的杠杆。人机工程学中的动作分析都与这一功能密切相关。

肌肉的收缩是运动的基础，但是，单有肌肉的收缩并不能产生运动，必须借助于骨杠杆的作用，方能产生运动。人体骨杠杆的原理和参数与机械杠杆完全一样。在骨杠杆中，关节是支点，肌肉是动力源，肌肉与骨的附着点称为力点，而作用于骨上的阻力（如自重、操纵力等）的作用点称为重点（阻力点）。人体的活动主要有以下三种骨杠杆的形式。

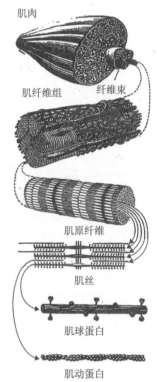

肌肉

肌纤维组　　纤维束

肌原纤维

肌丝

肌球蛋白

肌动蛋白

图 5-1　肌肉的结构

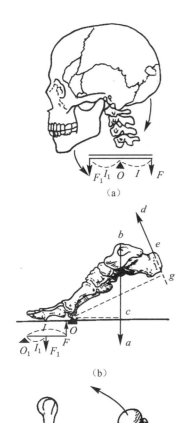

图 5-2　人体骨杠杆
(a) 平衡杠杆；(b) 省力杠杆；(c) 速度杠杆

（1）平衡杠杆　支点位于重点与力点之间，类似天平秤的原理，例如通过寰枕关节调节头的姿势的运动［见图 5-2（a）］。

（2）省力杠杆　重点位于力点与支点之间，类似撬棒撬重物的原理，例如支撑腿起步抬足跟时踝关节的运动［见图 5-2（b）］。

（3）速度杠杆　力点在重点和支点之间，阻力臂大于力臂，例如手执重物时肘部的运动［见图 5-2（c）］。此类杠杆的运动在人体中较为普遍，虽用力较大，但其运动速度较快。

由机械学中的等功原理可知，利用杠杆省力不省功，得之于力则失之于速度（或幅度），即产生的运动力量大而范围就小；反之，得之于速度（或幅度）则失之于力，即产生的运动力量小，但运动的范围大。因此，最大的力量和最大的运动范围两者是相矛盾的，在设计操纵动作时，必须考虑这一原理。

5.2　人体生物力学模型

5.2.1　人体生物力学建模原理

生物力学模型是用数学表达式表示人体机械组成部分之间的关系。在这个模型中，肌肉骨骼系统被看作机械系统中的联结，骨骼和肌肉是一系列功能不同的杠杆。生物力学模型可以采用物理学和人体工程学的方法来计算人体肌肉和骨骼所受的力，通过这样的分析就能帮助设计者在设计时清楚工作环境中的危险并尽量避免这些危险。

生物力学模型的基本原理建立在牛顿的三大定律上：

① 物体在无外力作用下会保持匀速直线运动或静止状态；

② 物体的加速度跟所受的合外力大小成正比；

③ 两个物体之间的作用力和反作用力总是大小相等，方向相反，作用在一条直线上。

当身体及身体的各个部位没有运动时，可认为它们处于静止状态。处于静止状态的物体受力必须满足以下条件：作用在这个物体上的外力大小之和为零；作用在该物体上的外力的力矩之和为零。这两个条件在生物力学模型中起着至关重要的作用。

单一部位的静止平面模型（又称为二维模型），通常指的是在一个平面上分析身体的受力情况。静止模型认为，如果身体或身体的各个部分没有运动，就处于静止状态。单一物体的静止平面模型是最基础的模型，它体现了生物力学模型最基本的研究方法。复杂的三维模型和全身模型都建立在这个基本的模型上。

5.2.2　前臂和手的生物力学模型

单一部位模型根据机械学中的基本原理孤立地分析身体的各个部位，从而能分析出相关关节和肌肉的受力情况。举例来说，一个人前臂平举、双手拿起 20 kg 的物体，此时两手受力相等。

如图 5-3 所示，物体到肘部的距离为 36 cm。因为两手受力相同，图中只画出右手、右前臂和右肘的受力。

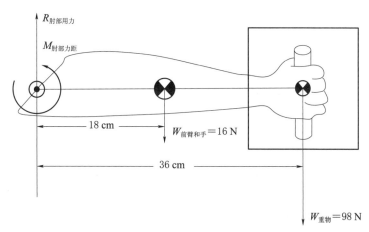

图 5-3 抓握物体时前臂和手的生物力学简化模型

可以根据机械原理分析肘部的力和转矩。首先，物体重力可根据以下公式计算：

$$W = mg$$

式中，W 为物体的重力，单位为牛顿（N）；m 为物体的质量，单位为千克（kg）；g 为重力加速度，一般按 9.8 m/s^2 计。

在这里，物体的重力是：

$$W = 20 \text{ kg} \times 9.8 \text{ m/s}^2 = 196 \text{ N}$$

如果物体的重心在两手之间，那么两手受力相等，每只手承受该物体一半的重力，故

$$W_{每只手} = 98 \text{ N}$$

另外，通常情况下，一个成年工人的前臂重力为 16 N，前臂的重心到肘部的距离为 18 cm（见图 5-3）。

肘部所用的力 $R_{肘部用力}$ 可通过以下公式计算：

$$\sum (肘部受力) = 0$$

$$-16 - 98 + R_{肘部用力} = 0$$

$$R_{肘部用力} = 114 \text{ N}$$

该公式意味着 $R_{肘部用力}$ 必须是垂直方向并且大小足以对抗重物向下的力和前臂的重力。

肘部力矩可用以下公式计算，即肘部产生的逆时针力矩要和物体及前臂在肘部产生的顺时针的力矩相等：

$$\sum (肘部总力矩) = 0$$

$$(-16 \text{ N}) \times (0.18 \text{ m}) + (-98 \text{ N}) \times (0.36 \text{ m}) + M_{肘部力矩} = 0$$

$$M_{肘部力矩} = 38.16 \text{ N} \cdot \text{m}$$

肩部受力是不同于肘部的。如果要比较这两部分的受力，必须采用双部位模型。

5.2.3 举物时腰部生物力学模型

有研究者估计，因为职业原因及其他不明原因，腰部疼痛问题可能会影响 $50\% \sim 60\%$ 的人口。

引起腰部疼痛的主要原因是用手进行的一些操作，如抬起重物、折弯物

体、拧转物体等，这些动作造成的疾病也是最严重的。除此之外，长时间保持一个静止的姿势也是引起腰部问题的主要原因。因此，生物力学模型应该详细分析这两个问题的原因。

如图 5-4 所示，腰部距离双手最远，因而成为人体中最薄弱的杠杆。躯干重力和重物重力都会对腰部产生明显的压力，尤其是第五腰椎和第一骶椎之间的椎间盘（又称 L5/S1 腰骶间盘）。

如果想对 L5/S1 腰骶间盘的反作用力和力矩进行精确的分析，需要采用多维模型，这种分析可参见肩部的反作用力和力矩的分析。同时还应该考虑横膈膜和腹腔壁对腰部的作用力。不过可以用单部位模型简单快速地估计腰部的受力情况。

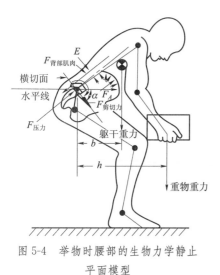

图 5-4 举物时腰部的生物力学静止平面模型

如果某人的躯干重力为 $W_{躯干}$，抬起的重物重力为 $W_{重物}$，这两个重力结合起来产生的顺时针力矩为

$$M_{货物和躯干重力} = W_{重物} \times h + W_{躯干} \times b$$

式中，h 是重物到 L5/S1 腰骶间盘的水平距离；b 是躯干重心到 L5/S1 腰骶间盘的水平距离。

这个顺时针力矩必须由相应的逆时针力矩来平衡。这个逆时针力矩是由背部肌肉产生的，其力臂通常为 5 cm。这样，

$$M_{背部肌肉} = F_{背部肌肉} \times 5 (\text{N} \cdot \text{cm})$$

因为要达到静力平衡，所以

$$\sum (\text{L5/S1 腰骶间盘力矩}) = 0$$

即

$$F_{背部肌肉} \times 5 = W_{重物} \times h + W_{躯干} \times b$$
$$F_{背部肌肉} = W_{重物} \times h/5 + W_{躯干} \times b/5$$

因为 h 和 b 通常大于 5，所以 $F_{背部肌肉}$ 远远大于 $W_{重物}$ 与 $W_{躯干}$ 之和。比如，假设 $h = 40$ cm，$b = 20$ cm，则有

$$F_{背部肌肉} = W_{重物} \times 40/5 + W_{躯干} \times 20/5$$
$$= W_{重物} \times 8 + W_{躯干} \times 4$$

这个公式意味着在这个典型的举重情境中，背部受力是重物重力的 8 倍和躯干重力的 5 倍之和。假设某人躯干重力为 350 N，抬起 300 N 的重物，根据上述公式可以计算出背部的作用力为 3 800 N，这个力可能会大于人们可以承受的力。同样，如果这个人抬起 450 N 的重物，则背部的作用力会达到 5 000 N，这个力是人们能承受的上限。

除了考虑背部受力之外，还必须考虑 L5/S1 腰骶间盘的受力。它的作用力和反作用力之和也必须为零，即

$$\sum (\text{L5/S1 腰骶间盘受力}) = 0$$

将实际受力进行简化，如不考虑腹腔的力，则有以下公式：

$$F_{压力} = W_{重物} \cos \alpha + W_{躯干} \sin \alpha + F_{背部肌肉}$$

式中，α 是水平线和骶骨切线的夹角（见图 5-4），骶骨切线和腰骶间盘所受的压力互相垂直。这个公式表明，腰骶间盘所受的压力可能比肌肉的作用力更大。例如，假设 $\alpha = 55°$，某人的躯干重力为 350 N，抬起 450 N 的重物，则有

$$F_{压力} = 450 \times \cos 55° + 350 \times \sin 55° + 5\ 000$$
$$= 258 + 200 + 5\ 000 = 5\ 458\ (\text{N})$$

大多数工人的腰骶间盘都无法承受这个压力水平。

在举起重物的工作中，脊柱的作用力大小受很多因素的影响。分析主要考虑影响最显著的两个因素——货物的重力和货物的位置到脊柱重心的距离。其他比较重要的因素还有躯体扭转的角度、货物的大小和形状、货物移动的距离等。若要对腰部受力情况建立比较全面和精确的生物力学模型，就应考虑所有因素。

5.3 人体的施力特征

5.3.1 主要关节的活动范围

骨与骨之间除了由关节相连外，还由肌肉和韧带联结在一起。因韧带除了有连接两骨、增加关节的稳固性的作用以外，它还有限制关节运动的作用。因此，人体各关节的活动有一定的限度，超过限度，将会造成损伤。另外，人体处于各种舒适姿势时，关节必然处在一定的舒适调节范围内。表 5-1 为人体重要活动范围和身体各部舒适姿势的调节范围，该表中的身体部位及关节名称可参考相应的示意，见图 5-5。

表 5-1　人体重要活动范围和身体各部舒适姿势的调节范围

身体部位	关节	活动	最大角度/（°）	最大范围/（°）	舒适调节范围/（°）
头至躯干	颈关节	1. 低头，仰头	+40，−35①	75	+12～25
		2. 左歪，右歪	+55，−55①	110	0
		3. 左转，右转	+55，−55①	110	0
躯干	胸关节 腰关节	4. 前弯，后弯	+100，−50①	150	0
		5. 左弯，右弯	+50，−50①	100	0
		6. 左转，右转	+50，−50①	100	0
大腿至髋关节	髋关节	7. 前弯，后弯	+120，−15	135	0（+85～+100)②
		8. 外拐，内拐	+30，−15	45	0
小腿至大腿	膝关节	9. 前摆，后摆	+0，−135	135	0（−95～−120)②
脚至小腿	脚尖关节	10. 上摆，下摆	+110，+55	55	+85～+95
脚至躯干	髋关节 小腿关节 脚尖关节	11. 外转，内转	+110，−70①	180	+0～+15
上臂至躯干	肩关节（锁骨）	12. 外摆，内摆	+180，−30①	210	0
		13. 上摆，下摆	+180，−45①	225	（+15～+35)③
		14. 前摆，后摆	+140，−40①	180	+40～+90
下臂至上臂	肘关节	15. 弯曲，伸展	+145，0	145	+85～+110
手至下臂	腕关节	16. 外摆，内摆	+30，−20	50	0③
		17. 弯曲，伸展	+75，−60	135	0
手至躯干	肩关节，下臂	18. 左转，右转	+130，−120①④	250	−30～−60

注：给出的最大角度适用于一般情况。年纪较高的人大多低于此值。此外，在穿厚衣服时，角度要小一些。有多个关节的一串骨骼中若干角度相叠加产生更大的总活动范围（例如低头、弯腰）。

① 关节活动的叠加值；② 括号内为坐姿值；③ 括号内为在身体前方的操作；④ 开始的姿势为手与躯干侧面平行。

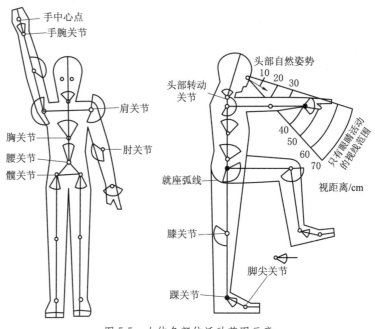

图 5-5　人体各部位活动范围示意

5.3.2　肢体的出力范围

肢体的力量来自肌肉收缩，肌肉收缩时所产生的力称为肌力。肌力的大小取决于以下几个生理因素：单个肌纤维的收缩力；肌肉中肌纤维的数量与体积；肌肉收缩前的初长度；中枢神经系统的机能状态；肌肉对骨骼发生作用的机械条件。研究表明，一条肌纤维能产生 $10^{-3} \sim 2 \times 10^{-3}$ N 的力量，因而有些肌肉群产生的肌力可达上千牛顿。表 5-2 所示为中等体力的 20～30 岁青年男女工作时身体主要部位肌肉所产生的力。

表 5-2　中等体力的 20～30 岁青年男女工作时身体主要部位肌肉所产生的力

肌肉的部位		力的大小/N	
		男	女
手臂肌肉	左	370	200
	右	390	220
肱二头肌	左	280	130
	右	290	130
手臂弯曲时的肌肉	左	280	200
	右	290	210
手臂伸直时的肌肉	左	210	170
	右	230	180
拇指肌肉	左	100	80
	右	120	90
背部肌肉（躯干屈伸的肌肉）		1 220	710

在操作活动中，肢体所能发挥的力量大小除了取决于上述人体肌肉的生理特征外，还与施力姿势、施力部位、施力方式和施力方向有密切关系。只有在这些综合条件下的肌肉出力的能力和限度才是操纵力设计的依据。

在直立姿势下弯臂时，不同角度时的力量分布如图 5-6 所示。可知大约在 70°处可达最大值，即产生相当于体重的力量。这正是许多操纵机构（例如方向盘）置于人体正前上方的原因所在。

在直立姿势下臂伸直时，不同角度位置上拉力和推力的分布如图 5-7 所示。可见最大拉力产生在 180°位置上，而最大推力产生在 0°位置上。

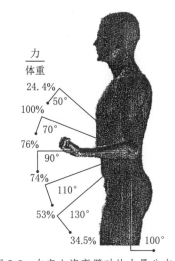

图 5-6　在直立姿弯臂时的力量分布

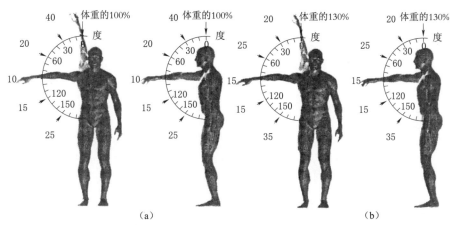

（a）　　　　　　　　　　　　　　　　　（b）

图 5-7　在直立姿势下伸臂时的拉力与推力分布

坐姿下手臂在不同角度和方向上的推力和拉力如表 5-3 所示。该表中的数据表明，左手弱于右手；向上用力大于向下用力；向内用力大于向外用力。

表 5-3　手臂在坐姿下对不同角度和方向上的推力和拉力

手臂的角度/（°）	拉力/N		推力/N	
	左手	右手	左手	右手
	向后		向前	
180（向前平伸臂）	230	240	190	230
150	190	250	140	190
120	160	190	120	160
90（垂臂）	150	170	100	160
60	110	120	100	160
	向上		向下	
180	40	60	60	80
150	70	80	80	90
120	80	110	100	120
90	80	90	100	120
60	70	90	80	90
	向内侧		向外侧	
180	60	90	40	60
150	70	90	40	70
120	90	100	50	70
90	70	80	50	70
60	80	90	60	80

在坐姿时下肢不同位置上的踏力大小见图 5-8（a），图中的外围曲线就是足踏力的界限，箭头表示用力方向。可知最大踏力一般在膝部屈曲 160°时产生。脚产生的踏力也与体位有关，踏力的大小与下肢离开人体中心对称线向外偏转

的角度大小有关，下肢向外偏转约10°时的踏力最大，如图5-8（b）所示。

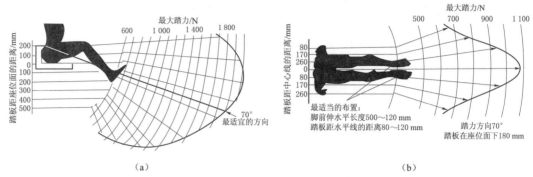

（a）   （b）

图 5-8　在坐姿时下肢不同位置上的踏力大小

应该注意的是，肢体所有力量的大小都与持续时间有关。随着持续时间的延长，人的力量很快衰减。例如，拉力由最大值衰减到四分之一数值时，只需要 4 min。而且任何人劳动到力量衰减到一半的持续时间是差不多的。

5.3.3　人体不同姿势的施力

肌力的大小因人而异，男性的力量比女性平均大 30%～35%。年龄是影响肌力的显著因素，男性的力量在 20 岁之前是不断增长的，20 岁左右达到顶峰，这种最佳状态可以保持 10～15 年，随后开始下降，40 岁时下降 5%～10%，50 岁时下降 15%，60 岁时下降 20%，65 岁时下降 25%。腿部肌力下降比上肢更明显，60 岁的人手的力量下降 16%，而胳膊和腿的力量下降高达 50%。

此外，人体所处的姿势是影响施力的重要因素，作业姿势设计时，必须考虑这一要素。图 5-9 表示人体在不同姿势下的施力状态，图（a）为常见的操作姿态，其对应的施力数值见表 5-4，施力时对应的移动距离见表 5-5；图（b）为常见的活动姿态，其对应的施力大小见表 5-6，施力时相应的移动距离已标在该图中。

表 5-4　图 5-9（a）中对应的人体在各种状态时的力量　　　　N

施力	强壮男性	强壮女性	瘦弱男性	瘦弱女性
A	1 494	969	591	382
B	1 868	1 214	778	502
C	1 997	1 298	800	520
D_1	502	324	53	35
D_2	422	275	80	53
F_1	418	249	32	21
F_2	373	244	71	44
G_1	814	529	173	111
G_2	1 000	649	151	97
H_1	641	382	120	75
H_2	707	458	137	97
I_1	809	524	155	102
I_2	676	404	137	89
J_1	177	177	53	35
J_2	146	146	80	53

施力	强壮男性	强壮女性	瘦弱男性	瘦弱女性
K_1	80	80	32	21
K_2	146	146	71	44
L_1	129	129	129	71
L_2	177	177	151	97
M_1	133	133	75	48
M_2	133	133	133	88
N_1	564	369	115	75
N_2	556	360	102	66
O_1	222	142	20	13
O_2	218	142	44	30
P_1	484	315	84	53
P_2	578	373	62	42
Q_1	435	280	44	31
Q_2	280	182	53	36

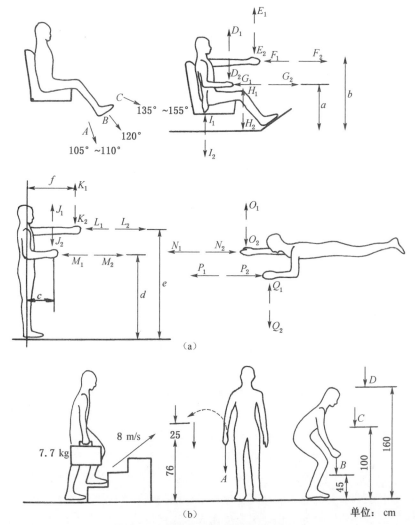

图 5-9　人体在不同姿势下的施力状态

(a) 操作姿态；(b) 活动姿态

表 5-5 图 5-9（a）中对应的人体发力时所移动的距离 　　　　　cm

距离	强壮男性	强壮女性	瘦弱男性	瘦弱女性
a	64	62	58	57
b	94	90	83	81
c	36	33	30	28
d	122	113	104	95
e	151	141	131	119
f	65	61	57	53

表 5-6 图 5-9（b）中对应的人体在各种状态时的力量 　　　　　N

施力	强壮男性	强壮女性	瘦弱男性	瘦弱女性
A	42	27	19	12
B	134	87	57	37
C	67	43	23	14
D	40	25	11	7

5.4　合理施力的设计思路

5.4.1　避免静态肌肉施力

图 5-10　不良的作业姿势

提高人体作业的效率，一方面要合理使用肌力，降低肌肉的实际负荷；另一方面要避免静态肌肉施力。无论是设计机器设备、仪器、工具，还是进行作业设计和工作空间设计，都应遵循避免静态肌肉施力这一人机工程学的基本设计原则。例如，应避免使操作者在控制机器时长时间地抓握物体。当静态施力无法避免时，肌肉施力的大小应低于该肌肉最大肌力的 15%。在这一动态作业中，如果作业动作是简单的重复性动作，则肌肉施力的大小也不得超过该肌肉最大肌力的 30%。

避免静态肌肉施力的几个设计要点如下：

① 避免弯腰或其他不自然的身体姿势，见图 5-10（a）。当身体和头向两侧弯曲造成多块肌肉静态受力时，其危害性大于身体和头向前弯曲所造成的危害性。

② 避免长时间地抬手作业，抬手过高不仅引起疲劳，而且降低操作精度和影响人的技能的发挥，在图 5-10（b）中，操作者的右手和右肩的肌肉静态受力容易疲劳，操作精度降低，工作效率受到影响。只有重新设计，使作业面降到肘关节以下，才能提高作业效率，保证操作者的健康。

③ 坐着工作比立着工作省力。工作椅的座面高度应调到使操作者能十分容易地改变立和坐的姿势的高度，这就可以减少立起和坐下时造成的疲劳，尤其对于需要频繁走动的工作，更应如此设计工作椅。

④ 双手同时操作时，手的运动方向应相反或者对称运动，单手作业本身就造成背部肌肉静态施力。另外，双手做对称运动有利于神经控制。

⑤ 作业位置（座台的台面或作业的空间）高度应按工作者的眼睛和观察时所需的距离来设计。观察时所需要的距离越近，作业位置应越高，见图5-11。由图可见，作业位置的高度应保证工作者的姿势自然，身体稍微前倾，眼睛正好处在观察时要求的距离。图中还采用了手臂支撑，以避免手臂肌肉静态施力。

图 5-11　适应视觉的姿势

⑥ 常用工具，如钳子、手柄、工具和其他零部件、材料等，都应按其使用的频率或操作频率安放在人的附近。最频繁的操作动作，应该在肘关节弯曲的情况下就可以完成。为了保证手的用力和发挥技能，操作时手最好距眼睛25～30 cm，肘关节呈直角，手臂自然放下。

⑦ 当手不得不在较高位置作业时，应使用支撑物来托住肘关节、前臂或者手。支撑物的表面应为毛布或其他较柔软而且不凉的材料。支撑物应可调，以适合不同体格的人。脚的支撑物不仅应能托住脚的重量，而且应允许脚做适当的移动。

⑧ 利用重力作用。当一个重物被举起时，肌肉必须举起手和臂本身的重量。所以，应当尽量在水平方向上移动重物，并考虑到利用重力作用。有时身体重量能够用于增加杠杆或脚踏器的力量。在有些工作中，如油漆和焊接，重力起着比较明显的作用。在顶棚上旋螺钉要比在地板上旋螺钉难得多，这也是重力作用的原因。

当要从高到低改变物体的位置时，可以采用自由下落的方法。如是易碎物品，可采用软垫，也可以使用滑道，把物体的势能改变为动能，同时在垂直和水平两个方向上改变物体的位置，以代替人工搬移，见图5-12。

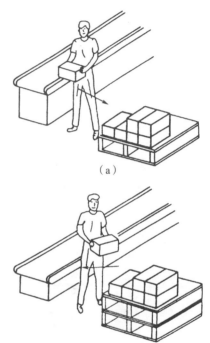

（a）

（b）

图 5-12　保持从高向低的方向装卸货物示意

5.4.2　避免弯腰提起重物

人的脊柱为S曲线形，12块胸椎骨组成稍向后凹的曲线，5块腰椎骨连接成向前凸的曲线，每两块脊椎骨之间是一块椎间盘。由于脊柱的曲线形态和椎间盘的作用，使整个脊柱富有一定的弹性，人体跳跃、奔跑时完全依靠这种曲线结构来吸收受到的冲击能量。

脊柱承受的重量负荷由上至下逐渐增加，第5块腰椎处负荷最大。人体本身就有负荷加在腰椎上，在作业时，尤其在提起重物时，加在腰椎上的负荷与人体本身负荷共同作用，使腰椎承受了极大的负担，因此人们的腰椎病发病率极高。

用不同的方法来提起重物，对腰部负荷的影响不同。如图5-13（a）所示，在直腰弯膝提起重物时，椎间盘内压力较小，而在弯腰直膝提起超重物时，会导致椎间盘内压力突然增大，尤其是椎间盘的纤维环受力极大。如果椎间盘已有退化现象，则这种压力急剧增加最易引起突发性腰部剧痛。所以，在提起重物时必须掌握正确的方法。

因为弯腰改变了腰椎的自然曲线形态，不仅加大了椎间盘的负荷，而且改变了压力分布，使椎间盘受压不均，前缘压力大，向后缘方向压力逐渐减小，见图5-13（b），这就进一步恶化了纤维环的受力情况，成为损伤椎间盘的主要原因之一。另外，椎间盘内的黏液被挤压到压力小的一端，液体可能渗漏到脊神经束上。总之，提起重物时必须保持直腰姿势。人们经过长期的劳动实践和科学研究总结了一套正确的提重方法，即直腰弯膝。

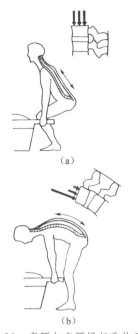

图 5-13 弯腰与直腰提起重物示意
(a) 直腰弯膝；(b) 弯腰直膝

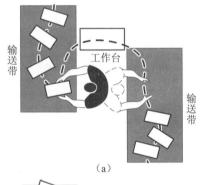

(a)

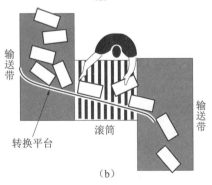

(b)

图 5-15 工作场所设计
(a) 在传统的工作场所中，工人需要把物体搬起来并且躯体需要扭转；(b) 重新设计的工作台在最大限度地减少了这些操作

5.4.3 设计合理的工作台

放在地上或比较接近地面的大型货物通常危害性最大，因为工人在搬运这些货物时，躯体必须向前弯曲，这样会明显增大腰部椎间盘的压力。所以，大型货物的高度不应低于工人大腿中部，图 5-14 所示为采用可升降的工作台帮助工人搬运大型货物示意。升降平台不仅可以减少工人举起货物过程中的竖直距离，而且还可以减少由水平距离带来的影响。

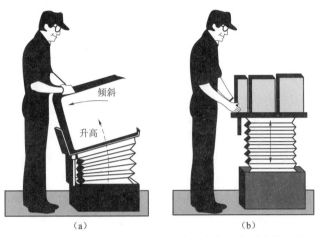

(a)   (b)

图 5-14　采用可升降的工作台帮助工人搬运大型货物示意
(a) 可升降并倾斜的工作台；(b) 可升降的托台

设计者在设计时应尽量减少躯体扭转的角度。图 5-15 表明，一个非常简单但又是经过精心修改过的工作台设计，可以消除工人在操作过程中不必要的躯体扭转，从而可以明显减少工人的不适和受伤的可能性。为减少躯体扭转角度，在设计举重物任务时，应使工人在正前方可以充分使用双手并且双手用力须平衡。

对于小件物品的仓库或超市，工作人员的主要工作是对小件物品进行移动、举高和堆放。反复的操作易引起躯体不适和损伤。为解决这类问题，Crown 公司开发了 Wave 升降车，见图 5-16。

(a)   (b)

图 5-16　Crown 公司开发的 Wave 升降车
(a) Wave 升降车；(b) Wave 升降车的使用

这种人性化的升降车，不仅具有平移和升降功能，而且还配置了计数器，方便统计物品的数量。升降车的使用，既提供了舒适、健康的工作条件，又提高了工作效率和安全性。

第6章　人的信息传递与界面设计

6.1　人机信息界面的形成

人机系统一旦建立，人机界面就随之形成。人机系统的人机界面是指系统中的人、机、环境之间相互作用的区域。通常人机界面有信息性界面、工具性界面和环境性界面等。就人机系统效能而言，以信息性界面最为重要。

6.1.1　人机信息交换系统模型

在人机间信息、物质及能量的交换中，一般是以人为主动的一方。首先是人感受到机器及环境作用于人感受器官上的信息，由体内的传入神经并经丘脑传达到大脑皮层，在大脑分析器中经过综合、分析、判断，最后作出决策，由传出神经再经丘脑将决策的信息传送到骨骼肌，使人体的执行器官向机器发出人的指挥信息或伴随操作的能量。机器被输入人的操作信息（或操作能量）之后，将按照自己的规律做出相应的调整或输出，并将其工作状况用一定的方式显示出来，再反作用于人。在这样的循环过程中，整个系统将完成人所希望的功能。人机信息交换系统的一般模型如图 6-1 所示。

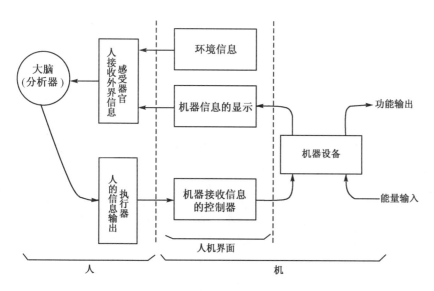

图 6-1　人机信息交换系统的一般模型

由图 6-1 可见，人的感觉器官、中枢神经系统、运动器官等人体子系统控制着人体对外界刺激的反应。从人体神经系统活动机制来看，人体对外界刺激的反应过程就是信息在体内的循环过程。对于人机系统中人的这个"环节"，除了感知能力、决策能力对系统操作效率有很大影响之外，环境信息、机器信息的显示和机器接收信息的控制装置对系统操作效率也有一定影响。

6.1.2　人机信息交换方式

机器传递给人信息的显示装置，它们共同的特征是能够把机器设备的有关信息以人能接收的形式显示给人。在人机系统中，按人接收信息的感觉通道不同，可将显示装置分为视觉显示、听觉显示和触觉显示。其中，以视觉显示和听觉显示应用最为广泛，触觉显示是利用人的皮肤受到触压或运动刺激后产生的感觉，而向人们传递信息的一种方式。除特殊环境外，一般较少使用触觉显示。这三种显示方式传递的信息特征如表6-1所示。

表6-1　视觉、听觉、触觉三种显示方式传递的信息特征

显示方式	传递的信息特征	显示方式	传递的信息特征
视觉显示	1. 比较复杂、抽象的信息或含有科学技术术语的信息、文字、图表、公式等； 2. 传递的信息很长或需要延迟者； 3. 需用方位、距离等空间状态说明的信息； 4. 以后有被引用可能的信息； 5. 所处环境不适合听觉传递的信息； 6. 适合听觉传递，但听觉负荷已很重的场合； 7. 不需要急迫传递的信息； 8. 传递的信息常须同时显示、监控	听觉显示	1. 较短或无须延迟的信息； 2. 简单且要求快速传递的信息； 3. 视觉通道负荷过重的场合； 4. 所处环境不适合视觉通道传递的信息
		触觉显示	1. 视觉、听觉通道负荷过重的场合； 2. 使用视觉、听觉通道传递信息有困难的场合； 3. 简单并要求快速传递的信息

在人机系统中，人通过信息显示器获得关于机械的信息之后，利用效应器官操纵控制器，通过控制器调整和改变机器系统的工作状态，使它按人预定的目标工作。因此，控制器是把人的输出信息转换为机器输入信息的装置，也即在生产过程中，人是通过操纵控制器完成对机器的指挥和控制的。

6.1.3　人的信息处理系统模型

在人和机器发生关系并相互作用的过程中，最本质的联系是信息交换，因而必须对人的功能从信息理论的角度来加以分析。人在人机系统中特定的操作活动上所起的作用，可以类比为一种信息传递和处理过程。因而从人机工程学的观点出发，可以把人视为一个单通道的有限输送容量的信息处理系统来研究。该系统模型如图6-2所示。

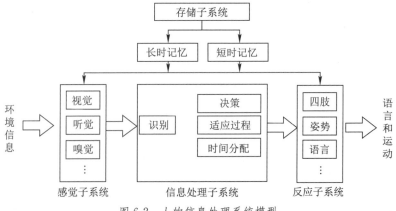

图6-2　人的信息处理系统模型

有关机器状态的信息，通过各种显示设备（视、听、触等显示器）传送给

人。人依靠眼、耳和其他感官接收这些信息，这些感官构成了一个感觉子系统。感觉子系统将获得的这些信息通过神经信号传送给人脑中枢。在中枢的信息处理子系统中，将传入的信息加以识别，作出相应的决策，产生某些高级适应过程并组织到某种时间系列之中。这些功能都需要有存储子系统中的长时记忆和短时记忆参加。被处理加工后的信息也可以存入长时记忆和短时记忆中。最后，信息处理系统可以发送输出信息，通过反应子系统中的手脚、姿势控制装置、语言器官等，产生各种运动和语言反应。后者将信息送入机器的各种输入装置，改变机器的状态，开始新的信息循环。

6.2 视觉机能及其特征

6.2.1 视觉系统

视觉是由眼睛、视神经和视觉中枢的共同活动完成的。人的视觉系统如图 6-3 所示。视觉系统主要是一对眼睛，它们各由一支视神经与大脑视神经表层相连。连接两眼的两支视神经在大脑底部视觉交叉处相遇，在交叉处视神经部分交叠，然后再终止到和眼睛相反方向的大脑视神经表层上。这样，可使两眼左边的视神经纤维终止到大脑左边的视神经皮层上；而两眼右边的视神经纤维终止到大脑右视神经皮层上。由于大脑两半球对于处理各种不同信息的功能并不相同，就视觉系统的信息而言，在分析文字上，左半球较强，而对于数字的分辨，右半球较强。而且视觉信息的性质不同，在大脑左、右半球上所产生的效应也不同。因此，当信息发生在极短时间内或者要求做出非常迅速的反应时，上述视神经的交叉就起了很重要的互补作用。

1. 视觉刺激

视觉的适宜刺激是光。光是发射的电磁波，呈波形的发射电磁波组成电磁光谱。人类视力所能接收的光波只占整个电磁光谱的一小部分，即不到 1/70。在正常情况下，人的两眼所能感觉到的波长是 380~780 nm。如果照射两眼的光波波长在可见光谱上短的一端，人就知觉到紫色；如光波波长在可见光谱上长的一端，人则知觉到红色。在可见光谱两端之间的波长将产生蓝、绿、黄各色的知觉；将各种不同波长的光混合起来，可以产生各种不同颜色的知觉，将所有可见波长的光混合起来则产生白色。

2. 视觉器官

眼睛是视觉的感受器官，人眼是直径为 21~25 mm 的球体，其基本构造与照相机相类似，见图 6-4。光线由瞳孔进入眼中，瞳孔的直径大小由有色的虹膜控制，使眼睛在更大范围内适应光强的变化。进入的光线通过起"透镜"作用的晶状体聚集在视网膜上，眼睛的焦距是依靠眼周肌肉来调整晶状体的曲率实现的，同时因视网膜感光层是个曲面，能用以补偿晶状体曲光率的调整，从而使聚集更为迅速而有效。在眼球内约有 2/3 的内表面覆盖着视网膜，它具有感光作用，但视网膜各部位的感光灵敏度并不完全相同，其中央部位灵敏度较高，越到边缘就越差。落在中央部位的映像清晰可辨，而落在边缘部分则不甚清晰。眼睛还有上、下、左、右共 6 块肌肉能对此做补救，因而转动眼球便可审视全部视野，使不同的映像可迅速依次落在视网膜中灵敏度最高处。两眼同时视物，可以得到在两眼中间同时产生的映像，它能反映出物体与环境间相对的空间位置，因而眼睛能分辨出三维空间。形成视觉的过程如图 6-5 所示。

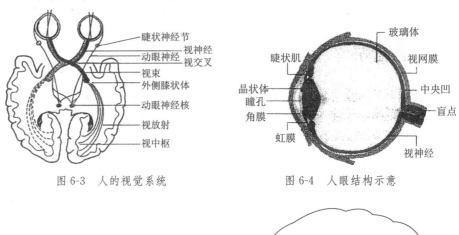

图 6-3　人的视觉系统　　　　　　　图 6-4　人眼结构示意

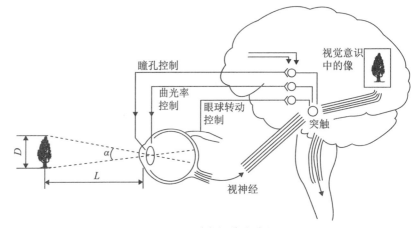

图 6-5　形成视觉的过程

6.2.2　视觉机能

1. 视角与视力

视角是确定被看物尺寸范围的两端点光线射入眼球的相交角度，见图 6-5。视角的大小与观察距离及被看物体上两端点的直线距离有关，可用下式表示：

$$\alpha = 2\arctan\frac{D}{2L} \tag{6-1}$$

式中，α 为视角；D 为被看物体上两端点的直线距离；L 为眼睛到被看物体的距离。

眼睛能分辨被看物体最近两点的视角，称为临界视角。

视力是眼睛分辨物体细微结构能力的一个生理尺度，以临界视角的倒数来表示，即

$$视力 = \frac{1}{能够分辨的最小物体的视角}$$

检查人眼视力的标准规定，当临界视角为 $1'$ 时，视力等于 1.0，此时视力为正常，当视力下降时，临界视角必然要大于 $1'$，于是视力用相应的小于 1.0 的数值表示。视力的大小还随年龄、观察对象的亮度、背景的亮度以及两者之间亮度的对比度等条件的变化而变化。

2. 视野与视距

视野是指人的头部和眼球在固定不动的情况下，眼睛观看正前方物体时所能看得见的空间范围，常以角度来表示。视野的大小和形状与视网膜上感觉细

胞的分布状况有关，可以用视野计来测定视野的范围。正常人两眼的视野如图 6-6 所示。

在水平面内的视野是：双眼视区在左右 60°以内的区域，在这个区域里还包括字、字母和颜色的辨别范围。其中，辨别字的视线角度为 10°～20°；辨别字母的视线角度为 5°～30°，在各自的视线范围以外，字和字母趋于消失。对于特定的颜色的辨别，视线角度为 30°～60°。人的最敏锐的视力是在标准视线每侧 1°的范围内；单眼视野界限为标准视线每侧 94°～104°，见图 6-6（a）。

在垂直面内的视野是：假定标准视线是水平的，定为 0°，则最大视区为视平线以上 50°和视平线以下 70°。颜色辨别界限为视平线以上 30°，视平线以下 40°。实际上，人的自然视线是低于标准视线的，在一般状态下，站立时自然视线低于水平线 10°，坐着时低于水平线 15°；在很松弛的状态下，站着和坐着的自然视线偏离标准线分别为 30°和 38°。观看展示物的最佳视区在低于标准视线 30°的区域，见图 6-6（b）。

视距是指人在操作系统中正常的观察距离。一般操作的视距范围在 38～76 cm。视距过远或过近都会影响认读的速度和准确性，而且观察距离与工作的精确程度密切相关，因而应根据具体任务的要求来选择最佳的视距。表 6-2 给出了推荐采用的几种工作任务的视距。

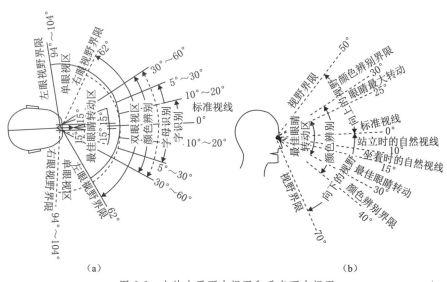

图 6-6　人的水平面内视野和垂直面内视野
（a）水平面内视野；（b）垂直面内视野

表 6-2　几种工作任务视距的推荐值

任务要求	举例	视距离（眼至视觉对象）/cm	固定视野直径/cm	备注
最精细的工作	安装最小部件（表、电子元件）	12～25	20～40	完全坐着，部分地依靠视觉辅助手段（小型放大镜、显微镜）
精细工作	安装收音机、电视机	25～35（多为 30～32）	40～60	坐着或站着
中等粗活	在印刷机、钻井机、机床旁工作	50 以下	至 80	坐或站
粗活	包装、粗磨	50～150	30～250	多为站着
远看	看黑板、开汽车	150 以上	250 以上	坐或站

3. 中央视觉和周围视觉

在视网膜上分布视锥细胞多的中央部位，其感色力强，同时能清晰地分辨物体，用这个部位视物的称为中央视觉。视网膜上视杆细胞多的边缘部位感受多彩的能力较差或不能感受，故分辨物体的能力差。但由于这部分的视野范围广，故能用于观察空间范围和正在运动的物体，称其为周围视觉。

在一般情况下，既要求操作者的中央视觉良好，同时也要求其周围视觉正常。而对视野各方面都缩小到 10° 以内者称为工业盲。两眼中心视力正常而有工业盲视野缺陷者，不宜从事驾驶飞机、车、船、工程机械等要求具有较大视野范围的工作。

4. 双眼视觉和立体视觉

当用单眼视物时，只能看到物体的平面，即只能看到物体的高度和宽度。若用双眼视物时，具有分辨物体深浅、远近等相对位置的能力，形成所谓立体视觉。立体视觉产生的原因主要是同一物体在两视网膜上所形成的像并不完全相同，右眼看到物体的右侧面较多，左眼看到物体的左侧面较多，其位置虽略有不同，但又在对称点的附近。最后，经过中枢神经系统的综合，而得到一个完整的立体视觉。

立体视觉的效果并不全靠双眼视觉，如物体表面的光线反射情况和阴影等，都会加强立体视觉的效果。此外，生活经验在产生立体视觉效果上也起一定作用。例如，近物色调鲜明，远物色调变淡，极远物似乎是蓝灰色。工业设计与工艺美术中的许多平面造型设计颇有立体感，就是运用这种生活经验的结果。

5. 色觉与色视野

视网膜除能辨别光的明暗外，还有很强的辨色能力，可以分辨出 180 多种颜色。人眼的视网膜可以辨别波长不同的光波，在波长为 380～780 nm 的可见光谱中，光波波长只相差 3 nm，人眼即可分辨，但主要是红、橙、黄、绿、青、蓝、紫七色。人眼区别不同颜色的机理，常用光的"三原色学说"来解释，该学说认为红、绿、蓝（或紫）为三种基本色，其余的颜色都可由这三种基本色混合而成，并认为在视网膜中有三种视锥细胞，含有三种不同的感光色素分别感受三种基本颜色。当红光、绿光、蓝光（或紫光）分别入眼后，将引起三种视锥细胞对应的光化学反应，每种视锥细胞发生兴奋后，神经冲动分别由三种视神经纤维传入大脑皮层视区的不同神经细胞，即引起三种不同的颜色感觉。当三种视锥细胞受到同等刺激时，引起白色的感觉。

缺乏辨别某种颜色的能力，称为色盲。辨别某种颜色的能力较弱，则称色弱。有色盲或色弱的人，不能正确地辨别各种颜色的信号，不宜从事驾驶飞机、车辆以及各种辨色能力要求高的工作。

由于各种颜色对人眼的刺激不同，人眼的色觉视野也就不同，见图 6-7。图中角度数值是在正常亮度条件下对人眼的实验结果，表明人眼对白色的视野最大，对黄色、蓝色、红色的视野依次减小，而对绿色的视野最小。

6. 暗适应和明适应

当光和亮度不同时，视觉器官的感受性也不同，亮度有较大变化时，感受性也随之变化。视觉器官的感受性对光刺激变化的相顺应性称为适应。人眼的适应性分为暗适应和明适应两种。

当人从亮处进入暗处时，刚开始看不清物体，而需要经过一段适应的时间

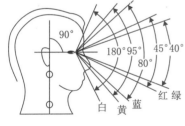

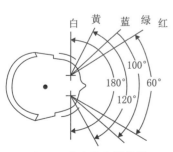

图 6-7　人眼的色觉视野

后，才能看清物体，这种适应过程称为暗适应。暗适应过程开始时，瞳孔逐渐放大，进入人眼的光能量增加。同时对弱刺激敏感的视杆细胞也逐渐转入工作状态，由于视杆细胞转入工作状态的过程较慢，因而整个暗适应过程大约需30 min才能趋于完成。与暗适应情况相反的过程称为明适应。明适应过程开始时，瞳孔缩小，使进入人眼的光通量减少；同时转入工作状态的视锥细胞数量迅速增加，因为对较强刺激敏感的视锥细胞反应较快，所以明适应过程一开始，人眼感受性迅速降低，30 s后变化很缓慢，大约1 min后明适应过程就趋于完成。暗适应和明适应曲线如图6-8所示。

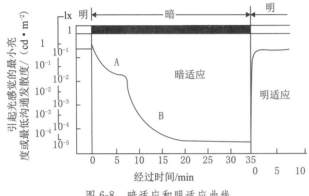

图6-8 暗适应和明适应曲线

人眼虽具有适应性的特点，但当视野内明暗急剧变化时，人眼却不能很好适应，从而会引起视力下降。另外，如果人眼需要频繁地适应各种不同亮度时，不但容易产生视觉疲劳，影响工作效率，而且也容易引起事故。为了满足人眼适应性的特点，要求工作面的光亮度均匀而且不产生阴影；对于必须频繁改变亮度的工作场所，可采用缓和照明或佩戴一段时间有色眼镜，以避免眼睛因频繁地适应亮度变化而引起视力下降和视觉过早疲劳。

6.2.3 视觉特征

① 人眼沿水平方向运动比沿垂直方向运动快而且不易疲劳；一般先看到水平方向的物体，后看到垂直方向的物体。因此，很多仪表外形都设计成横向的长方形。

② 人眼视线的变化习惯于从左到右、从上到下的顺时针方向运动。所以，仪表的刻度方向设计应遵循这一规律。

③ 人眼对水平方向尺寸和比例的估计比对垂直方向尺寸和比例的估计要准确得多，因而水平式仪表的误读率（28%）比垂直式仪表的误读率（35%）低。

④ 当人眼偏离视中心时，在偏离距离相等的情况下，人眼对左上限的观察最优，依次为右上限、左下限，而右下限最差。视区内的仪表布置必须考虑这一特点。

⑤ 两眼的运动总是协调的、同步的，在正常情况下，不可能一只眼睛转动而另一只眼睛不动；在一般操作中，不可能一只眼睛视物，而另一只眼睛不视物。因而通常都以双眼视野为设计依据。

⑥ 人眼对直线轮廓比对曲线轮廓更易于接收。

⑦ 颜色对比与人眼辨色能力有一定关系。当人从远处辨认前方的多种不同颜色时，其易辨认的顺序是红、绿、黄、白，即红色最先被看到。所以，停车、危险等信号标志都采用红色。当两种颜色相配在一起时，则易辨认的顺序是：黄底黑字、黑底白字、蓝底白字、白底黑字等。因而公路两旁的交通标志常用黄底黑字（或黑色图形）。

根据上述视觉特征，人机工程学专家对眼睛的使用归纳了如图6-9所示的原则。

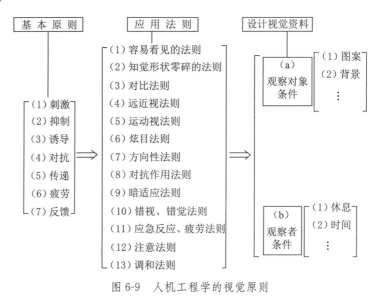

图 6-9　人机工程学的视觉原则

6.3　听觉机能及其特征

6.3.1　听觉刺激

听觉是仅次于视觉的重要感觉，其适宜的刺激是声音。振动的物体是声音的声源，振动在弹性介质（气体、液体、固体）中以波的方式进行传播，所产生的弹性波称为声波，一定频率范围的声波作用于人耳就产生了声音的感觉。对于人来说，只有频率为20～20 000 Hz的振动，才能产生声音的感觉。低于20 Hz的声波称为次声；高于20 000 Hz的声波称为超声。对于次声和超声，人耳都听不见。

6.3.2　听觉系统

人耳为听觉器官，严格地说，只有内耳的耳蜗起听觉作用，外耳、中耳以及内耳的其他部分是听觉的辅助部分。人耳的基本结构如图6-10（a）所示，外耳包括耳郭及外耳道，是外界声波传入耳和内耳的通路。中耳包括鼓膜和鼓室，鼓室中有锤骨、砧骨、镫骨三块听小骨以及与其相连的听小肌构成一杠杆系统；还有一条通向喉部的咽鼓管，其主要功能是维持中耳内部和外界气压的平衡及保持正常的听力。内耳中的耳蜗是感音器官，是个盘旋的管道系统，有前庭阶、蜗管及鼓阶三个并排盘旋的管道，见图6-10（b）。

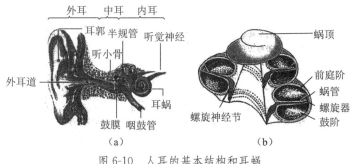

图 6-10　人耳的基本结构和耳蜗

(a) 人耳基本结构；(b) 耳蜗

外界的声波通过外耳道传到鼓膜，引起鼓膜的振动，然后经杠杆系统的传递，引起耳蜗中淋巴液及其底膜的振动，使基底膜表面的科蒂氏器中的毛细胞产生兴奋。科蒂氏器和其中所含的毛细胞是真正的声音感受装置，听神经纤维就分布在毛细胞下方的基底膜中，机械能形式的声波就在此处转变为听神经纤维上的神经冲动，并以神经冲动的不同频率和组合形式对声音信息进行编码，然后被传送到大脑皮层听觉中枢，从而产生听觉。

6.3.3　听觉的物理特征

人耳在某些方面类似于声学换能器，也就是通常所说的传声器。听觉可用以下特性描述。

1. 频率响应

可听声主要取决于声音的频率，具有正常听力的青少年（年龄在 12～25 岁）能够觉察到的频率范围是 16～20 000 Hz。而一般人的最佳听闻频率范围是 20～20 000 Hz，可见人耳能听闻的频率比为

$$\frac{f_{\min}}{f_{\max}}=1：1\,000 \tag{6-2}$$

人到 25 岁左右时，开始对 15 000 Hz 以上频率的灵敏度显著降低，当频率高于 15 000 Hz 时，听阈开始向下移动，而且随着年龄的增长，频率感受的上限逐年连续降低。但是，对 $f<1\,000$ Hz 的低频率范围，听觉灵敏度几乎不受年龄的影响，见图 6-11。听觉的频率响应特性对听觉传示装置的设计是很重要的。

2. 动态范围

可听声除取决于声音的频率外，还取决于声音的强度。听觉的声强动态范围可用下列比值表示：

$$声强动态范围=\frac{正好可忍受的声强}{正好能听见的声强}$$

(1) 听阈　在最佳的听闻频率范围内，一个听力正常的人刚刚能听到给定各频率的正弦式纯音的最低声强 $I_{\min}$，称为相应频率下的"听阈值"。可根据各个频率 f 与最低声强 $I_{\min}$ 绘出标准听阈曲线，见图 6-12。由该曲线可以得出以下几点结论：

① 在 800～1 500 Hz 频率范围内，听阈无明显变化。

② 低于 800 Hz 时，可听响度随着频率的降低而明显减小。例如，在 400 Hz 时，只有在 1 000 Hz 时测得的"标准灵敏度"的 1/10；在 90 Hz 时，只有"标准灵敏度"的 1/10 000；而在 40 Hz 时，只有"标准灵敏度"的 1/1 000 000。

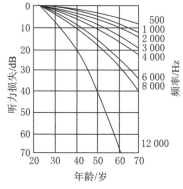

图 6-11　听力损失曲线

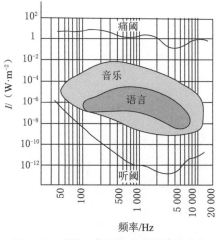

图 6-12　听阈、痛阈与听觉区域的曲线

③ 在 3 000～4 000 Hz 时达到最大的听觉灵敏度，在该频率范围内，灵敏度高达标准值的 10 倍。

④ 超过 6 000 Hz 时，灵敏度再次下降，大约在 17 000 Hz 时，减至标准值的 1/10。

（2）痛阈 对于感受给定各频率的正弦式纯音，开始产生疼痛感的极限声强 I_{max}，称为相应频率下的"痛阈值"。可根据各频率 f 与极限声强 I_{max} 绘出标准痛阈曲线，见图 6-12。由图可见，除了 2 000～5 000 Hz 有一段谷值外，开始感到疼痛的极限声强几乎与频率无关。

（3）听觉区域 图 6-12 还绘出了由听阈与痛阈两条曲线所包围的"听觉区域"（影线部分）。由人耳的感音机构所决定的这个"听觉区域"中包括了标有"音乐"与"语言"标志的两个区域。

由图 6-12 可见，在 1 000 Hz 时的平均听阈值 I_0 约为 10^{-12} W/m²，在同一频率条件下，痛阈 $I_{max}=10$ W/m²。由此可以得出，人耳能够处理的声强比为

$$\frac{I_0}{I_{max}}=\frac{1}{10^{13}} \tag{6-3}$$

这种阈值虽然是一种"天赋"，却非常接近适合人类交换信息的有用极限。

3. 方向敏感度

人耳的听觉本领，绝大部分都涉及所谓"双耳效应"，或称"立体声效应"，这是正常的双耳听闻所具有的特性。当通常的听闻声压级为 50～70 dB 时，这种效应基本上取决于下列条件：

① 时差 $\Delta t=t_2-t_1$。式中，t_1 为声信号从声源到达其相距较近的那只耳朵所需的时间；t_2 为同一信号到达距离较远的那只耳朵所需的时间。实验结果指出，从听觉上刚刚可觉察到的声信号入射的最小偏角为 3°，在此情况下的时差 $\Delta t\approx30$ μs。根据声音到达两耳的时间先后和响度差别可判定声源的方向。

② 由于头部的掩蔽效应，造成声音频谱的改变。靠近声源的那只耳朵几乎接收到形成完整声音的各频率成分；而到达较远那只耳朵的是被"畸变"了的声音，特别是中频与高频部分或多或少地受到衰减。

图 6-13 是右耳对于不同频率（200 Hz、500 Hz、2 500 Hz 与 5 000 Hz）的纯音进行单耳听觉的方向敏感度。由图可知，入射角的作用也是在低频时比较小，$f=200$ Hz 时为圆形曲线；频率越高，响应对于方向的依赖程度就越大，在 70° 时达到最大值。该图曲线可以说明人耳对不同频率与来自不同方向的声音的感受能力。人的听觉系统的这一特性对室内声学设计是极其重要的。

4. 掩蔽效应

一个声音被另一个声音所掩盖的现象，称为掩蔽。一个声音的听阈因另一个声音的掩蔽作用而提高的效应，称为掩蔽效应。在设计听觉传递装置时，根据实际需要，有时要对掩蔽效应的影响加以利用，有时则要加以避免或克服。

应当注意到，由于人的听阈的复原需要经历一段时间，在掩蔽声去掉以后，掩蔽效应并不立即消除，这个现象称为残余掩蔽或听觉残留。其量值可表示听觉疲劳。掩蔽声对人耳刺激的时间和强度直接影响人耳的疲劳持续时间和疲劳程度，刺激越长、越强，则疲劳越严重。

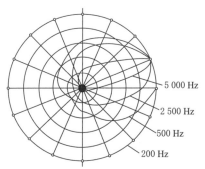

图 6-13 右耳对于不同频率的纯音进行单耳听觉的方向敏感度

5 000 Hz
2 500 Hz
500 Hz
200 Hz

6.4 视觉信息显示设计

6.4.1 仪表显示设计

仪表是一种广泛应用的视觉显示装置，其种类很多。按其功能可分为读数用仪表、检查用仪表、追踪用仪表和调节用仪表等；按其结构形式可分为指针运动式仪表、指针固定式仪表和数字式仪表等。任何显示仪表，其功能都是将系统的有关信息输送给操作者，因而其人因工程学性能的优劣直接影响系统的工作效率。所以，在设计和选择仪表时，必须全面分析仪表的功能特点，见表6-3。

表6-3　显示仪表的功能特点

比较项目	模拟显示仪表		数字显示仪表
	指针运动式	指针固定式	
数量信息	中 指针活动时读数困难	中 刻度移动时读数困难	好 能读出精确数值，速度快，差错少
质量信息	好 易判定指针位置，不需读出数值和刻度时，能迅速发现指针的变动趋势	差 不需读出数值和刻度时，难以确定变化的方向和大小	差 必须读出数值，否则难以得知变化的方向和大小
调节性能	好 指针运动与调节活动具有简单而直接的关系，便于调节和控制	中 调节运动方向不明显，指针的变动不便于监控，快速调节时难以读数	好 数字调节的监测结果精确，快速调节时难以读数
监控性能	好 能很快地确定指针位置并进行监控；指针位置与监控活动关系最简单	中 指针无变化，有利于监控，但指针位置与监控活动关系不明显	差 无法根据指针的位置变化来进行监控
一般性能	中 占用面积大；仪表照明可设在控制台上；刻度的长短有限，尤其在使用多指针显示时认读性差	中 占用面积小，仪表须有局部照明，由于只在很小范围内认读，所以其认读性好	好 占用面积小，照明面积也最小，刻度的长短只受字符、转鼓的限制
综合性能	价格低，可靠性高，稳定性好，易于显示信号的变化趋势，易于判断信号值与额定值之差		精度高，认读速度快，无视读误差，过载能力强，易与计算机联用
局限性	显示速度较慢，易受冲击和振动影响，过载能力差		价格偏高，显示易于跳动或失效，干扰因素多，需内附或外附电源
发展趋势	降低价格，提高精度与显示速度，采用模拟与数字显示混合型仪表		降低价格，提高可靠性，采用智能化显示仪表

1. 仪表形式

仪表形式因其用途不同而异，现以读数用仪表为例来分析确定仪表形式的依据。图 6-14 所示为几种常见的读数用仪表形式与误读率的关系。其中以垂直长条形仪表的误读率最高，而开窗式仪表的误读率最低。但开窗式仪表一般不宜单独使用，常以小开窗插入较大的仪表表盘中，用来指示仪表的高位数值。通常将一些多指针仪表改为单指针加小开窗式仪表，使得这种形式的仪表不仅可增加读数的位数，还可大大提高读数的效率和准确度。

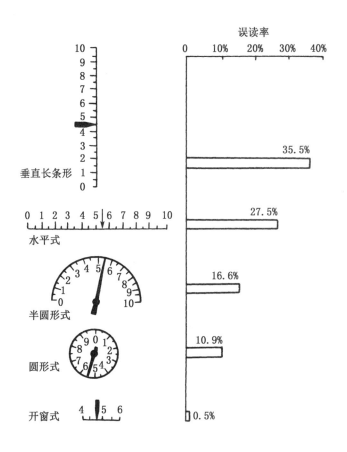

图 6-14　常见的读数用仪表形式与误读率的关系

指针活动式圆形式仪表的读数效率与准确度虽不如数字式仪表高，但这类仪表可以显示被测参数的变化趋势，因而仍然是常用的仪表形式。

2. 表盘尺寸

表盘尺寸与刻度标记的数量和观察距离有关，一般表盘尺寸随刻度数量和观察距离的增加而增大。以圆形仪表为例，其最佳直径 D 与目视距离 L、刻度显示最大数 I 之间的关系如图 6-15 所示。由图可知，I 一定时，D 随 L 的增加而增大；L 不变时，D 随 I 的增加而增大。

3. 刻度与标数

表盘上的刻度线、刻度线间距，以及文字（数字）等尺寸也是根据视距来确定的。人机工程学的有关实验已提供了视距与上述各项尺寸的关系。仪表刻度线一般分为长刻度线、中刻度线和短刻度线三级。各级刻度线和文字的高度可根据视距按表 6-4 所示选用。

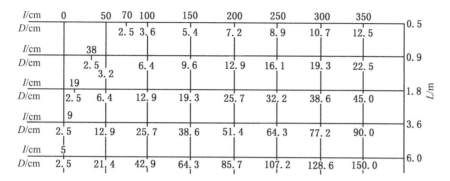

图 6-15　圆形仪表的最佳直径与目视距离、刻度显示最大数之间的关系

表 6-4　目视距离与刻度线的最佳高度

目视距离/m	文字（数字）高度/cm	刻度线高度/cm		
		长刻度线	中刻度线	短刻度线
0.5 以下	0.23	0.44	0.40	0.23
0.5~0.9	0.43	1.00	0.70	0.43
0.9~1.8	0.85	1.95	1.40	0.85
1.8~3.6	1.70	3.92	2.80	1.70
3.6~6.0	2.70	6.58	4.68	2.70

刻度线间的距离称为刻度。若视距为 L 时，小刻度的最小间距为 $L/600$；大刻度的最小间距为 $L/50$。对于人眼直接判读的仪表刻度最小尺寸不宜小于 0.6~1 mm，最大可取 4~8 mm，而一般情况下取 1~2.5 mm。对于用放大镜读数的仪表，若放大镜的放大率为 f，间距可取 $(1/f)$ mm。

刻度线的宽度一般取间距大小的 5%~15%。当刻度线宽度为间距的 10% 时，判读误差最小。狭长形字母数字的分辨率较高，其高度比常取 5:3 或 3:2。

仪表的标数，可参考下列原则进行设计：

① 通常，最小刻度不标数，最大刻度必须标数。

② 指针运动式仪表标数的数码应当垂直，表面运动的仪表数码应当按圆形排列。

③ 若仪表表面的空间足够大，则数码应标在刻度记号外侧，以避免它被指针挡住；若表面空间有限，应将数码标在刻度内侧，以扩大刻度间距。指针处于仪表表面外侧的仪表，数码应一律标在刻度内侧。

④ 开窗式仪表窗口的大小至少应能显示被指示数字及其上下两侧的两个数，以便观察指示运动的方向和趋势。

⑤ 对于表面运动的小开窗仪表，其数码应按顺时针排列。当窗口垂直时，安排在刻度的右侧；当窗口水平时，安排在刻度的下方，并且都使字头向上。

⑥ 对于圆形仪表，无论是表面运动式还是指针运动式，都应使数码按顺时针方向依次增大。数值有正负时，零位设在时钟 12 时位置上，顺时针方向表示"正值"，逆时针方向表示"负值"。对于长条形仪表，应使数码按向上或向右顺序增大。

⑦ 不做多圈使用的圆形仪表，最好在刻度全程的头和尾之间断开，其首尾的间距以相当于一个大刻度间距为宜。

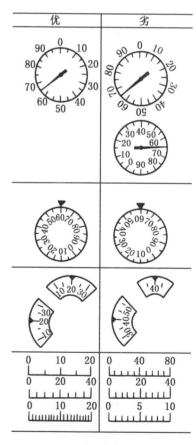

图 6-16　仪表刻度与标数的优劣对比

仪表刻度与标数的优劣对比见图 6-16。

4. 仪表指针

（1）指针的形状和长度　指针的形状应以头部尖、尾部平、中间等宽或狭长三角形为好。实验结果表明，指针长度对读数误差影响很大，当指针与刻度线的距离超过 0.6 cm 时，距离越大，认读误差就越大；相反，从 0.6 cm 开始，越接近 0，认读误差越小；当间隔接近 0.2 cm、0.1 cm 时，认读误差保持不变。因此，指针与刻度线的间隔宜取 0.1～0.2 cm。指针的针尖应与最小刻度线等宽，指针应尽量贴近表面，以减小认读时的视差。

（2）指针的零位　仪表指针零位一般设在时钟 12 时或 9 时的位置上。指针不动，表面运动的仪表指针零位应在时钟 12 时位置；追踪仪表应处于 9 时或 12 时位置；圆形仪表可视需要安排或设在 12 时的位置上；警戒仪表的警戒区应设在 12 时处，危险区和安全区则处于其两侧。

5. 仪表色彩

仪表色彩是否合适，对认读速度和误读率都有影响。由实验获得的仪表颜色与误读率关系可知，墨绿色和淡黄色仪表表面分别配上白色和黑色的刻度线时，其误读率最小，而黑色和灰黄色仪表表面配上白色刻度线时，其误读率最大，不宜采用。

6.4.2　图形符号设计

在现代信息显示中，广泛使用了各种类型的图形和符号指示。由于人在知觉图形和符号信息时，辨认的信号和辨认的客体有形象上的直接联系，其信息接收的速度远远高于抽象信号。由于图形和符号具有形、意、色等多种刺激因素，传递的信息最大，抗干扰力强，易于接收。因此，图标在硬件界面和软件界面中具有重要意义。

信息显示中所采用的图形和符号是经过对显示内容的高度概括和抽象处理而形成的，使得图形和符号与标志客体间有着相似的特征，让人便于识别辨认。图标的应用范围很广，如在机场、车站、展览会、超级市场等场所的交通要道等，在适当位置都标明了简单的图形，使人们便于辨别方向。图 6-17 所示为民用航空公共信息标志用图形符号。其特点决定了它在很多地方都具有文字无法替代的作用。

图 6-17　民用航空公共信息标志用图形符号

1. 快速识别

图形符号与文字相比有一个突出的特点，那就是它具有直观性，因此可以在短时间内提供一个内容相当丰富的信息。一个精心设计的图标可以使人们只需一眼就可以领会其含义，而无须阅读、分析，甚至翻译厚厚的说明书或者辅助文件。对于缺乏耐心、缺乏阅读能力，或者需要及时掌握信息、立即做出反应的人来说可以起到很有效的作用。

毫无疑问，若想让人们迅速、准确地掌握操作要领，使用图标设计可以帮助达到这一目的。如最简单的箭头符号："←"表示往左，"→"表示往右。

2. 布局美观

在软件和硬件界面中，图标主要用来表示对象的状态或者将要进行的操作。图标是描述视觉形象和空间关系的自然语言，比文字标识具有更丰富的含义，因而能更简练、精确、形象地表达对象的状态和动作。这是文字标识所无法比拟的。

3. 便于记忆

与文字形式表达的概念相比，人们更容易记住以视觉形式存在的事物。因此，图标相对文字而言更易于被人们记忆。从心理学角度来说，有以下几个原因：

（1）图标之间比文字之间存在更明显的差异；

（2）当遇到一个图标时，我们总是赋予它一个名字来同时记忆，于是图标便以视觉和文字两种形式存储起来，而文字则只有一种形式；

（3）在各种视觉记忆之间，视觉与其他记忆形式之间存在紧密的联系。

直观、简明、易懂、易记的特点使图标比文字更便于信息传递，使不同年龄、具有不同文化水平的人都容易接受。

4. 有利于国际化

图形符号和文字相比还有一个显著的特点，那就是由于它的直观性而产生的国际通用性。使用图标可以使使用不同语言的人群都能掌握，避免了使用文字标识出现的一些问题，得到某些便利，有助于产品的国际化发展。

信息显示中所采用的图形和符号指示，如果是作为操纵控制系统或操作内容和位置的指示，则"形象化"的图形和符号指示也有自己的限度，当在操作中须精确知道被调节量时，图形、符号指示就不能胜任，必须用数字加以补充。

图形和符号作为一种视觉显示标志出现时，总是以某种与被标识的客体有含义联系的颜色表示。因此，标志用色在图形符号设计中也是十分重要的内容。

标志作为一种形象语言，要便于识别。标志的颜色都有特定意义，我国和国际上都做了规定。颜色除了用于安全标志、技术标志外，还可用来标志材料、零件、产品、包装和管线等。

生产、交通等方面使用色彩的含义如下：

（1）红（7.5R4.5/14）

① 停止：交通工具要求停车，设备要求紧急制动；

② 禁止：表示不准操作，不准乱动，不准通行；

③ 高度危险：如高压电、下水道口、剧毒物、交叉路口等；

④ 防火：消防车和消防用具都以红色为主色。

（2）橙（2.5YR6.5/12）　用于危险标志，涂于转换开关的盖子、机器罩盖的内表面、齿轮的侧面等。橙色还用于航空、船舶的保安措施。

（3）黄（2.5Y8/13）　明视性好，能唤起注意，多用于警告信号。如铁路维护工穿黄衣。

（4）绿（5G5.5/6）

① 安全：引导人们行走安全出口标志用色；

② 卫生：救护所、保护用具箱常采用此色；

③ 表示设备安全运行。

（5）蓝（2.5PB5.5/6）　警惕色。如开关盒外表涂色，修理中的机器、升降设备、炉子、地窖、活门、梯子等的标志色。

（6）紫红（2.5RP4.5/12）　表示放射性危险的颜色。

（7）白（N9.5/）　表示通道、整洁、准备运行的标志色。白色还用来标识文字、符号、箭头，以及作为红、绿、蓝的辅助色。

（8）黑（N1.5/）　用于标识文字、符号、箭头，以及作为白、橙的辅助色。

表 6-5 所示为管道颜色标记。

表 6-5　管道颜色标记

类别	色别	色标
水	青色	2.5PB5.5/6
汽	深红色	7.5R 3/6
空气	白色	N9.5/
煤气	黄色	2.5Y8/12
酸、碱	橙色、紫色	2.5P5/5
油	褐色	7.5YR5/6
电气	浅橙色	2.5YR7/6
真空	灰色	N5/
氧	蓝色	—

值得一提的是，在实际应用各类图形符号时，不得采用人们不能接受的或过分抽象的图形和符号，只能使用有利于人的知觉的图形、符号，以便减少知觉时间，加强对符号的记忆和提高操作者的反应速度。图形、符号设置的位置应与所指示的操纵机构相对应。例如，转动手柄的操纵机构（手柄转动在90°以上），应在手柄轴线的上方标出符号；对于普通单工位按钮，可在按钮轴线上方标出机器开动状态的符号，这样操作者就能按图形、符号所指示的内容，准确而迅速地操纵机器。

6.5　听觉信息传示设计

6.5.1　听觉信息传示装置

听觉信息传示具有反应快、传示装置可配置在任一方向上、用语言通话时应答性良好等优点，因而被广泛应用于信号简单、简短时；要求迅速传递信号时；传示后无必要查对信号时；信号只涉及过程或时间性事件时；视觉负担过重或照明、振动等作业环节又不利于采用视觉信息传递时；操作人员处于巡视状态，并需要从干扰中辨别信号时等。

听觉信息传示装置种类很多，常见的为音响报警装置，如蜂鸣器、铃、角笛、汽笛、警报器等。

1. 蜂鸣器

蜂鸣器是音响装置中声压级最低，频率也较低的装置。蜂鸣器发出的声音柔和，不会使人紧张或惊恐，适用于较宁静的环境，常配合信号灯一起使用，作为指示性听觉传示装置，提请操作者注意，或指示操作者去完成某种操作，也可用做指示某种操作正在进行。汽车驾驶员在操纵汽车转弯时，驾驶室的显示仪表板上就有一个信号灯亮和蜂鸣器鸣笛，显示汽车正在转弯，直到转弯结束。蜂鸣器还可作报警器用。

2. 铃

因铃的用途不同，其声压级和频率有较大差别，例如电话铃声的声压级和频率只稍大于蜂鸣器，主要是在宁静的环境下让人注意。而用作指示上下班的铃声和报警器的铃声，其声压级和频率就较高，可在有较高强度噪声的环境中使用。

3. 角笛和汽笛

角笛的声音有吼声（声压级 90～100 dB、低频）和尖叫声（高声强、高频）两种。常用作高噪声环境中的报警装置。

汽笛声频率高，声强也高，较适合用于紧急事态的音响报警装置。

4. 警报器

警报器的声音强度大，可传播很远，频率由低到高，发出的声音富有调子地上升和下降，可以抵抗其他噪声的干扰，特别能引起人们的注意，并强制性地使人们接受。它主要用作危急事态的报警，如防空警报、救火警报等。

听觉信息传示装置设计必须考虑人的听觉特性，以及装置的使用目的和使用条件。具体内容如下：

① 为提高听觉信号传递效率，在有噪声的工作场所，须选用声频与噪声频率相差较远的声音作为听觉信号，以削弱噪声对信号的掩蔽作用。

听觉信号与噪声强度的关系常以信号与噪声的强度比值（信噪比）来描述，即

$$信噪比 = 10 \lg（信号强度/噪声强度）$$

信噪比越小，听觉信号的可辨性越差。所以应根据不同的作业环境选择适宜的信号强度。几种常用听觉信号的主宰频率和强度见表 6-6。

表 6-6　几种常用听觉信号的主宰频率和强度①

分类	听觉信号	平均强度水平/dB		主宰可听频率/Hz
		距离 3 m 处	距离 0.9 m 处	
大面积、高强度	10 cm 铃	65～77	75～83	1 000
	15 cm 铃	74～83	84～94	600
	25 cm 铃	85～90	95～100	300
	喇叭	90～100	100～110	5 000
	汽笛	100～110	110～121	7 000

分类	听觉信号	平均强度水平/dB		主宰可听频率/Hz
		距离 3 m 处	距离 0.9 m 处	
小面积、低强度	重声蜂鸣器	50～60	70	200
	轻声蜂鸣器	60～70	70～80	400～1 000
	2.5 cm 铃声	60	70	1 100
	5 cm 铃声	62	72	1 000
	7.5 cm 铃声	63	73	650
	钟声（谐音）	69	78	500～1 000

注：① 大面积高强度听觉信号在安静场所用 50～60 dB 强度，在露天工场用 70～80 dB，在强噪声工厂、机器厂或冲压车间用 90～100 dB。

② 使用两个或两个以上听觉信号时，信号之间应有明显的差异；而对某一种信号在所有时间内应代表同样的信息意义，以提高人的听觉反应速度。

③ 应使用间断或变化信号，避免使用连续稳态信号，以免人耳产生听觉适应性。

④ 要求远传或绕过障碍物的信号，应选用大功率低频信号，以提高传示效果。

⑤ 对危险信号，至少应有两个声学参数（声压、频率或持续时间）与其他声信号或噪声相区别，而且危险信号的持续时间应与危险存在时间一致。

6.5.2 言语传示装置

人与机器之间也可用言语来传递信息。传递和显示言语信号的装置称为言语传示装置。如麦克风这样的受话器就是言语传示装置，而扬声器就是言语显示装置。经常使用的言语传示装置有无线电广播、电视、电话、报话机和对话器及其他录音、放音和电声装置等。

用言语作为信息载体，其优点是可使传递和显示的信息含义准确、接收迅速、信息量较大等；缺点是易受噪声的干扰。在设计言语传示装置时应注意以下三个问题。

1. 言语的清晰度

用言语（包括文章、句子、词组及单字）来传递信息，在现代通信和信息交换中占主导地位。对言语信号的要求是语言清晰。言语传示装置的设计首先应考虑这一要求。在工程心理学和传声技术上，用清晰度作为言语的评定指标。所谓言语的清晰度，是指人耳对通过它的音语（音节、词或语句）中正确听到和理解的百分数。言语的清晰度可用标准的语句表通过听觉显示器来进行测量，若听对的语句或单词占总数的 20%，则该听觉显示器的言语清晰度就是 20%。对于听对和未听对的记分方法有专门的规定，此处不作论述。表 6-7 所示的是言语的清晰度（室内）与主观感觉的关系。由此可知，设计一个言语传示装置，其言语的清晰度必须在 75% 以上才能正确传示信息。

表 6-7　言语的清晰度（室内）与主观感觉的关系

言语清晰度/%	人的主观感觉
96	言语听觉完全满意
85～96	很满意
75～85	满意
65～75	言语可以听懂，但非常费劲
65 以下	不满意

2. 言语的强度

言语传示装置输出的语音，其强度直接影响言语的清晰度。当语音强度增至刺激阈限以上时，清晰度的分数逐渐增加，直到差不多全部语音都被正确听到的水平；强度再增加，清晰度分数仍保持不变，直到强度增至痛阈为止，如图 6-18 所示。不同研究者的研究结果表明，语音的平均感觉阈限为 25～30 dB（即测听材料可有 50% 被听清楚），而汉语的平均感觉阈值是 27 dB。

由图 6-18 中可以看出，当语音强度达到 130 dB 时，受话者将有不舒服的感觉；达到 135 dB 时，受话者耳中即有发痒的感觉，再高便达到了痛阈，将有损耳朵的机能。因此言语传示装置的语音强度最好在 60～80 dB。

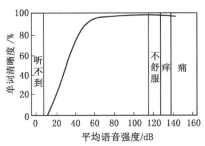

图 6-18　语音强度与清晰度的关系

3. 噪声环境中的言语通信

为了保证在有噪声干扰的作业环境中讲话人与收听人之间能进行充分的言语通信，则须按正常噪声和提高了的噪声定出极限通信距离。在此距离内，在一定语言干涉声级或噪声干扰声级下可期望达到充分的言语通信。在此情况下的言语通信与噪声干扰之间的关系如表 6-8 所示。

表 6-8　言语通信与噪声干扰之间的关系

干扰噪声的 A 计权语言声级 L_A/dB	语言干涉声级/dB	认为可以听懂正常噪声下口语的距离/m	认为在提高了的噪声下可以听懂口语的距离/m
43	36	7	14
48	40	4	8
53	45	2.2	4.5
58	50	1.3	2.5
63	55	0.7	1.4
68	60	0.4	0.8
73	65	0.22	0.45
78	70	0.13	0.25
83	75	0.07	0.14

上面所说的充分的言语通信，是指通信双方的言语清晰度达到 75% 以上。距声源（讲话人）的距离每增加 1 倍，言语声级将下降 6 dB，这相当于声音在室外或室内传至 5 m 远左右。不过，在房间中，声级的下降还受讲话人与收听人附近的吸声物体的影响。在有混响的房间内，当混响时间超过 1.5 s 时，言语清晰度将会降低。

在噪声环境中作业，当为了保护人耳免受损害而使用护耳器时，护耳器一般不会影响言语通信。因为它不仅降低了言语声级，也降低了干扰噪声。同不戴护耳器的人相比，戴护耳器的讲话人在噪声级较低时声音较高，而在噪声级较高时则声音较低。

对于使用言语传示装置（如电话）进行通信时，对收听人来说，对方的噪声和传递过来的言语音质（响度、由电话和听筒产生的线路噪声）可能会有起伏，尽管如此，表 6-9 所给出的关系仍然是有效的。

表 6-9　在电话中言语通信与干扰噪声的关系

收听人所在环境的干扰噪声		言语通信的质量
干扰噪声的 A 计权语言声级 L_A/dB	语言干涉声级/dB	
55	47	满意
55~65	47~57	轻微干扰
65~80	57~72	困难
80	72	不满意

须注意的是，当收听人处的干扰噪声增强时，首先受到影响的是另一方语言的清晰度。这时收听人根据经验会提高自己的声音。对于扬声器和耳机这样的言语传示装置，要保证通过扬声器传送的语言信息有充分的语言通信功能，须使 A 计权语言声级至少比干扰噪声的声级高 3 dB。

6.5.3　听觉传示装置的选择

1. 音响传示装置的选择

在设计和选择音响、报警装置时，应注意以下原则：

① 在有背景噪声的场合，要把音响显示装置和报警装置的频率选择在噪声掩蔽效应最小的范围内，使人们在噪声中也能辨别出音响信号。

② 对于引起人们注意的音响显示装置，最好使用断续的声音信号；而对报警装置，最好采用变频的方法，使音调有上升和下降的变化，更能引起人们的注意。另外，报警装置最好与信号灯一起作用，组成"视、听"双重报警信号。

③ 要求音响信号传播距离很远和穿越障碍物时，应加大声波的强度，使用较低的频率。

④ 在小范围内使用音响信号，应注意音响信号装置的多少。当音响信号装置太多时，会因几个音响信号同时显示而互相干扰、混淆，遮掩了需要的信息。在这种情况下可舍去一些次要的音响装置，而保留较重要的，以减少彼此间的影响。

2. 言语传示装置的选择

言语传示装置比音响装置表达更准确，信息量更大，因此，在选择时应与音响装置相区别，并注意下列原则：

① 须显示的内容较多时，用一个言语传示装置可代替多个音响装置，且表达准确，各信息内容不易混淆。

② 言语传示装置所显示的言语信息表达力强，较一般的视觉信号更有利于指导检修和故障处理工作。同时语言信号还可以用来指导操作者进行某种操作，有时可比视觉信号更为细致、明确。

③ 在某些追踪操纵中，言语传示装置的效率并不比视觉信号差。例如，飞机着陆导航的言语信号、船舶驾驶的言语信号等。

④ 在一些非职业性的领域中，如娱乐、广播、电视等，采用言语传示装置比音响装置更符合人们的习惯。

6.6　操纵装置设计

操纵装置是将人的信息输送给机器，用以调整、改变机器状态的装置。操纵装置将操作者输出的信号转换成机器的输入信号。因此，操纵装置的设计首先要充分考虑操作者的体形、生理、心理、体力和能力。操纵装置的大小、形态等要适应人的手或脚的运动特征，用力范围应当处在人体最佳用力范围之内，不能超出人体用力的极限，重要的或使用频繁的操纵装置应布置在人反应最灵敏、操作最方便、肢体能够达到的空间范围内。操纵装置的设计还要考虑耐用性、运转速度、外观和能耗。操纵装置是人机系统中的重要组成部分，其设计是否得当，关系到整个系统能否正常安全运行。

6.6.1　常用操纵装置

常用操纵装置的功能和使用情况见表 6-10，其形态如图 6-19 所示。

表 6-10　常用操纵装置的功能和使用情况

操纵装置名称	使用功能					使用情况					
	启动制动	不连续调节	定量调节	连续调节	数据输入	性能	视觉辨别位置	触觉辨别位置	多个类似操纵装置的检查	多个类似操纵装置的操作	复合控制
按钮	△					好	一般	差	差	好	好
钮子开关	△	△			△	较好	好	好	好	好	好
旋转选择开关		△				好	好	好	好	差	较好
旋钮		△	△	△		好	好	一般	好	差	好
踏钮	△					差	差	一般	差	差	差
踏板			△	△		差	差	较好	差	差	差
曲柄			△	△		较好	一般	一般	差	差	差
手轮			△	△		较好	较好	较好	差	差	好
操纵杆			△	△		好	好	较好	好	好	好
键盘					△	好	较好	差	一般	好	差

6.6.2　手控操纵装置的设计

1. 触觉功能与触觉特性

操作中的握、触等动作是人与物接触的过程，接触是人动作的基础，特别是在不能用视觉判断的情况下（如黑暗中），动作必须根据触觉来产生。触觉与视觉、听觉相比，有以下特征：

（1）不太敏感　人接触物体时，从对物体的知觉到认识它需要一定的时间，即认识物体比视觉慢。触觉存在于人体的所有部位，但触觉敏感度随触觉部位的不同而异。

（2）适应迅速　人在接触物的时候，通过重复提拿能对物的质量和形状再认识，能从接触反射作出判断转为马上操作。

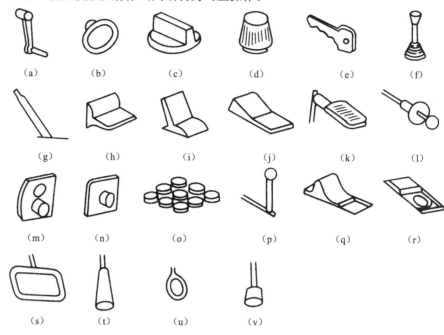

图 6-19　操纵装置的形态

（a）曲柄；（b）手轮；（c）旋塞；（d）旋钮；（e）钥匙；（f）开关杆；（g）调节杆；（h）杠杆键；
（i）拨动式开关；（j）摆动式开关；（k）脚踏板；（l）钢丝脱扣；（m）按钮；（n）按键；（o）键盘；
（p）手闸；（q）指拨滑块（形状决定）；（r）指拨滑块（摩擦决定）；（s）拉环；（t）拉手；
（u）拉圈；（v）拉钮

（3）有立体感　与视觉等相比，触觉能直接掌握物的立体感。触觉能同时感觉温度、压力和痛觉等，因此触觉的判断是综合性的。

2. 操纵手把的设计

手是人体进行操作活动最多的器官之一。长期使用不合理的操作手把，可使操作者产生痛觉，出现老茧甚至变形，并可影响劳动情绪、劳动效率和劳动质量。因此，操纵手把的外形、大小、长短、质量以及材料等，除应满足操作要求外，还应符合手的结构、尺度及其触觉特征。设计合理的操纵手把，主要考虑以下三个方面。

（1）手把形状应与手的生理特点相适应　就手掌而言，掌心部位肌肉最少，指骨间肌和手指部分是神经末梢满布的区域。而指球肌、大鱼际肌、小鱼际肌是肌肉丰满的部位，是手掌上的天然减振器，见图 6-20（a）。设计手把形状时，应避免将手把丝毫不差地贴于手的握持空间，更不能紧贴掌心。手把着手方向和振动方向不宜集中于掌心和指骨间肌。因为长期使掌心受压受振，可能会引起难以治愈的痉挛，至少也容易引起疲劳和操作不准确。图 6-20 所示的是手的生理结构及手把形状设计，其中以图 6-20（b）、（c）、（d）为好，图 6-20（e）、（f）、（g）为差。

（2）手把形状应便于触觉对它进行识别　在使用多种控制器的复杂操作场合，每种手把必须有各自的特征形状，以便于操作者确认而不混淆。这种情况下的手把形状必须尽量反映其功能要求，同时还要考虑操作者戴上手套也能分辨和方便操作。图 6-21 所示为根据触觉能立即辨认的手把形状。

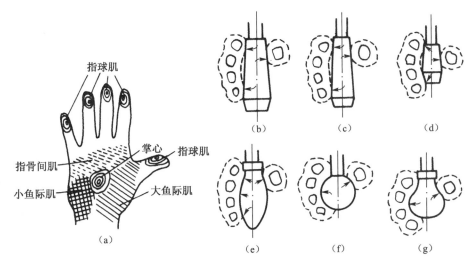

图 6-20　手的生理结构及手把形状设计

（a）人手结构；（b）~（g）各种手把形状设计

图 6-21　根据触觉能立即辨认的手把形状

（3）尺寸应符合人手尺度的需要　要设计一种合理的手把，必须考虑手幅长度、手握粗度、握持状态和触觉的舒适性。通常，手把的长度必须接近和超过手幅的长度，使手在握柄上有一个活动和选择的范围。手把的径向尺寸必须与正常的手握尺度相符或小于手握尺度。如果太粗，手就握不住手把；如果太细，手部肌肉就会过度紧张而疲劳。另外，手把的结构必须能够保持手的自然握持状态，以使操作灵活自如。手把的外表面应平整光洁，以保证操作者的触觉舒适性。图 6-22 所示的是各种不同手把的握持状态。

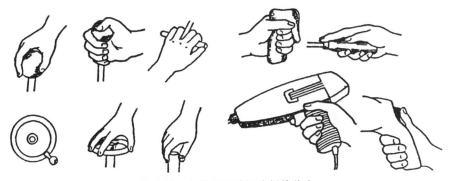

图 6-22　各种不同手把的握持状态

3. 适宜的操纵力范围

操纵装置所需的操纵力要适中，不仅要使其用力不超过人的最大用力限度，而且还应使其用力保持在人最合适的用力水平上，使操作者感到舒适而又不易引起疲劳。由于人在操纵时须依靠操纵力的大小来控制操纵量，并依此来调节其操纵活动，因此，若操纵力过小，则不易控制；若操纵力过大，则易引起疲劳。表 6-11 所示为手控操纵装置允许的最大用力；表 6-12 所示为不同转动部位平稳旋转操纵装置的最大用力。

表 6-11　手控操纵装置允许的最大用力

操纵装置	允许的最大用力/N	操纵器	允许的最大用力/N
轻型按钮	5	前后向杠杆	150
重型按钮	30	左右向杠杆	130
轻型转换开关	4.5	手轮	150
重型转换开关	20	方向盘	150

表 6-12　不同转动部位平稳旋转操纵装置的最大用力

转动部位与特征	最大用力/N	转动部位与特征	最大用力/N
用手转动	10	用手最快转动	9～23
用手和前臂转动	23～40	精确安装时的转动	23～25
用手和全臂转动	80～100	—	—

4. 操纵装置的适宜尺寸

操纵装置的大小必须与人手尺寸相适应，以使操纵活动方便、舒适而高效。根据有关实验研究资料所确定的各种手控操纵装置与人体尺寸有关的参数如表 6-13 所示，尺寸含义如图 6-23 所示。

表 6-13　手控操纵装置与人体尺寸有关的参数

名称与图例	尺寸	位移	阻力 F/N
按钮开关 ［见图 6-23（a）］	指尖操作：$D_{min}=1.25$ cm 拇指按压：$D_{min}=1.8$ cm	在范围内： $x=0.3～1.25$ cm 不在范围内： $x=0.3～1.8$ cm	指尖操作： 2.85～11.35 小指按压： 1.43～5.68
拨钮开关 ［见图 6-23（b）］	$D=0.3～2.5$ cm $l=1.25～50$ cm	最近控制位置：$\theta_{min}=40°$ 总位移量：$\theta=120°$	2.83～11.34
箭头旋钮 ［见图 6-23（c）］	指针可动：$l\geqslant2.5$ cm $b\leqslant2.5$ cm $h=1.25～7.5$ cm 刻度盘可动：$D=2.5～10.0$ cm $h=1.25～7.5$ cm	视觉定位：$\theta=15°～40°$ 盲目定位：$\theta=30°～90°$	3.40～13.55
旋钮 ［见图 6-23（d）］	定位旋钮：$D=3.5～7.5$ cm $h=2.0～5.0$ cm 连续旋钮：$D=1.0～3.0$ cm $h=1.5～2.5$ cm	视觉定位：$\theta\geqslant15°$ 盲目定位：$\theta\geqslant30°$ 人能一次转动：$120°$	12～18 2～4.5
操纵杆 ［见图 6-23（e）］	端部球形手把直径：$d=1.25～5.0$ cm 当手指抓握：$d=2.0$ cm 当手掌抓握：$d=3.0～4.0$ cm	前后：$\theta_{max}=45°$ 左右：$\theta_{max}=90°$ 按控制比确定	手指：3～9 手掌：9～135

名称与图例	尺寸	位移	阻力 F/N
曲柄 ［见图 6-23（f）］	轻载高速：$r=1.25\sim10.0$ cm 重载时：$r_{max}=50$ cm	按控制比确定	轻载高速：$9\sim22.5$ 大型高速：$22.5\sim45$ 精确定位：$2.3\sim36$
手轮 ［见图 6-23（g）］	手轮直径：$D=17.5\sim52.5$ cm 截面直径：$d=1.8\sim5.0$ cm	按控制比确定 $\theta_{max}=90°\sim120°$	单手操作：$25\sim135$ 双手操作：$22.5\sim225$

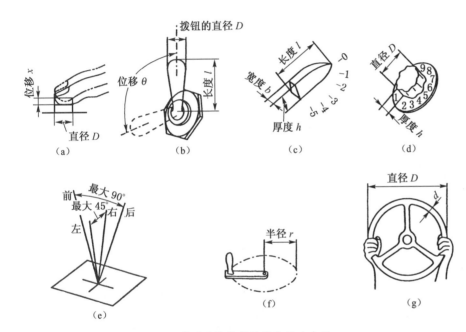

图 6-23　常用手控操纵装置的尺寸含义

（a）按钮开关；（b）拨钮开关；（c）箭头旋钮；（d）旋钮；（e）操纵杆；（f）曲柄；（g）手轮

6.6.3　脚控操纵装置的设计

脚控操纵装置主要用于需要较大操纵力时，如操纵力超过 $50\sim150$ N；需要连续操作而又不便用手时；手的操作负荷太大时，采用脚控操纵可减轻上肢负担和节省时间。通常脚控操纵是在坐姿且有靠背支持身体的状态下进行的，一般多用右脚，用力大时由脚掌操作；快速控制时由脚尖操作，而脚后跟保持不动。立位时不宜采用脚控操纵装置，因操作时体重压于一侧下肢，极易引起疲劳。必须采用立位脚控操作时，脚踏板离地不宜超过 15 cm，踏到底时应与地面相平。

1. 适宜的操纵力

脚控操纵装置主要有脚踏压钮、脚动开关和脚踏板。在操纵力大于 $50\sim150$ N 且需要连续用力时，才选用脚踏板。一般选用前两种较多。

为了防止无意踩动，脚控操纵装置至少应有 40 N 的阻力。脚控操纵装置的适宜用力见表 6-14。

表 6-14　脚控操纵装置的适宜用力

脚控操纵装置	适宜用力/N	脚控操纵装置	适宜用力/N
休息时脚踏板受力	18～32	离合器最大踏力	272
悬挂脚踏	45～68	方向舵	726～1 814
功率制动器	～68	可允许的最大踏力	2 268
离合器和机械制动器	～136	—	—

2. 脚控操纵装置的尺寸

脚踏板一般设计成矩形，其宽度与脚掌等宽为佳，一般大于 2.5 cm；脚踏时间较短时最小长度为 6～7.5 cm；脚踏时间较长时为 28～30 cm，踏下行程应为 6～17.5 cm，踏板表面宜有防滑齿纹。

脚踏按钮是取代手控按钮的一种脚控操纵器，可以快速操作。其直径为 5～8 cm，行程为 1.2～6 cm。

3. 脚踏板结构形式的选择

在相同条件下，不同结构形式的脚踏板，其操纵效率是不同的。图 6-24 表示不同类型脚踏板的对比实验结果。图中按编号（a）～（e）顺序，在相同条件下，相应的踏板每分钟脚踏次数分别为 187、178、176、140、171。实验结果表明，每踏 1 次，图（a）所示踏板所需时间最少，图（b）、（c）、（e）所示踏板所需的时间依次增多，而图（d）所示踏板所需的时间最多，比图（a）所示踏板多用 34% 的时间。

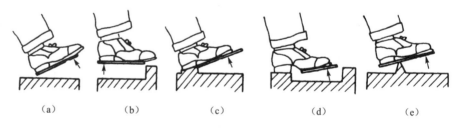

图 6-24　不同类型脚踏板操纵效率的比较

脚踏板的布置形式也与操作效率有关，实验指出，踏板布置在座椅前 7.62～8.89 cm，离椅面 5～17.8 cm，偏离人体正中面小于 7.5～12.5 cm 处，操作方便，出力最大，有利于提高操作效率。

6.6.4　操纵装置编码与选择

1. 操纵装置编码

在使用多种操纵装置的复杂操作场合，按其形状、位置、大小、颜色或标号对操纵装置进行编码，是提高效率和减少误操作率的一种有效的方法。

（1）形状编码　对操纵装置进行形状编码，使具有不同功能的操纵装置具有各自的形状特征，便于操作者的视觉和触觉辨认，并有助于记忆，因而操纵装置的各种形状设计要与其功能有某种逻辑上的联系，使操作者从外观上就能迅速地辨认操纵装置的功能。

图 6-25 所示的是一组形状编码设计的实例。图（a）应用于连续转动或频繁转动的旋钮，其位置一般不传递控制信息；图（b）应用于断续转动的旋钮，

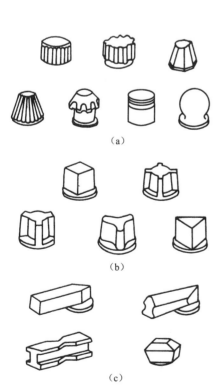

图 6-25　形状编码设计的实例

118

其位置不显示重要的控制信息；图（c）应用于特别受到位置限制的旋钮，它能根据其位置给操作人员以重要的控制信息。

（2）位置编码　利用安装位置的不同来区分操纵装置，称为位置编码。如将操纵装置设在某一位置上表示系统某种功能的类型，并实现标准化，则操作者可不必注视操作对象，就能很容易地识别操纵装置并正确地进行操作。它常用于脚踏板编码。

（3）尺寸编码　利用操纵装置的尺寸不同，使操作者能分辨出其功能之间的区别，称为尺寸编码。由于手操纵装置的尺寸首先必须适合手的尺寸，因而利用尺寸进行编码，其应用是有限的。如把旋钮分为大、中、小三挡，并叠放在一起的结构形式，是尺寸编码设计的最佳实例。

（4）颜色编码　利用色彩不同来区分操纵装置，称为颜色编码。由于颜色编码的操纵装置只有在采光照明较好的条件下才能有效地分辨，同时，色彩种类多了也会增加分辨的难度，所以其使用范围受到一定的限制，一般仅限于红、橙、黄、绿、蓝5种色彩。但是，如果将色彩编码与其他方式编码组合使用，则效果更佳。

（5）符号编码　利用操纵装置上标注的文字符号来区分操纵装置，称为符号编码。通常，当操纵装置数量很多，上述其他方式编码又难以区分时，可在操纵装置上刻上适当的符号，或标上简单的文字以增加分辨效果。但使用的文字符号应力求简单、达意，而且最好是使用手的触觉可分辨的符号。

2. 操纵装置的选择

操纵装置的选择应考虑两种因素，一种是人的操纵能力，如动作速度、肌力大小、连续工作的能力等；另一种是操纵装置本身，如操纵装置的功能、形状、布置、运动状态及经济因素等。按人机工程学原则来选择操纵装置，就是要使这两种因素协调，达到最佳的工作效率。

此处只介绍操纵装置的有关选择依据，见表6-15～表6-17，以供合理选择操纵装置时参考。

表6-15　一些操纵装置的最大允许用力

操纵装置所允许的最大用力			平稳转动操纵装置的最大用力	
操纵装置的形式		允许的最大用力/N	转动部位和特征	最大用力/N
按钮	轻型	5	用手操纵的转动机构	<10
	重型	30		
转换开关	轻型	4.5	用手和前臂操纵的转动机构	23～40
	重型	20		
操纵杆	前后动作	150	用手和臂操纵的转动机构	80～100
	左右动作	130		
脚踏按钮		20～90	用手的最高速度旋转的机构	9～23
手轮和方向盘		150	要求精度高时的转动操纵装置	23～25

表6-16　各种操纵装置之间的距离　　　mm

把手和摇柄之间的距离	180
单手快速连续动作手柄之间的最远距离	150
周期使用的选择性按钮之间的边距	50

交错排列的连续使用的按钮之间的边距	15
连续使用的转换开关（或拨动开关）柄之间的距离	25
周期使用的转换开关（或拨动开关）柄之间的距离	50
多人同时使用的两邻近转换开关间的距离	75
离单一工作的瞬间转换开关之间邻近边的距离	25
手柄之间的最近边距	75
机床边缘上手柄之间的距离	300

表 6-17　各种不同工作情况下建议使用的操纵装置

工作情况		建议使用的操纵装置
操纵力较小情况	2 个分开的装置	按钮、踏钮、拨动开关、摇动开关
	4 个分开的装置	按钮、拨动开关、旋钮选择开关
	4～24 个分开的装置	同心多层旋钮、键盘、拨动开关、旋转选择开关
	25 个以上分开的装置	键盘
	小区域的连续装置	旋钮
	较大区域的连续装置	曲柄
操纵力较大情况	2 个分开的装置	扳手、杠杆、大按钮、踏钮
	3～24 个分开的装置	扳手、杠杆
	小区域的连续性装置	手轮、踏板、杠杆
	大区域的连续性装置	大曲柄

第7章 人的工作系统设计

人的工作系统设计是指操作者能够安全、高效、舒适、健康地进行操作活动的总称。人的工作系统设计通常包括作业岗位设计、作业空间设计、工作台设计、工作座椅设计以及在工作系统中常使用的手握式工具设计等内容。

7.1 作业岗位设计

7.1.1 作业岗位的分类和特征

作业岗位按人作业时的姿势分为坐姿作业岗位，立姿作业岗位和坐、立姿交替作业岗位三类。在人机系统设计时选择哪一类作业岗位，必须依据工作任务的性质来考虑。工业生产中常用的联合作业所推荐的最适用的方案见图7-1。

参数	重载和/或力量	间歇工作	扩大作业范围	不同作业	不同表面高度	重复移动	视觉注意	精密操作	延续时间>4 h
重载和/或力量		ST	ST	ST	ST	S/ST	S/ST	S/ST	ST/C
间歇工作			ST	ST	ST	S/ST	S/ST	S/ST	S/ST
扩大作业范围				ST	ST	S/ST	S/ST	S/ST	ST/C
不同作业					ST	S/ST	S/ST	S/ST	ST/C
不同表面高度						S	S	S	S
重复移动							S	S	S
视觉注意								S	S
精密操作									S
延续时间>4 h									

图 7-1 推荐的作业岗位选择依据

S=坐姿；ST=立姿；S/ST=坐或立姿；ST/C=立姿，备有座椅

1. 坐姿作业岗位

坐姿作业岗位是为从事轻作业、中作业且不要求作业者在作业过程中走动的工作而组织的。当具有下述基本特征时，宜选择坐姿作业岗位。

① 在坐姿操作范围内，短时作业周期需要的工具、材料、配件等都易于拿取或移动。

② 不需用手搬移物品的平均高度超过工作面以上 15 cm 的作业。

③ 不需作业者施用较大力量，如搬动重物不得超过 4.5 kg，否则，应采用机械助力装置。

④ 在上班的绝大多数时间内从事精密装配或书写等作业。

2. 立姿作业岗位

立姿作业岗位是为从事中作业、重作业以及坐姿作业岗位的设计参数和工作区域受到限制的情况下而组织的。因而下列基本特征是选用立姿作业岗位的依据。

① 当其作业空间不具备坐姿岗位操作所需的容膝空间时。

② 在作业过程中，常需搬移质量超过 4.5 kg 的物料时。

③ 作业者经常需要在其前方的高、低或延伸的可及范围内进行操作。

④ 要求操作位置是分开的，并需要作业者在不同的作业岗位之间经常走动。

⑤ 需作业者完成向下方施力的作业，如包装或装箱作业等。

3. 坐、立姿交替作业岗位

因工作任务的性质，要求操作者在作业过程中采用不同的作业姿势来完成，而只有不同的作业岗位才能满足作业者采用不同作业姿势的要求，为此情况而组织的作业岗位称为坐、立姿交替作业岗位。具有下列特点时，建议采用坐、立姿交替作业岗位。

① 经常需要完成前伸超过 41 cm 或高于工作面 15 cm 的重复操作。如果不考虑人体可及范围和静负荷疲劳的特点，可取坐姿作业岗位；但考虑人的特点，应选择坐、立姿交替作业岗位。

② 对于复合作业，有的最好取坐姿操作，有的则适宜立姿操作，从优化人机系统来考虑，应取坐、立姿交替作业岗位。

7.1.2 作业岗位的设计要求和原则

1. 设计要求

① 作业岗位的布局，应保证作业者在上肢活动所能达到的区域内完成各项操作，并应考虑下肢的舒适活动空间。

② 设计作业岗位时，应考虑操作动作的频繁程度，此处对动作频率程度的划分是：每分钟完成 2 次或 2 次以上的操作动作为很频繁；每分钟完成的操作动作少于 2 次，而每小时完成 2 次或 2 次以上时为频繁；而每小时完成的操作动作少于 2 次的为不频繁。

③ 设计作业岗位时，还应考虑作业者的群体，如全部为男性或女性，应选用两种不同性别各自的人体测量尺寸；如果作业岗位是男性和女性共同使用，则应考虑男性和女性人体测量尺寸的综合指标。

2. 设计原则

① 设计作业岗位时，必须考虑作业者动作的习惯性、同时性、对称性、节奏性、规律性等生理特点，以及动作经济性原则。

② 作业岗位的各组成部分，如座椅、工具、显示器、操纵器及其他辅助设施的设计，均应符合工作特点及人机工程学要求。

③ 在作业岗位上不允许有与作业岗位结构组成无关的物体存在。

④ 作业岗位的设计还应符合 GB 5083—2023 等有关标准和劳动安全规程要求。

7.1.3 手工作业岗位的类型

在工业生产中，以手工操作为主的生产岗位称为手工作业岗位。按工作任务的性质，也分为三种类型。GB 14776—1993 中对三种类型的手工作业岗位的设计提供了有关的基本原则和确定尺寸的基本方法。

1. 坐姿手工作业岗位

图 7-2（a）、（b）分别为坐姿手工作业岗位的侧视图和俯视图，图中标注的代号为设计时需确定的与作业有关和与人体有关的尺寸。

2. 立姿手工作业岗位

图 7-3 为立姿手工作业岗位的侧视图，其俯视图同图 7-2（b）。图中代号含义同图 7-2。

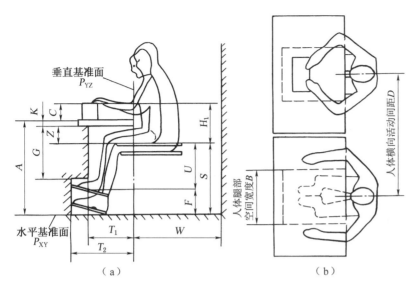

图 7-2　坐姿手工作业岗位

(a) 侧视图；(b) 俯视图

3. 坐、立姿交替手工作业岗位

坐、立姿交替手工作业岗位侧视图见图 7-4，其俯视图见图 7-2 (b)。图中代号含义同表 7-2。

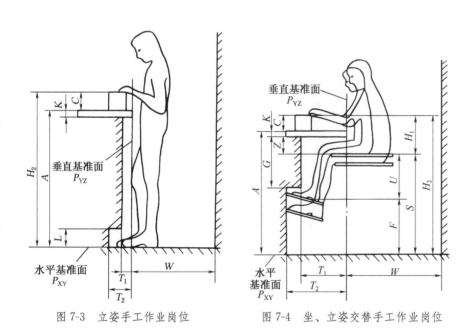

图 7-3　立姿手工作业岗位　　　　图 7-4　坐、立姿交替手工作业岗位

7.1.4　手工作业岗位尺寸设计

根据与作业相关的程度，三种手工作业岗位中的尺寸均分为与作业有关和与人体有关两类。下面分别介绍两类尺寸确定方法。

1. 与人体有关的作业岗位尺寸

由国家标准中与作业者人体有关部位第 5 或第 95 百分位数值推导出与人体有关的岗位尺寸，列于表 7-1。

表 7-1　与人体有关的作业岗位尺寸　　　　　　　　mm

尺寸符号	坐姿工作岗位	立姿工作岗位	坐、立姿工作岗位
横向活动间距 D	$\geqslant 1\ 000$		
向后活动间距 W	$\geqslant 1\ 000$		
腿部空间进深 T_1	$\geqslant 330$	$\geqslant 80$	$\geqslant 330$
脚空间进深 T_2	$\geqslant 530$	$\geqslant 150$	$\geqslant 530$
坐姿腿空间高度 G	$\leqslant 340$	—	$\leqslant 340$
立姿脚空间高度 L	—	$\geqslant 120$	—
腿部空间宽度 B	$\geqslant 480$	—	$480 \leqslant B \leqslant 800$
			$700 \leqslant B \leqslant 800$

2. 与作业有关的作业岗位尺寸

① 作业面高度 C，通常依据作业对象、工作面上相关配置件尺寸确定；对较大的或形状复杂的加工对象，则以加工对象方位处于满足最佳加工条件状态下确定。

② 工作台面厚度 K，在设计时应满足下式关系：

$$K = A - S_{5\%} - Z_{5\%}, \quad K = A - S_{95\%} - Z_{95\%} \tag{7-1}$$

式中，$S_{5\%}$、$S_{95\%}$ 为第 5 和第 95 百分位数人体座位面高度；$Z_{5\%}$、$Z_{95\%}$ 为第 5 和第 95 百分位数人体大腿空间高度。

③ 坐姿岗位相对高度 H_1 和立姿岗位高度 H_2，可根据作业中使用视力和臂力情况，分为三类来确定。其中，Ⅰ类为以视力为主的手工精细作业；Ⅱ类为使用臂力为主，对视力有一般要求的作业；Ⅲ类为兼顾视力和臂力的作业。各类作业的举例及其相应的 H_1、H_2 尺寸见表 7-2。

表 7-2　坐姿作业岗位相对高度和立姿岗位工作高度　　　　　　　　mm

类别	举例	坐姿岗位相对高度 H_1				立姿岗位高度 H_2			
		P_5		P_{95}		P_5		P_{95}	
		女（W）	男（M）	女（W）	男（M）	女（W）	男（M）	女（W）	男（M）
Ⅰ	调整作业 检验工作 精密元件装配	400	450	500	550	1 050	1 150	1 200	1 300
Ⅱ	分拣作业 包装作业 体力消耗大的重大工件组装	250		350		850	950	1 000	1 050
Ⅲ	布线作业 体力消耗小的小零件组装	300	350	400	450	950	1 050	1 100	1 200

④ 工作平面高度 A 的最小限值，对图 7-2 所示的坐姿作业岗位，可用下式确定：

$$A \geqslant H_1 + S - C \qquad (7-2)$$

或

$$A \geqslant H_1 + U + F - C \qquad (7-3)$$

对图 7-3 所示的立姿手工作业岗位，则由下式确定：

$$A \geqslant H_2 - C \qquad (7-4)$$

⑤ 座位面高度 S 的调整范围计算式如下：

$$S_{95\%} - S_{5\%} = H_{1(5\%)} - H_{1(95\%)} \qquad (7-5)$$

⑥ 脚支撑高度 F 的调整范围计算式为：

$$F_{5\%} - F_{95\%} = S_{5\%} - S_{95\%} + U_{95\%} - U_{5\%} \qquad (7-6)$$

⑦ 大腿空间高度 Z 和小腿空间高度 U 的最小限值见表 7-3。

表 7-3　大腿和小腿空间高度最小限值　　　　　　　　mm

尺寸符号	P_5		P_{95}	
	女性	男性	女性	男性
Z	135	135	175	175
U	375	415	435	480

3. 与性别有关的作业岗位尺寸

在作业岗位尺寸设计中，除了上述两类尺寸外，还会遇到与作业人员性别有关的尺寸，例如，在生产流水线工作平面高度 A 必须统一的情况下，工作高度 H_2 应按作业人员性别异同分两种情况确定：

① 当作业人员性别一致时，即全部为男性或全部为女性，此情况下工作高度 H_2 计算式为：

$$H_2 = [H_{2(5\%)} + H_{2(95\%)}]/2 \qquad (7-7)$$

式中，$H_{2(5\%)}$、$H_{2(95\%)}$ 为某类别作业的男性或女性第 5 和第 95 百分位数立姿岗位高度。

② 当作业人员性别不一致时，工作岗位高度 H_2 按下式确定：

$$H_2 = [H_{2(w, 95\%)} + H_{2(M, 5\%)}]/2 \qquad (7-8)$$

式中，$H_{2(w,95\%)}$ 为某类别作业的女性作业者第 95 百分位数立姿岗位高度；$H_{2(M,5\%)}$ 为某类别作业的男性作业者第 5 百分位数立姿岗位高度。

以上两式中有关数据的选择见表 7-2。

7.1.5　视觉信息作业岗位设计

视觉信息作业是以处理视觉信息为主的作业，如控制室作业、办公室作业、目视检验作业以及视觉显示终端作业等。随着现代生产自动控制技术、通信技术、计算机技术等学科的飞速发展，各种系统的计算机通信网络的建立，正在改变着人们作业岗位的面貌。因此，视觉信息作业岗位将逐渐成为当代人重要的劳动岗位。其中，视觉显示终端作业岗位更具有代表性。

1. 视觉显示终端作业岗位的人机界面

视觉显示终端作业岗位的人机界面关系可用图 7-5 来加以说明。由于这类作业岗位大多采用坐姿岗位，因而其人机界面关系主要存在于图中箭头所指示的四处，即该类岗位设计要点。

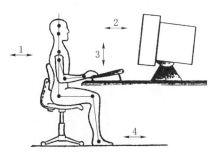

图 7-5　视觉显示终端作业岗位的人机界面关系

1) 人-椅界面

在人-椅界面上，首先要求作业者保持正确坐姿，正确坐姿为：头部不过分弯曲，颈部向内弯曲；胸部的脊柱向外弯曲；上臂和下臂之间约成90°角，而上臂近乎垂直；腰部的脊柱向内弯曲；大腿下侧不受压迫；脚平放在地板或脚踏板上。

组成良好人-椅界面的另一要求是，采用适当尺寸、结构和可以调节的座椅，当调节座椅高度时，作业者坐下后，使脚能平放在地板或脚踏板上；调节座椅靠背，使其正好处于腰部的凹处，如此由座椅提供的符合人体解剖学的支撑作用，而使作业者保持正确坐姿。

2) 眼-视屏界面

在眼-视屏界面上，首先要求满足人的视觉特点，即从人体轴线至视屏中心的最大阅读距离为710～760 mm，以保护人眼不受电子射线伤害；俯首最大角度不超过15°，以防止疲劳；视屏的最大视角为40°，以保持一般不转动头部。

眼-视屏界面的另一要求是，选用可旋转和可移动的显示器，建议显示器可调高度约为180 mm，显示器可调角度为−5°～+15°，以减少反光作用；如设置固定显示器，其上限高度与水平视线平齐，以避免头部上转。

3) 手-键盘界面

在手-键盘界面上，要求上臂从肩关节自然下垂，上臂与前臂的最适宜的角度为70°～90°，以保证肘关节受力而不是上臂肌肉受力；还应保持手和前臂呈一直线，腕部向上不得超过20°。

在手-键盘界面设计时，为适应所有成年人的使用，可选择高度固定的工作台，但应选择高度可调的平板以放置键盘。键盘在平板上可前后移动，其倾斜度在5°～15°范围内可调。在腕关节和键盘间应留有100 mm左右的手腕休息区；对连续作业时间较长的文字、数据输入作业，手基本不离键盘，可设置一舒适的腕垫，以避免作业者引起手腕疲劳综合征。

4) 脚-地板界面

脚-地板界面对坐姿视觉显示作业岗位也是一个重要的人-机界面，如果台、椅、地三者之间高差不合适，则有可能形成作业者脚不着地，从而引起下肢静态负荷；也有可能形成大腿上抬，而引起大腿受到工作台面下部的压迫。这两种由不良设计引起的后果，都将影响作业人员的舒适性和安全性。

2. 视觉信息作业岗位设计

视觉显示终端作业岗位在各种视觉信息作业岗位设计中最具典型性，对其人-机界面关系的分析方法也适用于类似的视觉信息作业岗位的分析，故不一一列举。下面提供几种视觉信息作业岗位的人体尺寸，虽图中数据不是来源于有关标准，但其设计原则值得参考。

① 视觉显示终端作业岗位的人体尺寸见图7-6。该图是通过前述的人-机界面关系分析后，将各关键尺寸具体化的结果。

② 视觉信息岗位设计要点见图7-7，具体要点见图下说明。依据图中要点设计完成的效果图见图7-8。

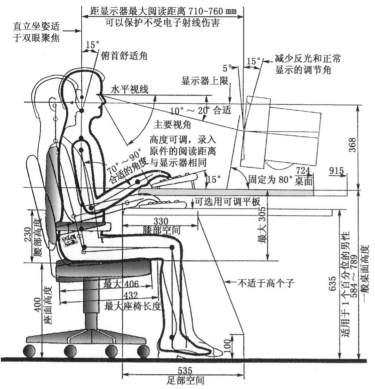

图 7-6 视觉显示终端作业岗位的人体尺寸

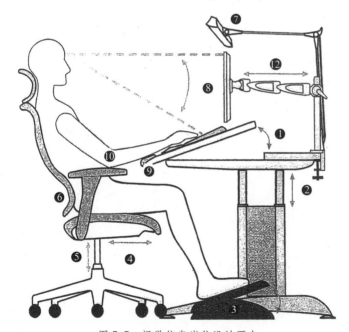

图 7-7 视觉信息岗位设计要点

❶—桌面可倾斜；❷—桌高可调整；❸—可调式脚踏垫；❹—椅座深度可调整；
❺—椅座高度可升降；❻—腰部有支撑；❼—灯具照域广，光线柔和，省电节能；
❽—屏幕配合视线调整高度；❾—键盘腕垫支撑手腕；❿—扶手提供肘部支撑；
⓫—头枕支撑颈部；⓬—屏幕视距可做调整

图 7-8　视觉信息岗位设计效果图

③ 随着现代信息技术的发展，采用视觉信息作业岗位越来越多。因此，重视以人为本的设计思想，依据人机工程学原理进行设计显得更为重要。图 7-9 是一例最人性化的视觉信息作业岗位设计，展示了作业者最适宜的工作姿势和工作空间。图中标明了该例设计的总体原则，极具参考价值。

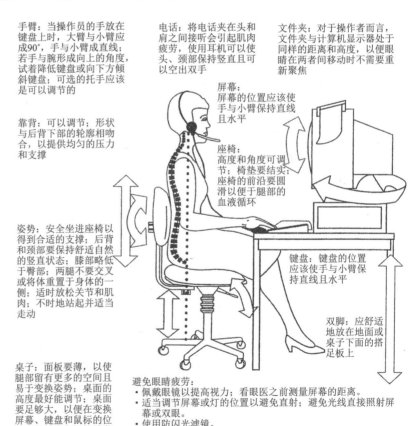

手臂：当操作员的手放在键盘上时，大臂与小臂应成90°，手与小臂成直线；若手与腕形成向上的角度，试着降低键盘或向下方倾斜键盘；可选的托手应该是可以调节的

靠背：可以调节；形状与后背下部的轮廓相吻合，以提供均匀的压力和支撑

姿势：安全坐进座椅以得到合适的支撑；后背和颈部要保持舒适自然的竖直状态；膝部略低于臀部，两腿不要交叉或将体重置于身体的一侧；适时放松关节和肌肉；不时地站起并适当走动

桌子：面板要薄，以使腿部留有更多的空间且易于变换姿势；桌面的高度最好能调节；桌面要足够大，以便在变换屏幕、键盘和鼠标的位置时仍然有空间摆放书、文件、电话等

电话：将电话夹在头和肩之间接听会引起肌肉疲劳，使用耳机可以使头、颈部保持竖直且可以空出双手

屏幕：屏幕的位置应该使手与小臂保持直线且水平

座椅：高度和角度可调节；椅垫要结实；座椅的前沿要圆滑以便于腿部的血液循环

文件夹：对于操作者而言，文件夹与计算机显示器处于同样的距离和高度，以便眼睛在两者间移动时不需要重新聚焦

键盘：键盘的位置应该使手与小臂保持直线且水平

双脚：应舒适地放在地面或桌子下面的搭足板上

避免眼睛疲劳：
· 佩戴眼镜以提高视力；看眼医之前测量屏幕的距离。
· 适当调节屏幕或灯的位置以避免直射；避免光线直接照射屏幕或双眼。
· 使用防闪光滤镜。
· 不时地遥看远方以放松双眼

图 7-9　最人性化的视觉信息作业岗位设计

7.2 作业空间设计

7.2.1 作业空间的人体尺度

要设计一个合适的作业空间，不仅需考虑元件布置的造型与形式，还要顾及操作者的舒适性与安全性；便于使用，避免差错，提高效率；控制与显示的安排要做到既紧凑，又可区分；四肢分担的作业要均衡，避免身体局部超负荷作业；作业者身材的大小；等等因素。从人机工程学的角度来看，一个理想的设计只能是考虑各方面的因素折中所得，其结果对每个单项而言，可能不是最优的，但应最大限度地减少作业者的不便与不适，使得作业者能方便而迅速完成作业。显然，作业空间设计应以"人"为中心，以人体尺度为重要设计基准。

近身作业空间即指作业者操作时，四肢所及范围的静态尺寸和动态尺寸。近身作业空间的尺寸是作业空间设计与布置的主要依据。它主要受功能性臂长的约束，而臂长的功能尺寸又由作业方位及作业性质决定。此外，近身作业空间还受衣着影响。

1. 坐姿近身作业空间

坐姿作业通常在作业面以上进行，其作业范围为一个三维空间。随作业面高度、手偏离身体中线的距离及手举高度的不同，其舒适的作业范围也在发生变化。

若以手处于身体中线处考虑，直臂作业区域由两个因素决定：肩关节转轴高度及该转轴到手心（抓握）距离（若为接触式操作，则到指尖）。图 7-10 为第 5 百分位的人体坐姿抓握尺度范围，以肩关节为圆心的直臂抓握空间半径：男性为 65 cm，女性为 58 cm。

2. 站姿近身作业空间

站姿作业一般允许作业者自由地移动身体，但其作业空间仍需受到一定的限制。例如，应避免伸臂过长的抓握、蹲身或屈曲、身体扭转及头部处于不自然的位置等。图 7-11 为站姿单臂作业的近身作业空间，以第 5 百分位的男性为基准，当物体处于地面以上 110～165 cm 高度，并且在身体中心左右 46 cm 范围内时，大部分人可以在直立状态下达到身体前侧 46 cm 的舒适范围（手臂处于身体中心线处操作），最大可及区弧半径为 54 cm。

3. 脚作业空间

与手操作相比，脚操作力大，但精确度差，且活动范围较小，一般脚操作限于踏板类装置。正常的脚作业空间位于身体前侧、座高以下的区域，其舒适的作业空间取决于身体尺寸与动作的性质。图 7-12 为脚偏离身体中线左右 15°范围内作业空间的示意，深影区为脚的灵敏作业空间，而其余区域需要大腿、小腿有较大的动作，故不适于布置常用的操作元件。

4. 水平作业面

水平作业面主要在坐姿作业或坐/站姿作业场合采用，它必须位于作业者舒适的手工作业空间范围内（图 7-13）。对于正常作业区域，作业者应能在小臂正常放置而上臂处于自然悬垂状态下舒适地操作；对最大作业区域，应使在臂部伸展状态下能够操作，且这种作业状态不宜持续很久。

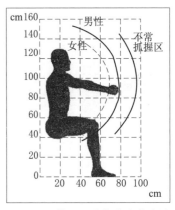

图 7-10 第 5 百分位的人体坐姿抓握尺度范围

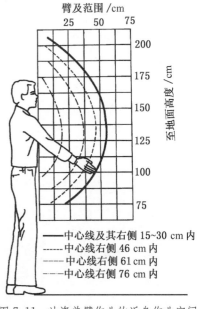

图 7-11 站姿单臂作业的近身作业空间

作业时，由于肘部也在移动，小臂的运动与之相关联。考虑到这一点，则水平作业区域小于上述范围，如图7-13中粗实线所示。在此水平作业范围内，小臂前伸较小，从而能使肘关节处受力减小。因此考虑臂部运动相关性，确定的作业范围更为合适。

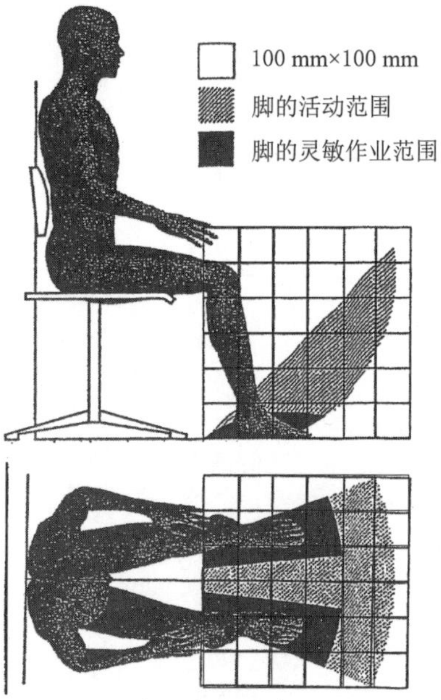

办公室工作通常在水平台面上进行，如阅读、写作。但有研究发现，适度倾斜的台面更适合于这类作业，实际设计中也已有采用斜作业面的例子。当台面倾斜（12°和24°）时，人的姿势较自然，躯干的移动幅度小，与水平作业面相比，疲劳与不适感会减小。绘图桌桌面一般是倾斜的，如果桌面水平或位置太低，因头部倾角不能超过30°，绘图者就必须身体前屈。为了适应不同的使用者，绘图桌桌面应设计成可调式：高度为66～133 cm（以适应从坐姿到站姿的需要），角度为0°～75°。

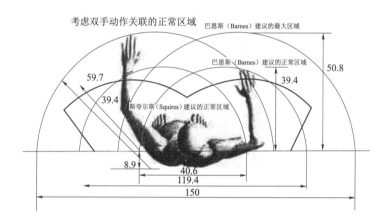

图 7-13　水平作业面的正常尺寸和最大尺寸(cm)

5. 作业面高度

进行作业场所设计时，作业面高度是必须选择的要素之一。作业面如果太低，则背部过分前屈；如果太高，则必须抬高肩部，超过其松弛位置，引起肩部和颈部的不适。作业面高度的确定应遵从下列原则：

① 如果作业面高度可调节，则必须将高度调节至适合操作者身体尺度及个人喜好的位置。

② 应使臂部自然下垂，处于合适的放松状态，小臂一般应接近水平状态或略下斜；任何场合都不应使小臂上举过久。

③ 不应使脊椎过度屈曲。

④ 若在同一作业面内完成不同性质的作业，则作业面高度应可调节。

对于坐姿作业，一般地，作业面高度应在肘部以下5～10 cm。对于特定的坐姿作业，其作业面高度取决于作业的性质、个人的喜好、座椅高度、作业面厚度、操作者大腿的厚度等。表7-4为坐姿作业面高度推荐值，适用于身材较高地区。对于写字或轻型装配，其作业面高度为正常位置；重荷作业面高度低是为了臂部易于施力，且避免手部负重；对于精细的坐姿作业，较高的作业面使得眼睛接近作业对象，便于观察。

图 7-12　脚偏离身体中线左右15°范围内的作业空间示意

100 mm×100 mm
脚的活动范围
脚的灵敏作业范围

表 7-4　坐姿作业面高度推荐值　　　　　　　　　　　cm

作业类型	男性	女性
精细作业（如钟表装配）	99～105	89～95
较精密作业（如机械装配）	89～94	82～87
写字或轻型装配	74～78	70～75
重荷作业	69～72	66～70

对于站姿作业，其作业面高度的设计要素与坐姿相似，即肘高（此时应从地板面算起）和作业类型的基本原则与坐姿作业面相同。图 7-14 为三种不同作业面的推荐高度，图中零位线为肘高，我国男性肘高均值为 102 cm，女性为 96 cm。图 7-15 为轻荷作业面高度随身高不同而调节的情况，可作为设计可调作业台的依据。

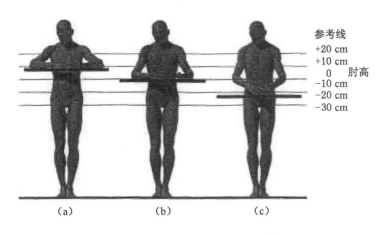

图 7-14　三种不同作业面的推荐高度
(a) 精密作业；(b) 一般作业；(c) 重荷作业

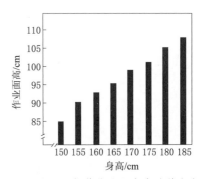

图 7-15　轻荷作业面高度随着身高
不同而调节的情况

为使操作者能变换姿势，以消除局部疲劳或利于操作，有时采用坐/站姿交替式作业。在这种情况下，作业面高度的设计应保持上臂处于自然松弛状态，椅子与踏板应便于变换姿势。因此，交替式作业面并不是单纯地提高坐姿作业面高度，而且必须考虑作业的性质与变换的频率。

7.2.2　受限作业空间的人体尺度

作业者有时必须在限定的空间中进行作业，有时还需要通过某种狭小的通道。虽然这类空间大小受到限制，但在设计时，还必须使作业者能在其中进行作业或经过通道。为此，应根据作业特点和人体尺寸确定受限作业空间的最低尺寸要求。为防止受限作业空间设计过小，其尺寸应以第 95 百分位数或更高百分位数人体测量数值为依据，并应考虑冬季穿着厚棉衣等服装进行操作的要求。

图 7-16 为几种受限作业空间尺度，图中代号所表示的尺寸见表 7-5。图 7-17 为几种常见通道的空间尺度，图中代号所表示的尺寸见表 7-6。

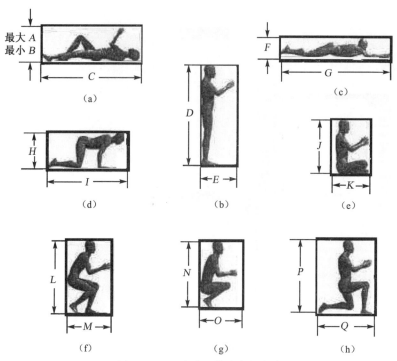

图 7-16　几种受限作业空间尺度

表 7-5　受限作业空间尺寸 mm

代号	A	B	C	D	E	F	G	H	I	J	K	L	M	N	O	P	Q
高身材男性	640	430	1 980	1 980	690	510	2 440	740	1 520	1 000	690	1 450	1 020	1 220	790	1 450	1 220
中身材男性及高身材女性	640	420	1 830	1 830	690	450	2 290	710	1 420	980	690	1 350	910	1 170	790	1 350	1 120

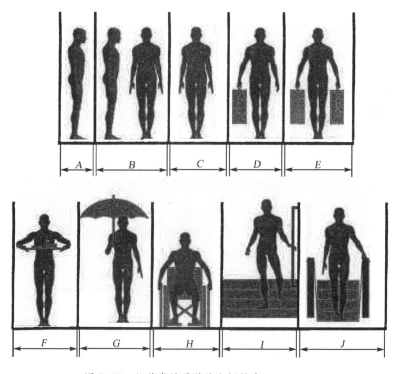

图 7-17　几种常见通道的空间尺度

表 7-6　通道的空间尺寸　　　　　　　　　　　　　　　　　　　　　　　　mm

代号	A	B	C	D	E	F	G	H	I	J
静态尺寸	300	900	530	710	910	910	1 120	760	单向 760	610
动态尺寸	510	1 190	660	810	1 020	1 020	1 220	910	双向 1 220	1 020

　　许多维修空间都是受限作业空间,在确定维修空间尺寸时,应考虑人的肢体尺寸、维修作业姿势、零件最大尺寸、标准维修工具尺寸以及维修时是否需要目视等因素。表 7-7 是由上肢和零件尺寸限定的维修空间,表 7-8 是由标准工具尺寸和使用方法限定的维修空间。

表 7-7　由上肢和零件尺寸限定的维修空间

开口部尺寸	尺寸/mm		开口部尺寸	尺寸/mm	
	A	B		A	B
	650	630		120	130
	—	200		W+45	130
	125	90		W+75	130
	—	250		W+150	130
	100	50		W+150	130

表 7-8　由标准工具尺寸和使用方法限定的维修空间

开口部尺寸	尺寸/mm		开口部尺寸	尺寸/mm			使用工具
	A	B		A	B	C	
	140	150		135	125	145	可使用螺丝刀等
	175	135		160	215	115	可用扳手从上旋转60°
	200	185		215	165	125	可用扳手从前面旋转60°
	270	205		215	130	115	可使用钳子、剪线钳等
	170	250		305		150	可使用钳子、剪线钳等
	90	90					

7.3　工作台设计

7.3.1　控制台的设计要点

　　控制台的设计,最关键的是控制器与显示器的布置必须位于作业者正常的作业空间范围内。保证作业者能良好地观察必要的显示器,操作所有的控制器,以及为长时间作业提供舒适的作业姿势。控制台有时在操作者前侧上方也有作业区，当然所有这些区域都必须在可视可及区内。因此，控制台设计的主要工作是客观地掌握人体尺度。

1. 控制台作业面

图 7-18 为推荐的控制台作业面布置区域。该图是基于第 2.5 百分位的女性作业者人体测量学数据做出的。根据图中阴影区的形状来设计控制台，可使得操作者具有良好的手-眼配合协调性。

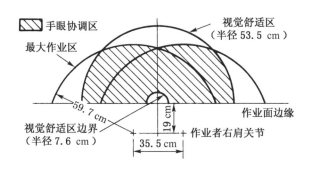

图 7-18 推荐的控制台作业面布置区域

2. 显示器面板形式

控制台显示器面板大多为平坦的矩形。但对于大型控制室内，常将控制台设计成显示-控制分体式，即显示器面板与控制台分开配置。此种类型的控制台，其面板形状应具有灵活性。图 7-19 为各种不同型式的显示器面板，对分体式控制台应采用展开 U 形或半圆形等形式，选型时应充分考虑到操作人员的立体操作范围。

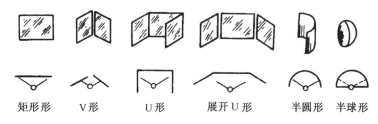

图 7-19 各种不同型式的显示器面板

3. 控制台上方干涉点高度

对于分体式控制台，由于控制台高度方向上的干涉点可能遮挡视线，在显示面板的下方产生死角，在死角部分不能配置仪表，如图 7-20 所示。

在设计时，为保证操作者能方便地观察到显示面板的仪表，控制台上方干涉点的高度 h 可用下式计算：

$$h = \frac{Dk + dH}{D + d} \tag{7-9}$$

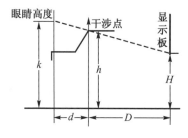

图 7-20 控制台干涉点高度

式中，h 为干涉点高度；k 为操作者眼高；H 为显示面板下端高度；d 为操作者眼点与干涉点的投影距离；D 为干涉点与显示面板的投影距离。

7.3.2 常用控制台设计

1. 坐姿低台式控制台

当操作者坐着监视其前方固定的或移动的目标对象，而又必须根据对象物

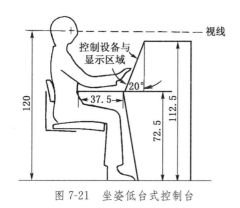

图 7-21　坐姿低台式控制台

的变化观察显示器和操作控制器时，则满足此功能要求的控制台应按图 7-21 所示进行设计。

首先控制台的高度应降到坐姿人体视水平线以下，以保证操作者的视线能达到控制台前方；其次应把所需的显示器、控制器设置在斜度为 20° 的面板上；再根据这两个要点确定控制台其他尺寸。

2. 坐姿高台式控制台

当操作者以坐姿进行操作，而显示器数量又较多时，则设计成高台式控制台。与低台式控制台相比，其最大特点是显示器、控制器分区域配置，见图 7-22。

首先在操作者视水平线以上 10° 至以下 30° 的范围内设置斜度为 10° 的面板，在该面板上配置最重要的显示器；其次，从视水平线以上 10°～45° 范围内设置斜度为 20° 的面板，这一面板上应设置次要的显示器；另外，在视水平线以下 30°～50° 范围内，设置斜度为 35° 的面板，其上布置各种控制器。最后确定控制台其他尺寸。

3. 坐、立姿两用控制台

操作者按照规定的操作内容，有时需要坐着，有时又需要立着进行操作时，则设计成坐、立姿两用控制台。这一类型的控制台除了能满足规定操作内容的要求外，还可以调节操作者单调的操作姿势，有助于延缓人体疲劳和提高工作效率。

坐、立姿两用控制台面板配置如图 7-23 所示。从操作者视水平线以上 10° 到向下 45° 的区域，设置斜度为 60° 的面板，其上配置最重要的显示器和控制器；视水平线向上 10°～30° 区域设置斜度为 10° 的面板，布置次要的显示器。最后，确定控制台其余尺寸。

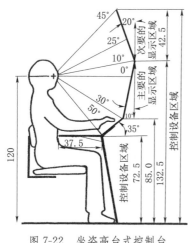

图 7-22　坐姿高台式控制台

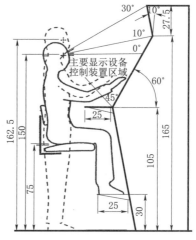

图 7-23　坐、立姿两用控制台面板配置

设计时应注意的是，必须兼顾两种操作姿势时的舒适性和方便性。由于控制台的总体高度是以操作者的立姿人体尺度为依据的，因而当坐姿操作时，应在控制台下方设有踏脚板，这样才能满足较高坐姿操作的要求。

4. 立姿控制台

其配置类似于坐、立姿两用控制台，但在台的下部不设容腿空间和踏脚板，故下部仅设容脚空间或封板垂直。

7.3.3 电子化办公台设计

采用信息处理机、电子计算机、复印机、传真机、视频会议系统等电子设备处理办公室的日常事务，已成为现代化办公室的重要手段。随着现代化办公室内电子设备的更新和完善，逐渐形成电子化办公室。与电子化办公室中电子设备相适的办公家具设计，已显得非常重要。

图 7-24 是电子化办公台布置图。现代电子化办公室内大多数人员是长时间面对显示屏进行工作，因而要求办公台应像控制台一样具有合理的形状和尺寸，以避免工作人员肌肉、颈、背、腕关节疼痛等职业病。

按照人机工程学原理，电子办公台尺寸应符合人体各部位尺寸。图 7-25 是依据人体尺寸确定的电子化办公台主要尺寸，该设计所依据的人体尺寸是从大量调查资料获得的平均值。

1. 电子化办公台可调设计

由于实际上并不存在符合平均值尺寸的人，即使身高和体重完全相同的人，其各部位的尺寸也有出入，因此，在电子化办公台按人体尺寸平均值设计的情况下，必须给予可调节的尺寸范围，如图 7-25 下部三个高度尺寸范围和座椅靠背调节范围等。

图 7-24　电子化办公台布置图

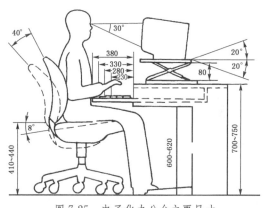

图 7-25　电子化办公台主要尺寸

电子化办公台的调节方式有垂直方向的高低调节、水平方向的台面调节以及台面的倾角调节等，如图 7-26（a）、（b）所示。国外电子化办公台使用实践证明，采用可调节尺寸和位置的电子化办公台，可大大提高舒适程度和工作效率。

长时间保持一种坐姿会造成操作者身体的局部压力积累和静肌疲劳，所以为操作者提供随时方便改变坐姿的可能，对减轻长时间计算机使用者的疲劳大有益处。最好能使操作者后倾 15°，而键盘、鼠标和显示器的高度和倾角能随之变化。

(a)   (b)

图 7-26　可变换姿势的计算机台效果图

2. 电子化办公台组合设计

采用现代办公设备和办公家具，即意味着办公室内部的重新布置，因而要求办公室隔断、办公单元系列化、办公台易于拆装、变动灵活等特点。为适应这些要求，电子化办公台大多设计成拆装灵活方便的组合式。图 7-27 所示分别为二位、三位和四位办公台组合设计示意和布置图。

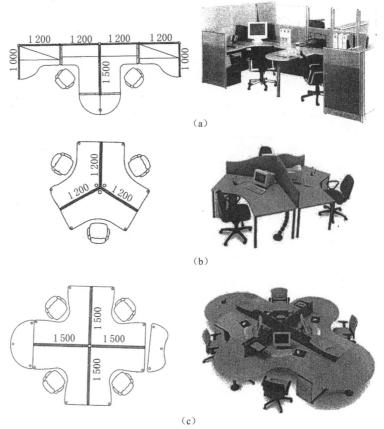

图 7-27　办公台组合设计示意和布置图

7.4　工作座椅设计

坐姿是人体较自然的姿势，它有很多优点。当站立时，人体的足踝、膝部、臀部和脊椎等关节部位受到静肌力作用，以维持直立状态；而坐着时，可免除这些肌力，减少人体能耗，消除疲劳。坐姿比站立更有利于血液循环，站立时，血液和体液会向下肢积蓄；而坐着时，肌肉组织松弛，使腿部血管内血流静压降低，血液流回心脏的阻力也就减少。坐姿还有利于保持身体的稳定，这对精细作业更合适。在脚操作场合，坐姿保持身体处在稳定的姿势，有利于作业，因而坐姿是最常采用的工作姿势。

目前，大多数办公室工作人员、脑力劳动者、部分体力劳动者都采用坐姿工作。随着技术的进步，愈来愈多的体力劳动者也将采取坐姿工作。在工业化国家，2/3 以上是坐姿工作。可以设想，坐姿也将是我国未来劳动者主要的工作姿势。因而工作座椅设计和相关的坐姿分析日益成为人机工程学工作者和设计师们关注的研究课题。

7.4.1　坐姿生理学

1. 脊柱结构

在坐姿状态下，支持人体的主要结构是脊柱、骨盆、腿和脚等。脊柱位于人体背部中线处，由 33 块短圆柱状椎骨组成，包括 7 块颈椎、12 块胸椎、5 块腰椎和下方的 5 块骶骨及 4 块尾骨，相互间由肌腱和软骨连接，见图 7-28。腰椎、骶骨和椎间盘及软组织承受坐姿时上身大部分负荷，还要实现弯腰扭转等动作。对设计而言，这两部分最为重要。

正常的姿势下，脊柱的腰椎部分前凸，而至骶骨时则后凹。在良好的坐姿状态下，压力适当地分布于各椎间盘上，肌肉组织上承受均匀的静负荷。当处于非自然姿势时，椎间盘内压力分布不正常，产生腰部酸痛、疲劳等不适感。

2. 腰曲弧线

从图 7-28 所示的脊柱侧面可看到有四个生理弯曲，即颈曲、胸曲、腰曲及骶曲。其中与坐姿舒适性直接相关的是腰曲。图 7-29 为各种不同姿势下产生的腰曲弧线，人体正常腰曲弧线是松弛状态下侧卧的曲线，如图中曲线 B 所示；躯干挺直坐姿和前弯时的腰弧曲线会使腰椎严重变形，如图中曲线 F 和 G 所示；欲使坐姿能形成几乎正常的腰曲弧线，躯干与大腿之间必须有大于 90°的角度，且在腰部有所支承，如图中曲线 C 所示。可见，保证腰弧曲线的正常形状是获得舒适坐姿的关键。

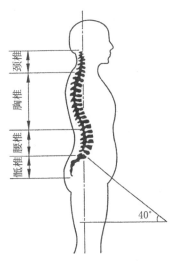

图 7-28　脊柱的形状及组成

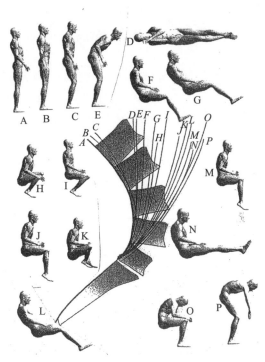

图 7-29　各种不同姿势下产生的腰曲弧线

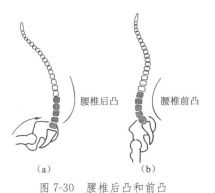

图 7-30　腰椎后凸和前凸

（a）腰椎后凸；（b）腰椎前凸

3. 腰椎后凸和前凸

正常的腰弧曲线是微微前凸。为使坐姿下的腰弧曲线变形最小，座椅应在腰椎部提供所谓两点支承。由于第5、6胸椎高度相当于肩胛骨的高度，肩胛骨面积大，可承受较大压力，所以第一支承应位于第5、6胸椎之间，称其为肩靠。第二支承设置在第4、5腰椎之间的高度上，称其为腰靠，和肩靠一起组成座椅的靠背。无腰靠或腰靠不明显将会使正常的腰椎呈图7-30（a）中的后凸形状。而腰靠过分凸出将使腰椎呈图7-30（b）中的前凸形状。腰椎后凸和过分前凸都是非正常状态，合理的腰靠应该使腰弧曲线处于正常的生理曲线。

7.4.2　坐姿生物力学

1. 肌肉活动度

脊椎骨依靠其附近的肌肉和腱连接，椎骨的定位正是借助于肌腱的作用力。一旦脊椎偏离自然状态，肌腱组织就会受到相互压力（拉或压）的作用，使肌肉活动度增加，导致疲劳酸痛。肌腱组织受力时，产生一种活动电势。根据肌电图记录结果可知，在挺直坐姿下，腰椎部位肌肉活动度高，因为腰椎前向拉直使肌肉组织紧张受力。提供靠背支承腰椎后，活动力则明显减小；当躯干前倾时，背上方和肩部肌肉活动度高，以桌面作为前倾时手臂的支承并不能降低活动度。这些结果与坐姿生理学是相符合的。

2. 体压分布

由人体解剖学可知，人体坐骨粗壮，与其周围的肌肉相比，能承受更大的压力。而大腿底部有大量血管和神经系统，压力过大会影响血液循环和神经传导而感到不适。所以座垫上的压力应按照臀部不同部位承受不同压力的原则来设计，即在坐骨处压力最大，向四周逐渐减小，至大腿部位时压力降至最低值，这是坐垫设计的压力分布不均匀原则。

图 7-31 是较为理想的坐垫体压分布曲线。图中各条曲线为等压力线，所标数字的压力单位为 10^2 Pa。研究结果指出，坐骨处的压力值以 8～15 kPa 为宜，在接触边界处压力降至 2～8 kPa 为宜。

3. 股骨受力分析

如图 7-32 (a) 所示，人体结构在骨盆下面有两块圆骨，称为坐骨结节。坐姿时这两块面积很小的坐骨结节能支承上身的大部分质量。坐骨结节下面的座面呈近似水平时，可使两坐骨结节外侧的股骨处于正常的位置而不受过分的压迫，因而人体感到舒适。

如图 7-32 (b) 所示，当座面呈斗形时，会使股骨向上转动，见图中箭头指向。这种状态除了使股骨处于受压迫位置而承受载荷外，还造成髋部肌肉承受反常压迫，并使肘部和肩部受力，从而引起不舒适感。所以在座椅设计中，斗形座面是应该避免的。

4. 椎间盘受力分析

当坐姿腰弧曲线正常时，椎间盘上受的压力均匀而轻微，几乎无推力作用于韧带，韧带不拉伸，腰部无不舒适感，见图 7-33 (a)。但是，当人体处于前弯坐姿时，椎骨之间的间距发生改变，相邻两椎骨前端间隙缩小，后端间隙增大，见图 7-33 (b)。椎间盘在间隙缩小的前端受推挤和摩擦，迫使它向韧带作用一推力，从而引起腰部不适感，长期累积作用，可造成椎间盘病变。

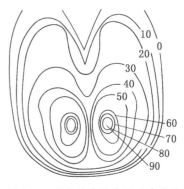

图 7-31　理想的坐垫体压分布曲线

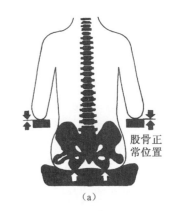

(a)

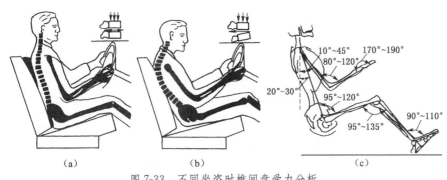

(a)　　　　(b)　　　　(c)

图 7-33　不同坐姿时椎间盘受力分析

综合来看，从坐姿生理学角度，应保证腰弧曲线正常；从坐姿生物力学角度，应保证肢体免受异常力作用。依据两方面的要求，研究了人体作业的舒适坐姿。图 7-33 (c) 是汽车驾驶员舒适驾驶姿势。

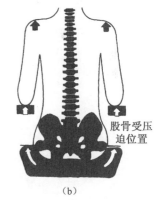

(b)

图 7-32　座面对股骨的影响

7.4.3　办公室工作座椅

图 7-34 为根据日本人体测量数据所设计的办公用座椅原型，从该图可以看出座椅设计基本尺寸的概况。其设计数据是：座面高为 370～400 mm，座面倾角为 2°～5°，上身支撑角约为 110°；工作时以靠背为中心，与一般作业场所座椅最显著的不同之处是，靠背点以上的靠背弯曲圆弧在人体后倾稍事休息时，能起支撑的作用。该类座椅也可作为会议室用椅。

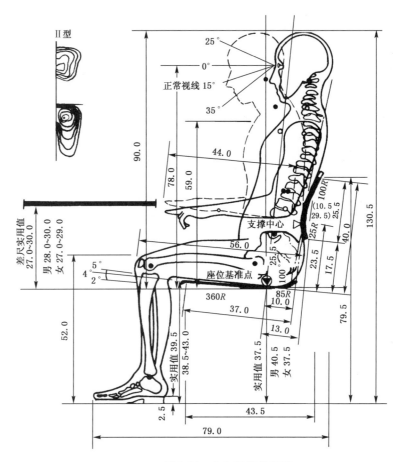

II型

正常视线 15°

25°

0°

35°

支撑中心

座位基准点

图 7-34　办公用座椅原型

图 7-35 是一种按人体工程学原理设计的办公座椅。其特点是：

① 椅高及座深可调整：可配合使用者身高做调整。

② 舒适椅座：椅面材质透气散热，椅座前缘有适合曲度，不妨碍大腿血液循环。

③ 腰部支撑：椅背有与人体背部相近的曲面，腰靠维持腰椎部前凸的自然曲线。

④ 肘部支撑：扶手的高度、前后、角度与宽度可配合使用者做调整。

⑤ 颈部支撑：有可调整的头枕，以支撑颈部。

⑥ 倾仰功能：椅座、椅背同步倾仰，使身体得以舒展，避免姿势僵固。

⑦ 椅脚稳固：椅脚稳固，搭配大型 PU 轮，既保护使用者的安全，也保护地板。

图 7-35　按人体工程学原理设计的
办公座椅

7.5　手握式工具设计

工具是人类四肢的扩展。使用工具使人类增加了动作范围、力度，提高了工作效率。工具的发展过程与人类历史几乎一样悠久。为了适合精密性作业，在人手的解剖学机能及工具的构造方面都进行过大量研究。人们在工作、生活中一刻也缺少不了工具，使用的工具大部分还没有达到最优的形态，其形状与尺寸等因素也并不符合人机工程学原则，很难使人有效并安全地操作。实际上，传统的工具有许多已不能满足现代生产的需要与现代生活的要求。人们在作业或日常生活中长久使用设计不良的手握式工具和设备，造成很多身体不适、损伤与疾患，降低了生产率，甚至使人致残，增加了人们的心理痛苦与医疗负担。因此，工具的适当设计、选择、评价和使用是一项重要的人机工程学内容。

7.5.1　手的解剖及其与工具使用有关的疾患

人手是由骨骼、动脉、神经、韧带和肌腱等组成的复杂结构，见图 7-36。手指由小臂的腕骨伸肌和屈肌控制，这些肌肉由跨过腕道的腱连到手指，而腕道由手背骨和相对的横向腕韧带形成，通过腕道的还有各种动脉和神经。腕骨与小臂上的桡骨及尺骨相连，桡骨连向拇指一侧，而尺骨连向小指一侧。腕关节的构造与定位使其只能在两个面动作，这两个面各成 90°。一个面产生掌侧屈与背侧屈，另一个面产生尺侧偏和桡侧偏，见图 7-37。

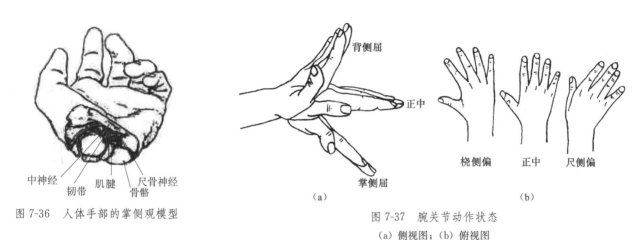

图 7-36　人体手部的掌侧观模型

图 7-37　腕关节动作状态
(a) 侧视图；(b) 俯视图

人手具有极大的灵活性。从抓握动作来看，可分为着力抓握和精确抓握。着力抓握时，抓握轴线和小臂几乎垂直，稍屈的手指与手掌形成夹握，拇指施力。根据力的作用线不同，可分为力与小臂平行（如锯）、与小臂成夹角（如锤击）及扭力（如使用螺丝起子）。精确抓握时，工具由手指和拇指的屈肌夹住。精确抓握一般用于控制性作业（如小刀、铅笔）。操作工具时，动作不应同时具有着力与控制两种性质，因为在着力状态，若让肌肉也起控制作用，则会加速疲劳，降低效率。

使用设计不当的手握式工具会导致多种上肢职业病甚至全身性伤害，这些病症如腱鞘炎、腕道综合征、腱炎、滑囊炎、滑膜炎、痛性腱鞘炎、网球肘和狭窄性腱鞘炎等，一般统称为重复性积累损伤病症。

① 腱鞘炎是由初次使用或过久使用设计不良的工具引起的，在作业训练工人中常会出现。如果工具设计不恰当，引起尺侧偏和腕外转动作，会增加其出现的机会，重复性动作和冲击震动使之加剧。当手腕处于尺侧偏、掌侧屈和腕外转状态时，腕肌腱受弯曲，如时间长，则肌腱及鞘处发炎。

② 腕道综合征是一种由于腕道内正中神经损伤所引起的不适。手腕的过度屈曲或伸展造成腕道内腱鞘发炎、肿大，从而压迫正中神经，使正中神经受损。它表征为手指局部神经功能损伤或丧失，引起麻木、刺痛、无抓握感觉，

肌肉萎缩失去灵活性。其发病率女性是男性的 3～10 倍。因此，工具必须设计适当，避免非顺直的手腕状态。

③ 网球肘（肱骨外踝炎）是一种肘部组织炎症，由手腕的过度桡侧偏引起。尤其是当桡侧偏与掌内转和背侧屈状态同时出现时，肘部桡骨头与肱骨小头之间的压力增加，导致网球肘。

④ 狭窄性腱鞘炎（俗称扳机指）是由手指反复弯曲动作引起的。在类似扳机动作的操作中，食指或其他手指的顶部指骨须克服阻力弯曲，而中部或根部指骨这时还没有弯曲。腱在鞘中滑动进入弯曲状态的位置时，施加的过量力在腱上压出一沟槽。当欲伸直手指时，伸肌不能起作用，而必须向外将它扳直，此时一般会发出响声。为了避免扳机指，应使用拇指或采用指压板控制。

7.5.2 手握式工具设计原则

1. 一般原则

工具必须满足以下基本要求，才能保证使用效率：

① 必须有效地实现预定的功能；

② 必须与操作者身体成适当比例，使操作者发挥最大效率；

③ 必须按照作业者的力度和作业能力设计，所以要适当地考虑到性别、训练程度和身体素质上的差异；

④ 工具要求的作业姿势不能引起过度疲劳。

2. 解剖学因素

（1）避免静肌负荷　当使用工具时，臂部必须上举或长时间抓握，会使肩、臂及手部肌肉承受静负荷，导致疲劳，降低作业效率。如在水平作业面上使用直杆式工具，则必须肩部外展，臂部抬高，因此应对这种工具设计做出修改。在工具的工作部分与把手部分做成弯曲式过渡，可以使手臂自然下垂。例如，传统的烙铁是直杆式的，当在工作台上操作时，如果将被焊物体平放于台面，则手臂必须抬起才能施焊。改进的设计是将烙铁做成弯把式，操作时手臂就可能处于较自然的水平状态，减少了抬臂产生的静肌负荷，见图 7-38。

烙铁　电子接线板

图 7-38　烙铁把手的设计

（2）保持手腕处于顺直状态　手腕顺直操作时，腕关节处于正中的放松状态，但当手腕处于掌侧屈、背侧屈、尺侧偏等别扭的状态时，就会产生腕部酸痛、握力减小，如长时间这样操作，会引起腕道综合征、腱鞘炎等症状。图 7-39 是钢丝钳传统设计与改进设计的比较，传统设计的钢丝钳造成掌侧偏，改良设计使握把弯曲，操作时可以维持手腕的顺直状态，而不必采取尺侧偏的姿势。图7-40为使用这两种钳操作后，患腱鞘炎人数的比较。可见，在传统钳用后第10～12周内，患者显著增加，而改进钳使用者中没有此现象。

一般认为，将工具的把手与工作部分弯曲10°左右，效果最好。弯曲式工具可以降低疲劳，较易操作，对于腕部有损伤者特别有利。图7-41也是把手弯曲式工具设计的例子。

（3）避免掌部组织受压力　操作手握式工具时，有时常要用手施相当的力。如果工具设计不当，会在掌部和手指处造成很大的压力，妨碍血液在尺动脉的循环，引起局部缺血，导致麻木、刺痛感等。好的把手设计应该具有较大的接触面，使压力能分布于较大的手掌面积上，减少应力；或者使压力作用于不太敏感的区域，如拇指与食指之间的虎口位。图7-42就是这类的设计实例。有时，把手上有指槽，但如果没有特殊的作用，最好不留指槽，因为人体尺寸不同，不合适的指槽可能造成某些操作者手指局部的应力集中。

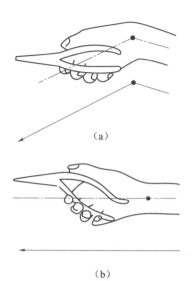

图 7-39　使用传统的和改进的两种
钢丝钳操作时的比较
（a）传统设计；（b）改良设计

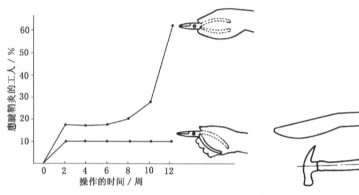

图 7-40　使用不同的钢丝钳后患腱鞘炎病人数比较　　图 7-41　把手弯曲式工具设计

（4）避免手指重复动作　如果反复用食指操作扳机式控制器，就会导致扳机指（狭窄性腱鞘炎），扳机指症状在使用气动工具或触发器式电动工具时常会出现。设计时应尽量避免食指做这类动作，而以拇指或指压板控制代替，如图7-43所示。

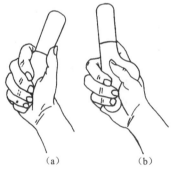

图 7-42　避免掌部压力的把手设计
（a）传统把柄；（b）改良后把柄

3. 把手设计

操作手握式工具，把手当然是最重要的部分，所以有必要单独讨论其设计问题。对于单把手工具，其操作方式是掌面与手指周向抓握，其设计因素包括把手直径、长度、形状、弯角等。

（1）直径　把手直径大小取决于工具的用途与手的尺寸。对于螺丝起子，直径大可以增大扭矩，但直径太大会减小握力，降低灵活性与作业速度，并使指端骨弯曲增加。若长时间操作，则导致指端疲劳。比较合适的直径是：着力抓握30～40 mm，精密抓握8～16 mm。

（2）长度　把手长度主要取决于手掌宽度。掌宽一般为71～97 mm（5%女性至95%男性数据），因此合适的把手长度为100～125 mm。

（3）形状　指把手的截面形状。对于着力抓握，把手与手掌的接触面积越大，则压应力越小，因此圆形截面把手较好。哪一种形状最合适，一般应根据作业性质考虑。为了防止与手掌之间的相对滑动，可以采用三角形或矩形，这

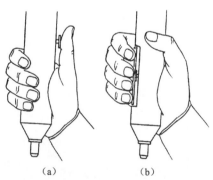

图 7-43　避免单小指（如食指）反复
操作的设计
（a）拇指操作；（b）指压板操作

样也可以增加工具放置时的稳定性。对于螺丝起子，采用丁字形把手，可以使扭矩增大 50％，其最佳直径为 25 mm，斜丁字形的最佳夹角为 60°。

（4）弯角　把手弯曲的角度前面已述，最佳的角度为 10°左右。

（5）双把手工具　双把手工具的主要设计因素是抓握空间。握力和对手指屈腱的压力随抓握物体的尺寸和形状而不同。当抓握空间宽度为 45～80 mm 时，抓力最大。其中若两把手平行时为 45～50 mm，而当把手向内弯时，为 75～80 mm。图 7-44 为抓握空间大小对握力影响的情况。可见，对不同的群体而言，握力大小差异很大。为适应不同的使用者，最大握力应限制在 100 N 左右。

（6）性别差异　从不同性别来看，男女使用工具的能力也有很大的差异。女性约占人群的 48％，其平均手长约比男性短 2 cm，握力值只有男性的 2/3。设计工具时，必须充分考虑这一点。

人类使用手握式工具，其历史长远，但发展极快，至今人们仍在沿用着手握式工具，只是手握式工具的形式、结构与功能已发生巨大变化，过去人们使用的是人力手握式工具，今天人们已用上智能手握式工具，如鼠标、遥控器、数据手套、云自由度控制装置等。图 7-45 是美国微软公司设计的人体工学键盘、鼠标。键盘的按键呈"八"字形排列，并有一定的高低起伏变化。特殊的键面设计让操作者使用键盘打字时可以保持较为舒适的手感，减轻长时间使用键盘造成的疲劳感。

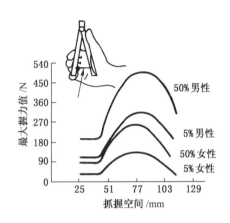

图 7-44　双把手工具抓握空间与握力的关系

图 7-45　微软人体工学键盘、鼠标

第8章 人的可靠性与安全设计

8.1 人的可靠性

8.1.1 人机系统可靠性

人机系统的可靠性由该系统中人的可靠性和机械的可靠性所决定，对人的可靠性很难下定义。在此，暂且定义为"人们正确地从事规定的工作的概率"。

设人的可靠性为R_H，机械的可靠性为R_M，整个系统的可靠性R_S就为

$$R_S = R_H \cdot R_M$$

它们三者的关系可用图 8-1 表示。如果人的可靠性为 0.8，即使机械的可靠性高达 0.95，那么，整个人机系统的可靠性也只有 0.76。如果不断对机械进行技术改进，将可靠性提高到 0.99，系统的可靠性仍然只有 0.79，并没有提高多少。因此，提高人的可靠性成了提高系统可靠性的关键。由于人机系统越来越复杂和庞大，一旦出现人为失误，就会酿成严重事故，因此人们日益关心因人的可靠性低下而引起的事故。

一个设计良好的系统需要考虑的不仅仅是设备本身，还应该包括人这一要素。正如一个系统中的其他部分一样，人的因素并非是完全可靠的，而人的错误可导致系统崩溃。国内外许多安全专家认为，大约 90% 的事故与人的失误有关，而仅有 10% 的事故归咎于不安全的物理、机械条件。

如上所述，事故的主要根源在于人为差错，而人为差错的产生则是由人的不可靠性引起的。本章将通过对人的可靠性、人为差错和人的安全性的分析，找出事故发生的原因，并据此提出防止发生事故的措施。

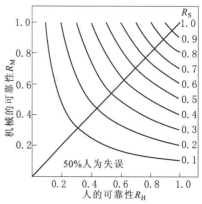

图 8-1 人、机械的可靠性与人机
系统的可靠性

8.1.2 人的可靠性分析

1. 影响人的可靠性的内在因素

人的内在状态可以用意识水平或大脑觉醒水平来衡量。日本的桥本邦卫将人的大脑的觉醒水平分为五个等级，如表 8-1 所示。由表可知，人处于不同觉醒水平时，其行为的可靠性是有很大差别的。人处于睡眠状态时，大脑的觉醒水平极低，不能进行任何作业活动，一切行为都失去了可靠性。处于第Ⅰ等级状态时，大脑活动水平低下，反应迟钝，易于发生人为失误或差错。处于第Ⅱ、Ⅲ等级时，均属于正常状态。等级Ⅱ是意识的松弛阶段，大脑大部分时间处于这一状态，是人进行一般作业时大脑的觉醒状态，并应以此状态为准设计仪表、信息显示装置等。等级Ⅲ是意识的清醒阶段，在此状态下，大脑处理信息的能力、准确决策能力、创造能力都很强，此时，人的可靠性可高达 0.999 999 以上，比等级Ⅰ时高十万倍，因此，重要的决策应在此状态下进行。但Ⅲ类状态不能持续很长的时间。第Ⅳ等级为超常状态，如工厂大型设备发生故障时，操作人员的意识水平处于异常兴奋、紧张状态，此时，人的可靠性明显降低，因此，应预先设定紧急状态时的对策，并尽可能在重要设备上设置自动处理装置。

表 8-1 大脑意识水平的等级划分

等级	意识状态	注意状态	生理状态	工作能力	可靠度
0	无意识，神志丧失	无	睡眠，发呆	无	0
Ⅰ	常态以下，意识模糊	不注意	疲劳，困倦，单调，醉酒（轻度）	低下，易出事故	0.9 以下
Ⅱ	正常意识的松弛阶段	无意注意	休息时，安静时或反射性活动	可进行熟练的、重复性的或常规性的操作	0.99～0.999 9
Ⅲ	正常意识的清醒阶段	有意注意	精力充沛，积极活动状态	有随机处理能力，有准确决策能力	0.999 999 以上
Ⅳ	超常态，极度紧张、兴奋	注意过分集中于某一点	惊慌失措，极度紧张	易出差错，易造成事故	0.9 以下

2. 影响人的可靠性的外部因素

影响人的可靠性的一个极为重要的方面是人所承受的压力。压力是人在某种条件刺激物（机体内部或外部的）的作用下，所产生的生理变化和情绪波动，使人在心理上所体验到的一种压迫感或威胁感。

各方面的研究表明，适度的压力即足以使人保持警觉的压力水平对于提高工作效率，改善人的可靠性是有益的，压力过轻反而会使人精神涣散，缺乏动力和积极性。但是，当人承受过重压力时，发生人为差错的概率比其在适度压力下工作时要高，因为过高的压力会使人理解能力消失，动作的准确性降低，操作的主次发生混乱。

工作中造成人的压力的原因通常有以下四个方面。

（1）工作的负荷 如果工作负荷过重，工作要求超过了人满足这些要求的能力，会给人造成很大的心理压力，而工作负荷过轻，缺乏有意义的刺激，例如不需动脑的工作、重复性的或单调的工作、无法施展个人才华或能力的工作等，同样也会给人造成消极的心理压力。

（2）工作的变动 例如机构的改组、职务的变迁、工作的重新安排等，破坏了人的行为、心理和认识的功能的模式。

（3）工作中的挫折 例如任务不明确、官僚主义造成的困难，职业培训指导不够等，阻碍了人达到预定的目标。

（4）不良的环境 例如噪声太大、光线太强或太暗、气温太高或太低以及不良的人际关系等。

在作业过程中，由于超过操作者的能力限度而给操作者造成的压力以及其他方面给人增加的压力，其表现特征如表 8-2 所示。

表 8-2 给操作人员造成压力的类型

超过操作者能力限度的压力	其他方面的压力
反馈信息不充分，不足以使操作者下决心改正自己的动作	不得不与性格难以捉摸的人一起工作
要求操作者快速比较两个或两个以上的显示结果	不喜欢从事的职业和工作
要求高速同时完成一个以上的控制	在工作中得到晋升的机会很少
要求高速完成操作步骤	负担的工作低于其能力与经验
要求完成一项步骤次序很长的任务	在极紧张的时间限度内工作，或为了在规定时间期限内完成工作，经常加班

超过操作者能力限度的压力	其他方面的压力
要求在极短时间内快速作出决策	沉重的经济负担
要求操作者延长监测时间	家庭不和睦
要求根据不同来源的数据快速作出决策	健康状况不佳
	上级在工作中的过分要求

8.1.3　影响人的操作可靠性的综合因素

影响人的操作可靠性的因素极为复杂，但人为失误总是人的内在状态与外部因素相互作用的结果。影响人的操作可靠性的因素如表 8-3 所示。

表 8-3　影响人的操作可靠性的因素

因素类型		因素
人的因素	心理因素	反应速度、信息接收能力、信息传递能力、记忆、意志、情绪、觉醒程度、注意力、压力、心理疲劳、社会心理、错觉、单调性、反射条件
	生理因素	人体尺度、体力、耐力、视力、听力、运动机能、身体健康状况、疲劳、年龄
	个体因素	文化水平、训练程度、熟练程度、经验、技术能力、应变能力、感觉阈限、责任心、个性、动机、生活条件、家庭关系、文化娱乐、社交、刺激、嗜好
	操作能力	操作难度、操作经验、操作习惯、操作判断、操作能力限度、操作频率和幅度、操作连续性、操作反复性、操作准确性
环境因素	机械因素	机械设备的功能、信息显示、信号强弱、信息识别、显示器与控制器的匹配、控制器的灵敏度、控制器的可操作性、控制器的可调性
	环境因素	环境与作业的适应程度、气温、照明、噪声、振动、粉尘、作业空间
	管理因素	安全法规、操作规程、技术监督、检验、作业目的和作业标准、管理、教育、技术培训、信息传递方式、作业时间安排、人际关系

8.2　人的失误

8.2.1　人的失误行为

人的行为是指人在社会活动、生产劳动和日常生活中所表现的一切动作。人的一切行为都是由人脑神经辐射，产生思想意识并表现于动作。

人的不安全行为则是指造成事故的人的失误（差错）行为。在人机工程领域，对人的不安全行为曾作过大量研究，较新的研究成果提出，人的失误行为的发生过程如图 8-2 所示。

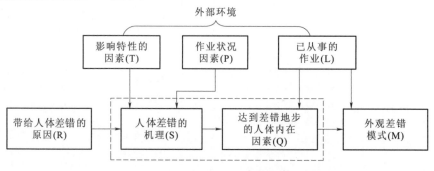

图 8-2　人的失误行为的发生过程

由图 8-2 可知，人的失误行为的发生既有外部环境因素，也有人体内在因素。为了减少系统中人的失误行为的发生，必须对内、外两种因素的相关性进行分析。

8.2.2　人的失误的主要原因

按人机系统形成的阶段，人的失误可能发生在设计、制造、检验、安装、维修和操作等各个阶段。但是，设计不良和操作不当往往是引发人的失误的主要原因，可由表 8-4 加以说明。

在进行人机系统设计时，若设计者对表 8-4 中的"举例"进行仔细分析，可获得有益的启示，使系统优化，将使诱发人的失误行为的外部环境因素得到控制，从而减少人的不安全行为。至于诱发人的失误行为的人体内在因素极为复杂，仅将其主要诱因归纳于表 8-5。

表 8-4　人的失误（差错）行为的外部环境因素

类型	失误	举例	类型	失误	举例
知觉	刺激过大或过小	(1) 感觉通道间的知觉差异； (2) 信息传递率超过通道容量； (3) 信息太复杂； (4) 信号不明确； (5) 信息量太小； (6) 信息反馈失效； (7) 信息的存储和运行类型的差异	信息	按照错误的或不准确的信息操纵机器	(1) 训练： ① 欠缺特殊的训练； ② 训练不良； ③ 再训练不彻底。 (2) 人机工程学手册和操作明细表： ① 操作规定不完整； ② 操作顺序有错误。 (3) 监督方面： ① 忽略监督指示； ② 监督者的指令有误
显示	信息显示设计不良	(1) 操作容量与显示器的排列和位置不一致； (2) 显示器识别性差； (3) 显示器的标准化差； (4) 显示器设计不良： ① 指示方式； ② 指示形式； ③ 编码； ④ 刻度； ⑤ 指针运动。 (5) 打印设备的问题： ① 位置； ② 可读性、判别性； ③ 编码	环境	影响操作机能下降的物理的、化学的空间环境	(1) 影响操作兴趣的环境因素： ① 噪声；② 温度； ③ 湿度；④ 照明； ⑤ 振动；⑥ 加速度。 (2) 作业空间设计不良： ① 操作容量与控制板、控制台的高度、宽度、距离等； ② 座椅设备、脚、腿空间及可动性等； ③ 操纵容量； ④ 机器配置与人的位置可移动性； ⑤ 人员配置过密
控制	控制器设计不良	(1) 操作容量与控制器的排列和位置不一致； (2) 控制器的识别性差； (3) 控制器的标准化差； (4) 控制器设计不良： ① 用法；② 大小； ③ 形状；④ 变位； ⑤ 防护；⑥ 动特性	心理状态	操作者因焦急而产生心理紧张状态	(1) 人处于过分紧张状态； (2) 裕度过小的计划； (3) 过分紧张的应答； (4) 因加班休息不足而引起的病态反应

表 8-5 人的失误行为的人体内在因素

项目	因素
生理能力	体力、体格尺度、耐受力,有否残疾(色盲、耳聋、音哑、……)、疾病(感冒、腹泻、高温、……)、饥渴
心理能力	反应速度、信息的负荷能力、作业危险性、单调性、信息传递率、感觉敏度(感觉损失率)
个人素质	训练程度、经验多少、熟练程度、个性、动机、应变能力、文化水平、技术能力、修正能力、责任心
操作行为	应答频率和幅度、操作时间延迟性、操作的连续性、操作的反复性
精神状态	情绪、觉醒程度等
其他	生活刺激、嗜好等

8.2.3 人的失误引发的后果

人的失误是人所具有的一种复杂特性,它与人机系统的安全密切相关。因此,如何避免人的失误对于提高系统的可靠性具有十分重要的意义。

人的失误可定义为人未能实现规定的任务,从而可能导致中断计划运行或引起财产和设备的损坏。人的失误发生的方式有 5 种,即人没有实现某一必要的功能任务,实现了某一不应该实现的任务,对某一任务作出了不适当的决策,对某一意外事故的反应迟钝和笨拙,没有觉察到某一危险情况。

人的失误所造成的后果随人的失误程度的不同以及机械安全设施的不同而不同,一般可归纳为 4 种类型:第一种类型,由于及时纠正了人的失误,且设备有较完善的安全设施,故对设备未造成损坏,对系统运行没有影响;第二种类型,暂时中断了计划运行,延迟了任务的完成,但设备略加修复,工作顺序略加修正,系统即可正常运行;第三种类型,中断了计划运行,造成了设备的损坏和人员的伤亡,但系统仍可修复;第四种类型,导致设备严重损坏,人员有较大伤亡,使系统完全失效。

8.3 人的失误事故模型

许多专家学者根据大量事故的现象,研究事故致因理论。在此基础上,又运用工程逻辑,提出事故致因模型,用以探讨事故成因、过程和后果之间的联系,达到深入理解构成事故发生诸原因的因果关系。本节仅从人机工程学的角度,讨论几种以人的因素为主因的事故模型。

8.3.1 人的行为因素模型

事故发生的原因,很大程度上取决于人的行为性质。由人机工程学基础理论可知,人的行为是由多次感觉(S)—认识(O)—响应(R)组合模型的连锁反应,人在操作过程中,由外部刺激输入使人产生感觉"S",外部刺激如显示屏上仪表指示、信号灯变化、异常声音、设备功能变化等;人识别外部刺激并作出判断称为人的内部响应"O",人对内部响应所作出的反应行动,称为输出响应"R"。

人的行为因素模型如图 8-3 所示,包含有 S—O—R 行为的第一组问题是反映了危险的构成，以及与此危险相关的感觉、认识和行为响应。若第一组中的任何一个问题处理失败，则会导致危险，造成损失或伤害；如每一个问题处理都成功，第一组的危险不可能构成，也不会发生第二组的危险爆发。同样包含有S—O—R行为的第二组问题是危险的显现，即使第一组问题处理失败，只要危险显现时处理得当，也不会造成损失和伤害；如果不能避免危险，则造成损失和伤害的事故必将爆发。

8.3.2 事故发生顺序模型

事故发生顺序模型见图8-4。该模型把事故过程划分为几个阶段。在每个阶段，如果运用正确的能力与方式进行解决，则会减少事故发生的机会，并且过渡到下一个防避阶段。如果作业者按图示步骤作出相应反应，虽然不能肯定会完全避免事故的发生，但至少会大大减少事故发生的概率；如果不采取相应的措施，则事故发生的概率必会大大增加。

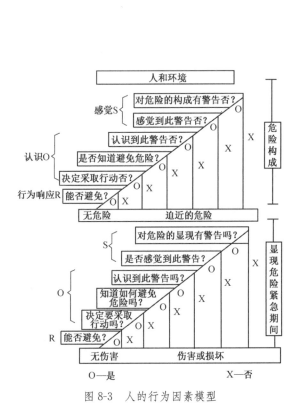

图 8-3 人的行为因素模型

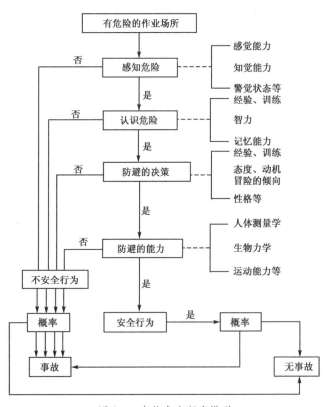

图 8-4 事故发生顺序模型

按图8-4所示模型，为了避免事故，在考虑人机工程学原理时，重点可放在：

① 准确、及时、充分地传示与危险有关的信息（如显示设计）；

② 有助于避免事故的要素（如控制装置、作业空间等）；

③ 作业人员培训，使其能面对可能出现的事故，采取适当的措施。

根据研究的结果，按照事故的行为顺序模型，不同阶段的失误造成的比例如下：

对将要发生的事故没有感知：36%；

已感知，但低估了发生的可能性：25%；

已感知，但没能做出反应：17%；

感知并做出反应，但无力防避：14%。

根据该结果可知，人的行为、心理因素对于事故最终发生与否有很大影响，而"无力防避"属环境与设备方面的限制与不当（也可能是人的因素），只占很小的比例。

8.4　安全装置设计

安全防护是通过采用安全装置或防护装置对一些危险进行预防的安全技术措施。安全装置与防护装置的区别是：安全装置是通过其自身的结构功能限制或防止机器的某些危险运动，或限制其运动速度、压力等危险因素，以防止危险的产生或减小风险；而防护装置是通过物体障碍方式防止人或人体部分进入危险区。究竟采用安全装置还是采用防护装置，或者二者并用，设计者要根据具体情况而定。

安全装置是消除或减小风险的装置。它可以是单一的安全装置，也可以是和联锁装置联用的装置。常用的安全装置有联锁装置、联动装置、止-动操纵装置、双手操纵装置、自动停机装置、机器抑制装置、限制装置、有限运动装置等。

8.4.1　联锁装置

当作业者要进入电源、动力源这类危险区时，必须确保先断开电源，以保证安全，这时可以运用联锁装置。图 8-5 中，机器的开关与门是互锁的。作业者打开门时，电源自动切断；当门关上后，电源才能接通。为了便于观察，门用钢化玻璃或透明塑料做成，无须经常进去检查内部工作情况。

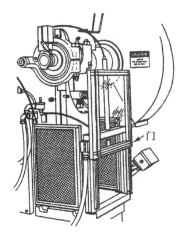

图 8-5　联锁门

8.4.2　双手控制按钮

对于图 8-6 所示的作业，有些作业者习惯将一只手放在按钮上，准备启动机器动作，另一只手仍在工作台面调整工件或试件。为了避免开机时另一只手仍在台面上从而发生事故，可用图示的双手控制按钮，这样必须双手都离开台面才能启动，保证了安全。

8.4.3　利用感应控制安全距离

在图 8-7 中，当身体的任何部位经过感应区进入机床作业空间的危险区域时，光电传感器则发出停止机床动作的命令，保护作业者免受意外伤害。还可以运用其他感应方式，如红外、超声、光电信号等。但必须注意，当人体进入危险区时，检测信号必须准确无误，以确保安全。

8.4.4　自动停机装置

自动停机装置是指当人或其身体的某一部分超越安全限度时，使机器或其零部件停止运行或保证处在安全状态的装置，如触发线、可伸缩探头、压敏杠、压敏垫、光电传感装置、电容装置等。图 8-8（a）为一机械式（距离杆）自动停机装置应用实例，图 8-8（b）是其工作原理。

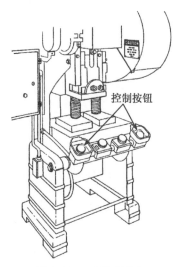

图 8-6　双手控制按钮

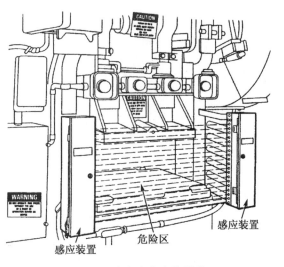

图 8-7 感应式安全控制器

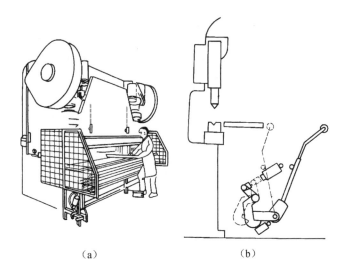

（a）　　　　　　　（b）

图 8-8 机械式自动停机装置
（a）应用实例；（b）工作原理

8.5 防护装置设计

　　专为防护人身安全而设置在机械设备上的各种防护装置，其结构和布局应设计合理，使人体各部位均不能直接进入危险区。对机械式防护装置设计应符合下述与人体测量参数相关的尺寸要求。

　　① 上肢自由摆动可及安全距离，见表 8-6。

　　② 上肢探越可及安全距离，见表 8-7。

表 8-6 上肢自由摆动可及安全距离 S_d　　　　　　　mm

上肢部位		安全距离 S_d	图示
从	到		
掌指关节	指尖	≥120	
腕关节	指尖	≥225	
肘关节	指尖	≥510	
肩关节	指尖	≥820	

表 8-7　上肢探越可及安全距离 S_d　　　　　　　　　mm

S_d (b \ a)	2 400	2 200	2 000	1 800	1 600	1 400	1 200	1 000
2 400	—	50	50	50	50	50	50	50
2 200	—	150	250	300	350	350	400	400
2 000	—	—	250	400	600	650	800	800
1 800	—	—	—	500	850	850	950	1 050
1 600	—	—	—	400	850	850	950	1 250
1 400	—	—	—	100	750	850	950	1 350
1 200	—	—	—	—	400	850	950	1 350
1 000	—	—	—	—	200	850	950	1 350
800	—	—	—	—	—	500	850	1 250
600	—	—	—	—	—	—	450	1 150
400	—	—	—	—	—	—	100	1 150
200	—	—	—	—	—	—	—	1 050

注：a——从地面算起的危险区高度；b——棱边的高度；S_d——棱边距危险区的水平安全距离。

③ 穿越网状（方形）孔隙可及安全距离，见表 8-8。

④ 穿越栅栏状（条形）缝隙可及安全距离，见表 8-9。

表 8-8　穿越网状（方形）孔隙可及安全距离 S_d　　　　　　　　　mm

上肢部位	方形孔边长 a	安全距离 S_d	图示
指尖	$4 < a \leqslant 8$	$\geqslant 15$	
手指（至掌指关节）	$8 < a \leqslant 25$	$\geqslant 120$	
手掌（至拇指根）	$25 < a \leqslant 40$	$\geqslant 195$	
臂（至肩关节）	$40 < a \leqslant 250$	$\geqslant 820$	

注：当孔隙边长在 250 mm 以上时，身体可以钻入，按穿越类型处理。

表 8-9　穿越栅栏状（条形）缝隙可及安全距离 S_d　　　　　mm

上肢部位	缝隙宽度 a	安全距离 S_d	图示
指尖	$4 < a \leqslant 8$	$\geqslant 15$	
手指 （至掌指关节）	$8 < a \leqslant 20$	$\geqslant 120$	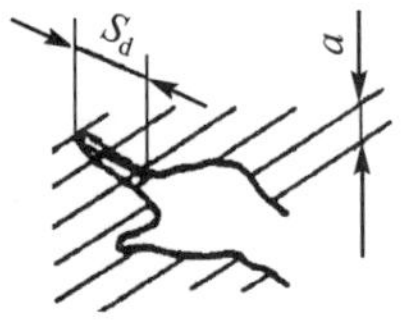
手掌 （至拇指根）	$25 < a \leqslant 30$	$\geqslant 195$	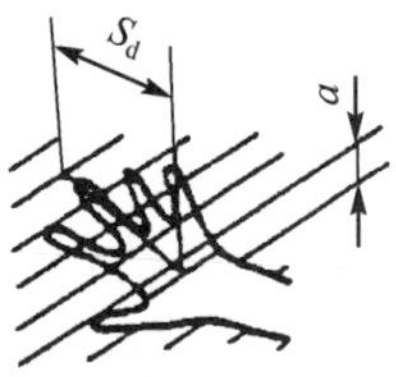
臂 （至肩关节）	$30 < a \leqslant 135$	$\geqslant 320$	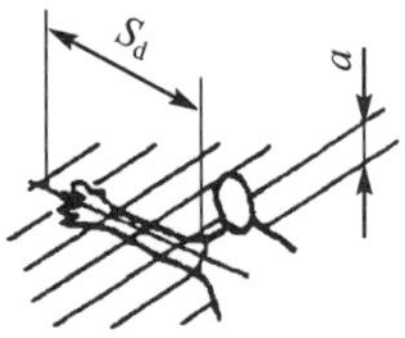

⑤ 防止受挤压伤害的夹缝安全距离，见表 8-10。

表 8-10　防止受挤压伤害的夹缝安全距离 S_d　　　　　mm

身体部位	夹缝安全距离 S_d	图示	身体部位	夹缝安全距离 S_d	图示
躯体	$\geqslant 470$		臂	$\geqslant 120$	
头	$\geqslant 280$		手、腕、拳	$\geqslant 100$	
腿	$\geqslant 210$		手、指	$\geqslant 25$	
足	$\geqslant 120$		—	—	—

⑥ 防护屏、危险点高度和最小安全距离关系见表8-11。表中曲线分别为防护屏高等于1.0 m、1.2 m、1.4 m、1.6 m、1.8 m、2.0 m、2.2 m时的人体危险区；a、b、c 分别为三个危险物体所形成的危险区域的危险点；Y_a、Y_b、Y_c 分别为三个危险点的高度；X_a、X_b、X_c 分别为三个危险区或应具备的最小安全距离。

设计时依据危险点高度和危险区应具有的最小安全距离，由该表可确定防护屏高度。

表8-11　防护屏、危险点高度和最小安全距离关系　　　　mm

安全最小距离／屏高／危险点高度	2 400	2 200	2 000	1 800	1 600	1 400	1 200	1 000
2 400	100	100	100	150	150	150	150	200
2 300		200	300	350	400	450	450	500
2 200		250	350	450	550	600	600	650
2 100		200	350	550	650	700	750	800
2 000			350	600	750	750	900	950
1 900			250	600	800	850	950	1 100
1 800				600	850	900	1 000	1 200
1 700				550	850	900	1 100	1 300
1 600				500	850	900	1 100	1 300
1 500				300	800	900	1 100	1 300
1 400				100	800	900	1 100	1 350
1 300					700	900	1 100	1 350
1 200					600	900	1 100	1 400
1 100					500	900	1 100	1 400
1 000					500	900	1 000	1 400
900						700	950	1 400
800						600	900	1 350
700						500	800	1 300
600						200	650	1 250
500							500	1 200
400								1 100
300								1 000
200								750
100								500

157

8.6 安全信息设计

8.6.1 警示设计的原则

1. 人的失误最小化

一个系统中失误的来源（以及由此发生的故障）之一就是信息的传递，既有从设备到操作者，也有从人到书面指令、警告、代码等传递失误。要最小化此类失误，需要在发送者和接收者之间存在着共同的理解。通过确定哪些地方可能发生失误，就能运用人的因素原理来减少它们的可能性。

经过一定时间，个体将对一任务及其环境逐渐熟悉，随着操作者对信息理解程度的提高，对此类信息的依赖程度也随之降低。在为一般群体进行设计时，初学者或不熟练的使用者应作为目标对象。此外，由于紧急状态通常会导致反射性反应而不是有分析地排除故障，即使是对有经验的人而言也需要在工作场所中备有设计良好的书面资料。这一部分的重点是旨在提高信息在人之间有效传递的设计原则，从而降低人为过失的潜在可能。

2. 警示信息有效传递

成功的警示应该被察觉（通常是见到或听到），被正确地解释并被遵守。通过人机学原则的应用，察觉、解释和遵守三个步骤中的每一步都应有确定的作用。

就察觉而言，警示的信息或信号必须清楚地传递，从而能显著地从背景噪声中确认和区别开来。对于视觉警示，大小、形状、对比、反色是可能有助于提高察觉的特性。对于听觉警示，时间方案、声级以及声谱是一些在提高察觉性能时需要考虑的特性。

使用人群对信息的准确解释和理解对警示的合理设计是至关重要的。无论其性质上是视觉的还是听觉的，应对警示进行测试以保证最终的使用人群能正确地理解其意义。在开发一个警示时应考虑以下五条原则：

① 避免含糊的、不明确的或错误定义的术语（词汇或图标），非常专业的术语或短语，双重否定、复杂的语法和长句（多于 12 个单词的）。

② 了解对象人群。需考虑语言、当地风俗以及可能在场的参观人员。为对象人群中的低端部分设计。以普通人群来确认结果（保证不存在内部的个体差异性）。

③ 了解对象环境。对环境的考虑（如噪声、灯光、主要任务）可能会影响到警示的设计和表达。考虑当前在场的其他警告或警示以保证能准确地识别。

④ 察觉到警告的严重程度要和警示的严重性相匹配。例如，其他的事情都是平等的，对于后果最严重的情形，其警报应该让使用者听起来是最迫切的。

⑤ 在现实条件下以适当的使用人群来测试警示系统的有效性。

警示被察觉和解释之后，人员必须留意并遵守。

3. 执行警示发布的条件

当危害涉及严重的伤害或死亡时，警示应该在近似于实际使用环境的条件下，并以接近于最终使用者的有代表性的人群进行严格的试验。

以下是发布警示的四个基本条件：

① 使人获悉危险或潜在的危险状态；

② 提供在对象使用的过程中或可能预见的误用时损伤的可能性和严重程度；

③ 提供关于如何降低损伤的可能性和严重性的信息；

④ 提醒使用者/操作人员何时何地最容易遭遇到该危险情况。

8.6.2 视觉警示信息设计

1. 视觉警示信息的基本元素

一个设计合理的警示应包括以下的基本元素：

① 信号词——对危害程度的指示（危险、警告、小心）；

② 危害——对危害的识别或扼要说明；

③ 后果——相关的代价或可能损害（如果不遵守警告的话）；

④ 指示——对可降低或消除危害的行为的描述。

通常有三个信号词是公认的，它们表达警告和传达情况的严重性的能力有所区别。

（1）危险　直接的危害，如果遇上了，会导致个体的损伤或死亡（首选的视觉警示：白底红字，反之亦然）。如高压线（危害），能致命（后果）。

（2）警告　危险或不安全的操作，如果遇上了，可能导致损伤或死亡（首选的视觉警示：橙色的背景黑色的字）。如保持距离（指示）。

（3）小心　危险或不安全的操作，如果遇上了，可能导致轻微的个人损伤、产品或财产损毁（首选的视觉警示：黄色的背景黑色的字）。

2. 视觉警示信息的重要因素

一个警示标志的重要因素有大小、形状、图形化（图标的）描述、颜色与对比、位置等。

（1）大小　在合理的限度内，一个警示标志相对其周围信息越大，它就越能被发现。

（2）形状　与图形化描述类似，形状有助于吸引一个人对警示信息的注意（例如箭头）。警示信息的形状代码主要在运输区域使用，一些信号的大概意思从其形状就能体现出来（例如八角形的停止标志、矩形的信号标志）。

（3）图形化（图标的）描述　与形状编码相似，通过描绘可能发生的结果，图标具有吸引人对警示加以注意的能力。

（4）颜色与对比　警示本身文字与背景之间的高对比度（在浅色背景上的深色文字或深色背景下的浅色字）有助于察觉。背景与警示信息自身类似的对比度同样会有助于察觉（例如，一个在黑白纸上的彩色警示）。通常，黑、白、橙、红以及黄色是警示标志或信号的推荐颜色。表 8-12 显示了白色光下不同颜色组合的易辨认性。

表 8-12　白色光下不同颜色组合的易辨认性

易辨认性	颜色组合		易辨认性	颜色组合		易辨认性	颜色组合	
	字	背景		字	背景		字	背景
非常好	黑色	白色	一般	绿色	白色	很差	橙色	黑色
好	黑色	黄色		红色	白色		橙色	白色
	黄色	黑色		红色	黄色		黑色	蓝色
	白色	黑色	不佳	绿色	红色		黄色	白色
	深蓝	白色		红色	绿色		—	—

（5）位置　在西方文化中，阅读是从左到右或自上而下的。因此，警示应呈现在顶部或者是左边，取决于显示的设计；也可将警示标志放在靠近危害的附近。将警示与其他的信息如标志分开同样有助于察觉。

8.6.3　特定安全信息设计

1. 安全色设计

安全色标是特定表达安全信息含义的颜色和标志。它以形象而醒目的信息语言向人们表达禁止、警告、指令、提示等安全信息。安全色是以防止灾害为指导思想而逐渐形成的。

安全色是根据颜色给予人们不同的感受而确定的，目的是使人们能够迅速发现或分辨安全标志和提醒人们注意，以防发生事故。安全色的含义和用途如表 8-13 所示。

表 8-13　安全色的含义和用途

颜色	所起心理作用	含义	用途举例
红色	危险	禁止	禁止标志
		停止	停止信号：机器、车辆上的紧急停止手柄或按钮，以及禁止人们触动的部位；红色也表示防火
蓝色	沉重、诚实	指令	指令标志：如必须佩戴个人防护用具
		必须遵守的规定	道路上指引车辆和行人行驶的方向指令
黄色	警告、希望	警告	警告标志警戒标志：如厂内危险机器和坑地边周围的警戒线、行车道中线
		注意	机械上齿轮箱内部；安全帽
绿色	安全、希望	指令	提示标志
		安全状态	车间内的安全通道
		通行	行人和车辆通行标志；消防设备和其他安全防护设备的位置

注：① 蓝色只有与几何图形同时使用时才表示指令；
　　② 为了不与道路两旁绿色行道树相混淆，道路上的提示标志用蓝色。

2. 安全标志设计

安全标志由安全色、几何图形和图形符号构成，用以表达特定的安全信息。其作用是引起人们对不安全因素的注意，以达到预防事故发生的目的。但安全标志不能代替安全操作规程和防护措施，不包括航空、海运及内河航运上的标志。

安全标志分为禁止标志、警告标志、指令标志、提示标志四类。这四类标志的规格如表 8-14 所示。

表 8-14　几何图形规格、颜色及含义

图形	图形规格	颜色要求	含义
	外径 $d_1=0.025L$ 内径 $d_2=0.800L$ 斜杠宽 $c=0.080d_1$ 斜杠与水平线的夹角 $\alpha=45°$ L 为观察距离	圆环和斜杠：红色 图形符号：黑色 背景：白色	禁止
	外边 $a_1=0.034L$ 内边 $a_2=0.700a_1$ L 为观察距离	背景：黄色 三角边框及图形符号：黑色	警告
	$d=0.025L$ L 为观察距离	背景：蓝色 图形符号：白色	指令
	短边 $b_1=0.014\ 14L$ 长边 $L_1=2.500b_1$ L 为观察距离	背景：绿色	一般提示标志
	短边 $b_2=0.017\ 68L$ 长边 $L_2=1.600b_2$ L 为观察距离	图形符号及文字：白色	消防设备提示标志

禁止标志有 16 个，选择的示例见图 8-9。

图 8-9　禁止标志

警告标志有 23 个，选择的示例见图 8-10。

图 8-10　警告标志

指令标志有 8 个，选择的示例见图 8-11。

图 8-11　指令标志

提示标志：

① 一般提示标志有 2 个，选择的示例如图 8-12 所示。

图 8-12　一般提示标志

② 消防设备提示标志有 7 个，选择的示例如图 8-13 所示。

图 8-13　消防设备提示标志

　　安全标志牌应设在醒目、与安全有关的地方，并使人们看到后有足够的时间来注意它所表示的内容，不宜设在门、窗、架等可移动的物体上。安全标志牌每年至少检查一次，如果发现有变形、破损或图形符号脱落及变色不符合安全色的范围，应及时修整或更换。

第9章 人与作业环境界面设计

9.1 人体对环境的适应程度

在人-机-环境系统中，对系统产生影响的一般环境主要有热环境、照明、噪声、振动、粉尘以及有毒物质等。随着人类生产活动领域的扩大，影响系统的还有失重、超重、异常气压、加速度、电离辐射以及非电离辐射等特殊环境因素。如果在系统设计的各个阶段，尽可能排除各种环境因素对人体的不良影响，使人具有"舒适"的作业环境，不仅有利于保护劳动者的健康与安全，还有利于最大限度地提高系统的综合效能。因此，作业环境对系统的影响就成为人机工程学研究中的一个重要方面。

根据作业环境对人体的影响和人体对环境的适应程度，可把人的作业环境分为四个区域，即

(1) 最舒适区　各项指标最佳，使人在劳动过程中感到满意。

(2) 舒适区　在正常情况下，这种环境使人能够接受，而且不会感到刺激和疲劳。

(3) 不舒适区　作业环境的某种条件偏离了舒适指标的正常值，较长时间处于此种环境下，会使人疲劳或影响工效，因此，需采取一定的保护措施，以保证正常工作。

(4) 不能忍受区　若无相应的保护措施，在该环境下的人将难以生存，为了能在该环境下工作，必须采取现代化技术手段（如密封），使人与有害的外界环境隔离开来。

最佳方案是创造一种人体舒适而又有利于工作的环境条件。因此，必须了解环境条件应当保持在什么样的范围之内，才能使人感到舒适而工作效率又能达到最高。图9-1所示的是根据作业环境分区的原则，提供了一个决定舒适度的环境因素示意，以直观的方式表示了不同舒适度的范围。

图9-1　决定舒适度的环境因素范围

在生产实践中，由于技术、经济等各种原因，上述舒适的环境条件有时是难以充分保证的，于是就只能降低要求，创造一个允许环境，即要求环境条件保证在不危害人体健康和基本不影响工作效率的范围之内。

有时，由于事故、故障等原因，上述基本允许的环境条件也会难以充分保证，在这种情况下，必须保证人体不受伤害的最低限度的环境条件，创造一个安全的环境。

在人机系统设计中，利用环境控制系统来控制和改善环境只是保障人的健康和安全的一个方面。而在很多情况下，由于经济和技术上的原因，充分控制环境仍不够理想，为此，就常常需要采用各种个体防护用具来对抗种种不利的环境条件，以保证系统的安全和高效。

下面将介绍一般环境因素对人体的影响、防护标准、评价方法等内容，为设计各种舒适环境、允许环境或安全环境提供基础资料。

9.2　人与热环境

9.2.1　影响热环境的要素

影响热环境条件的主要因素有空气温度、空气湿度、空气流速和热辐射。这四个要素对人体的热平衡都会产生影响，而且各要素对机体的影响是综合性的。因此，为了对热环境进行分析和评价，就必须考虑各个要素对热环境条件的影响。

1. 气温

作业环境中的气温除取决于大气温度外，还受太阳辐射和作业场所的热源，如各种冶炼炉、化学反应锅、被加热的物体、机器运转发热和人体散热等影响。热源通过传导、对流使作业环境的空气加热，并通过辐射加热四周物体，形成第二热源，扩大了直接加热空气的面积，使气温升高。

2. 气湿

作业环境的气湿以空气相对湿度表示。相对湿度在80%以上称为高气湿；低于30%称为低气湿。高气湿主要由水分蒸发与释放蒸汽所致，如纺织、印染、造纸、制革、缫丝以及潮湿的矿井、隧道等作业场所常为高气湿。在冬季的高温车间可出现低气湿。

3. 气流

作业环境中的气流除受外界风力的影响外，主要与作业场所中的热源有关。热源使空气加热而上升，室外的冷空气从门窗和下部空隙进入室内，造成空气对流。室内外温差越大，产生的气流越大。

4. 热辐射

热辐射主要是指红外线及部分可见光线。太阳及作业环境中的各种熔炉、开放火焰、熔化的金属等热源均能产生大量热辐射。红外线不能直接使空气加热，但可使周围物体加热。当周围物体表面温度超过人体表面温度时，周围物体表面则向人体放射热辐射而使人体受热，称为正辐射。相反，当周围物体表面温度低于人体表面温度时，人体表面则向周围物体辐射散热，称为负辐射。负辐射有利于人体散热，在防暑降温上有一定的意义。

9.2.2　人体的热平衡

人体所受的热有两种来源：一种是机体的代谢产热；另一种是外界环境热

量作用于机体。机体通过对流、传导、辐射、蒸发等途径与外界环境进行热交换，以保持机体的热平衡。机体与周围环境的热交换可用下式表示：

$$M \pm C \pm R - E - W = S \tag{9-1}$$

式中，M 为代谢产热量；C 为人体与周围环境通过对流交换的热量，人体从周围环境吸热为正值，散热为负值；R 为人体与周围环境通过辐射交换的热量，人体从外环境吸收辐射热为正值，散出辐射热为负值；E 为人体通过皮肤表面汗液的蒸发散热量，均为负值；W 为人体对外做功所消耗的热量，均为负值；S 为人体的蓄热状态。

显然，当人体产热和散热相等时，即 $S=0$，人体处于动态热平衡状态；当产热多于散热时，即 $S>0$，人体热平衡破坏，可导致体温升高；当散热多于产热时，即 $S<0$，可导致体温下降。图 9-2 所示为人体热平衡状态图。

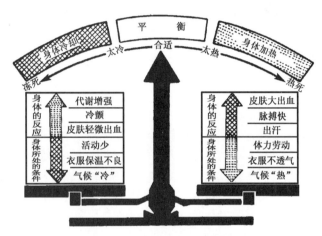

图 9-2　人体热平衡状态图

人体的热平衡并不是一个简单的物理过程，而是在神经系统调节下的非常复杂的过程。所以，周围热环境各要素虽然经常在变化，而人体的体温仍能保持稳定。只有当外界热环境要素发生剧烈变化时，才会对机体产生不良影响。

9.2.3　热环境对人体的影响

1. 热舒适环境

热舒适环境的定义是：人在心理状态上感到满意的热环境。所谓心理上感到满意，就是既不感到冷，又不感到热。影响热舒适环境主要有六个因素，其中四个与环境有关，即空气的干球温度、空气中的水蒸气分压力、空气流速以及室内物体和壁面辐射温度；另外有两个因素与人有关，即人的新陈代谢和服装。此外，还与一些次要因素有关，例如大气压力、人的肥胖程度、人的汗腺功能等。为了建立符合人们心理要求的热舒适环境，可由图 9-3 来了解其主要影响因素的相互关系和最佳组合。

图 9-3 是空调工程中常用的温湿图和舒适区。设干球温度为 25 ℃，水蒸气分压力为 2 000 Pa，则在图中找到交点 K，过 K 点有一条斜虚线，该虚线与相对湿度 100% 曲线交点的水平坐标值为 24 ℃，称其为"有效温度 ET"；该虚线与相对湿度 50% 曲线交点的水平坐标值为 25.5 ℃，称该值为"新有效温度 ET^*"。现在主要采用新有效温度来进行热舒适环境的研究。

在温湿度图上的阴影区，是由数千名受试者投票统计结果而确定的热舒适区。主要环境因素组合处于该区域内，可满足人对热环境舒适性的要求。

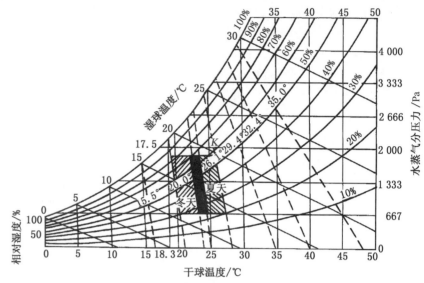

图 9-3 常用的温湿图和舒适区

2. 过冷、过热环境对人体的影响

人体具有较强的恒温控制系统，可适应较大范围的热环境条件。但是，人处于远远偏离热舒适范围并可能导致人体恒温控制系统失调的热环境中，将对人体造成伤害。

（1）低温冻伤　低温对人体的伤害作用最普遍的是冻伤。冻伤的产生与人在低温环境中暴露时间有关，温度越低，形成冻伤所需的时间越短。例如，温度为5～8℃时，人体出现冻伤一般需要几天时间；而在−73℃时，暴露时间只需12 s即可造成冻伤。人体易于发生冻伤的部位是手、足、鼻尖或耳郭等部位。

（2）低温的全身性影响　人在温度不十分低的环境（−1～6℃）中依靠体温调节系统，可使人体深部温度保持稳定。但是在低温环境中暴露时间较长，深部体温便会逐渐降低，出现一系列的低温症状。首先出现的生理反应是呼吸和心率加快、颤抖等现象；接着出现头痛等不适反应。深部体温降至34℃以下时，症状即达到严重的程度，产生健忘、呐吃和定向障碍；降至30℃时，全身剧痛，意识模糊；降至27℃以下时，随意运动丧失，瞳孔反射、深部腱反射和皮肤反射全部消失，人濒临死亡。

（3）高温烫伤　高温使皮肤温度达41～44℃时即会感到灼痛，若高温继续上升，则皮肤基础组织便会受到伤害。高温烫伤在生产中并不少见，一般以局部烫伤为最多，全身性烫伤见于火灾事故等。

（4）全身性高温反应　人在高温环境中停留时间较长，体温会渐渐升高，当局部体温高达38℃，便会产生不舒适反应。人在体力劳动时主诉可耐受的深部体温（通常以肛温为代表）为38.5～38.8℃，高温极端不舒适反应的深部体温临界值为39.1～39.4℃。深部体温超过这一限度，汗率和皮肤热传导量都不再上升，表明人体对高温的适应能力已达到极限。如果温度再升高，即会出现生理危象。全身性高温的主要症状为头晕、头痛、胸闷、心悸、视觉障碍（眼花）、恶心、呕吐、癫病样抽搐等。温度过高还会引起虚脱、肢体强直、大小便失禁、晕厥、烧伤、昏迷直至死亡。

应该指出的是，人体耐低温能力比耐高温能力强。当深部体温降至27℃时，经过抢救还可存活；而当深部体温高到42℃时，往往引起死亡。

9.2.4 热环境对工作的影响

虽然正常工作与生活的人很少会因过冷或过热环境而影响健康及生命，但在某些特定的工作条件下，人们却必须在过冷或过热环境中工作，不仅使影响健康的危害性大大增加，而且人的工作能力无疑也受到影响。

1. 热环境对脑力劳动的影响

为了提供公共建筑内的热舒适条件，曾对室内空气温度与脑力劳动的关系进行过大量实验。图9-4（a）是脑力劳动工作效率随室内空气温度的变化关系；图9-4（b）是脑力劳动相对差错次数与空气温度的变化关系。虽然两图中的曲线是在实验条件下，根据明显的变化趋势作出的一般结论。然而，在实际工作条件下，这一结论也得到了证实。

2. 热环境对体力劳动的影响

实地研究表明，在偏离热舒适区域的环境温度下从事体力劳动，小事故和缺勤的发生概率增加，车间产量下降。当环境温度超出有效温度27℃时，发现需要用运动神经操作、警戒性和决断技能的工作效率会明显降低，而非熟练操作工的工作效能比熟练工损失更大。低温对人的工作效率的影响，最敏感的是手指的精细操作。当手部皮肤温度降低至15.5℃以下时，手部操作灵活性会急剧下降，人手的肌力和肌动感觉能力都会明显变差，从而引起操作效率的下降。

图9-5（a）为马口铁工相对产量的季节性变化，表明在高温条件下会降低重体力劳动的效率。图9-5（b）为军火工厂相对事故发生率与温度的关系，表明温度偏离舒适值将影响事故发生率。

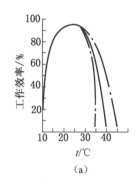

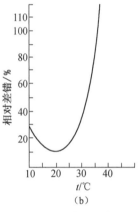

图9-4 气温对工作效率和
相对差错的影响

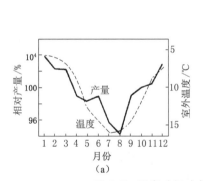

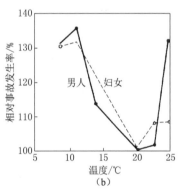

图9-5 温度对相对产量和相对事故发生率的影响

综上所述，过度的冷或热都会影响人的脑力及体力工作能力。显然，对危及健康的工作热环境，应采取缩短工作时间和相应的防护措施；对暂无条件改善的工作热环境，只能降低工作效率和增加人体不舒适感；而对新设计的办公室、工厂之类的工作场所，采用热舒适环境设计是合理的。对于最佳热舒适温度有3℃偏离的，一般不影响工作能力，从对人体最佳激励和经济性考虑，设计时可根据不同工作性能使温度向最佳温度的某一方向有一定偏离。

9.2.5 热环境舒适度的主观评价依据

热环境对人体影响的主观感觉是评价热环境条件的主要依据之一，几乎所有的热环境评价标准都是在研究人的主观感觉的基础上制定的。当调查人数足够多而且方法适当时，所获得的资料便可以作为主观评价的依据。

根据范杰的研究结果，由图9-6和图9-7总结了舒适的标准。由范杰得出的最终计算和评估相对复杂。即使完全执行范杰的舒适范围，保守估计仍然有5%的人会对环境不满意（对于这些人来说，或太热或太冷）；换句话说，5%是可以达到的最低百分比。适宜气温的一个衡量标准是整间屋子的气温是恒定的，即不同区域或不同层面的温度没有差别。

例如，即便室内没有任何表面是冷的，人们还是会感到凉爽，这是因为人面向较冷区域的身体部位散发出热量，但是吸收回来的热量却很少，从而导致身体的某个部位变凉，这样的区域包括窗边。

控制室内的工作往往需要长时间久坐，而操作者穿着的衣服较少。在这种情况下，相对湿度为50%左右，空气的最大速度应该是0.1 m/s，空气温度应为26 ℃。如果从经济学的角度来看，这是一个较高的温度，那么操作者可以穿上保暖的衣服和长裤子、夹克和毛线套衫。穿上这类保暖衣服后，相对湿度应该是50%，空气运动速度是0.1 m/s，空气的温度是23 ℃。

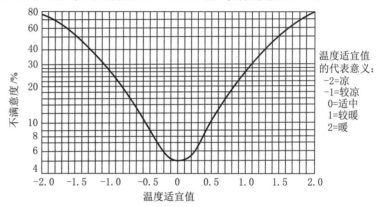

图9-6 在任何环境中人们不满意其热舒适度的比例

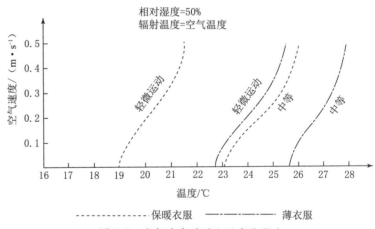

图9-7 空气速度对适宜温度的影响

在控制室内不同的控制仪表之间走动或者站立工作时，室内空气速度会因人在屋内的走动而增加，温度（穿着适当的衣服时）降到19～20 ℃，空气速度增至0.2 m/s是可以接受的。

在一些控制室内，晚上工作坐着的时间要比白天长得多，因此晚上的温度要略微提高，与白天的19～20 ℃相比，晚上最好是21～22 ℃。

由于不同的人对于可接受的气候有不同的需求，因此操作者应能控制气温和湿度。空气湿度应该保持在40%～60%，如果湿度较低，气温感觉偏低，便需要提高空气温度。同时，低温度还可能导致鼻子和喉咙的黏膜干燥、增加胸部和喉咙感染的危害。

9.3 人与光环境

9.3.1 良好光环境的作用

作业场所的光环境有天然采光和人工照明。利用自然界的天然光源形成作业场所光环境的叫天然采光（简称采光）；利用人工制造的光源构成作业场所光环境的称人工照明（简称照明）。作业场所的合理采光与照明，对生产中的效率、安全和卫生都有重要意义。

1. 光环境对生产率的影响

根据大量的改善光环境而具有一定效果的定量数据和统计分析的结果，可用图9-8来说明良好光环境的作用。由图可知，良好的光环境主要是通过改善人的视觉条件（照明生理因素）和改善人的视觉环境（照明心理因素）来达到提高生产率的。

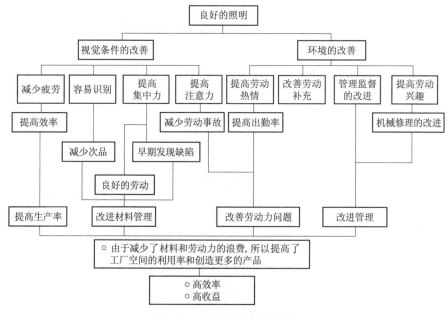

图9-8　良好光环境的作用

2. 光环境对安全的影响

良好的光环境对降低事故发生率和保护工作人员的视力和安全有明显的效果。图9-9（a）是因改善照明和工作场所的粉刷而减少事故发生率的统计资料。从中可以看出，仅改善照明一项，现场事故就减少了32％，全厂事故减少了16.5％；如同时改善照明和粉刷，事故的减少就更为显著。图9-9（b）则说明良好照明使事故次数、出错次数、缺勤人数明显减少。

9.3.2 对光环境的要求

照明的目的大致可以分为以功能为主的明视照明和以舒适感为主的气氛照明。作业场所的光环境，明视照明虽然重要，而环境的舒适感、心情舒畅也是非常重要的。前者与视觉工作对象的关系密切，而后者与环境舒适性的关系很大。为满足视觉工作和环境舒适性的需要，光环境设计应考虑以下四项主要要求。

1. 设计的基本原则

① 合理的照度平均水平。同一环境中，亮度和照度不应过高或过低，也不要过于一致而产生单调感。

② 光线的方向和扩散要合理，避免产生干扰阴影，但可保留必要阴影，使物体有立体感。

③ 不让光线直接照射眼睛，避免产生眩光，而应让光源光线照射物体或物体的附近，只让反射光线进入眼睛，以防止晃眼。

④ 光源光色要合理，光源光谱要有再现各种颜色的特性。

⑤ 让照明和色相协调，使气氛令人满意，这称为照明环境设计美的思考。

⑥ 创造理想的照明环境不能忽视经济条件的制约，因而必须考虑成本。

依据设计基本原则，实现良好照明的特性因素如图 9-10 所示。

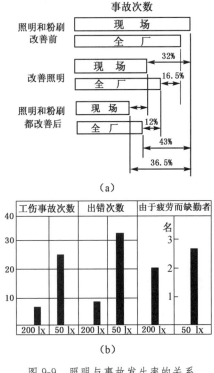

图 9-9　照明与事故发生率的关系

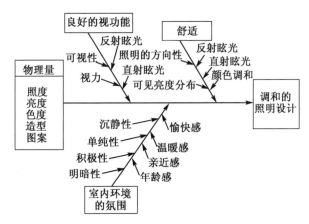

图 9-10　良好照明的特性因素

2. 天然光照度和采光系数

由于直射阳光变化大，所以不能用它作为稳定光源，而是把天空光及其反射光作为天然采光的光源。又因天空光也有相当大的变化，室内天然光照度也随之变化，所以像人工照明那样来决定照度标准是困难的。在采光设计中，将天然采光系数作为天然采光设计的指标，对于室内某一点的采光系数 c，可按下列公式计算：

$$c = \frac{E_n}{E_w} \times 100\% \tag{9-2}$$

式中，E_n 为室内某一点的照度；E_w 为与 E_n 同一时间的室外照度。

在满足视机能基本要求的条件下，采光系数是比较全面的指标。常以采光系数的最低值作为设计标准值。在我国的采光与照明标准中规定，生产车间工作面上的采光系数最低值不应低于表9-1所规定的数值。

表9-1　生产车间工作面上的采光系数最低值

采光等级	视觉工作分类		室内天然光照度最低值 /lx	采光系数最低值 /%
	工作精确度	识别对象的最小尺寸 d/mm		
Ⅰ	特别精细工作	$d \leqslant 0.15$	250	5
Ⅱ	很精细工作	$0.15 < d \leqslant 0.3$	150	3
Ⅲ	精细工作	$0.3 < d \leqslant 1.0$	100	2
Ⅳ	一般工作	$1.0 < d \leqslant 5.0$	50	1
Ⅴ	粗糙工作	$d > 5.0$	25	0.5

注：1. 采光系数最低值是根据室外临界照度为5 000 lx制定的。如采用其他室外临界照度值，采光系数最低值应做相应的调整；
　　2. 生产车间和工作场所的采光等级可参考有关标准。

为确保室内所必需的最低限度的照度，在进行采光设计时，采用通常出现的低天空照度值作为设计依据。必要的最低照度设计用的天空照度值见表9-2。将某种条件下的天空照度值乘以选用的采光系数，就可计算出某种条件下室内某点的天然光照度。

表9-2　必要的最低照度设计用的天空照度值

条件	天空照度/lx
对于有代表性的太阳高度角的天气状况的最低值	5 800
对于最低太阳高度角的天气状况的代表值	5 600
对于最低太阳高度角的天气状况的最低值	1 300
全年采光时间的99%的最低值	2 000
全年采光时间的95%的最低值	4 500

3. 照明的照度与照度分布

照度是照明设计的数量指标。它表明被照面上光的强弱，以被照场所光通的面积密度来表示。取微小面积为 dA，入射的光通为 $d\phi_i$，则照度 E 为

$$E = \frac{d\phi_i}{dA} \tag{9-3}$$

照明的照度按以下系列分级：2 500 lx、1 500 lx、1 000 lx、750 lx、500 lx、300 lx、200 lx、150 lx、100 lx、75 lx、50 lx、30 lx、20 lx、10 lx、5 lx、3 lx、2 lx、1 lx、0.5 lx、0.2 lx。

我国的照度标准是以最低照度值作为设计的标准值。标准规定生产车间工作面上的最低照度值不得低于表9-3所规定的数值。

表9-3　生产车间工作面上的最低照度值

识别对象的最小尺寸/mm	视觉工作分类等级		亮度对比	最低照度/lx	
				混合照明	一般照明
$d \leqslant 0.15$	Ⅰ	甲	小	1 500	—
		乙	大	1 000	—
$0.15 < d \leqslant 0.3$	Ⅱ	甲	小	750	200
		乙	大	500	150
$0.3 < d \leqslant 0.6$	Ⅲ	甲	小	500	150
		乙	大	300	100

识别对象的最小尺寸/mm	视觉工作分类等级		亮度对比	最低照度/lx	
				混合照明	一般照明
0.6＜d≤1.0	Ⅳ	甲	小	300	100
		乙	大	200	75
1＜d≤2	Ⅴ	—	—	150	50
2＜d≤5	Ⅵ	—	—	—	30
d＞5	Ⅶ	—	—	—	20
一般观察生产过程	Ⅷ	—	—	—	10
大件储存	Ⅸ			—	5
有自行发光材料的车间	Ⅹ	—	—	—	30

注：1. 一般照明的最低照度是指距墙 1 m（小面积房间为 0.5 m）、距地面为 0.8 m 的假定工作面上的最低照度；

2. 混合照明的最低照度是指实际工作面上的最低照度；

3. 一般照明是指单独使用的一般照明。

若照度标准值用 E_n 表示，则工作面上的最小照度 E_{min} 应满足：

$$E_{min} \geqslant E_n \tag{9-4}$$

由于视觉工作对象的正确布置及其如何变化通常难以预测，因而希望工作面照度分布相对比较均匀。在全部工作面内，照度不必都一样，但变化必须平缓。因此，对工作面上的照度分布推荐值：局部工作面的照度值最好不大于照度平均值的 25％；对于一般照明，最小照度与平均照度之比规定为 0.8 以上。

4. 亮度分布

为了形成良好的明视和舒适的照明环境，需要有适当的亮度分布。亮度分布可通过规定室内各表面的适宜的反射系数范围，以组成适当的照度分布来实现。有关亮度分布、室内各表面的反射系数以及各表面照度分布同各表面反射系数相配合的推荐值如下所述。

① 室内各部分亮度分布的限度见表 9-4。

表 9-4　室内各部分亮度分布的限度

室内各部分	办公室	车间
工作对象与其相邻近的周围之间（如书或机器与其周围之间）	3：1	3：1
工作对象与其离开较远处之间（如书与地面、机器与墙面之间）	5：1	10：1
照明器或窗与其附近周围之间	—	20：1
在视野中的任何位置	—	40：1

② 室内各表面反射率的推荐值见表 9-5。

表 9-5　室内各表面反射率的推荐值

室内各表面	反射率的推荐值
顶棚	80％～90％
墙壁（平均值）	40％～60％
机器设备、工作桌（台）	25％～45％
地面	20％～40％

③ 室内各表面的反射率和相对照度见图9-11。

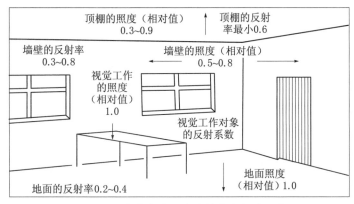

图 9-11 室内各表面的反射率和相对照度

9.3.3 色彩调节

1. 色彩的感情效果

利用色彩的感情效果，在工作场所构成一个良好的光色环境，称为色彩调节。

如果人的作业环境缺乏色彩，那么将影响人对外界信息的接收，影响人的感情和情绪。色彩引起人们心理上、情绪上、情感上及认知上的变化，都可以作为调节现有环境条件、提高工作效率的手段。色彩的感情效果，可以根据表9-6中的因素进行分析，如暖—冷感、重—轻感、硬—软感、强—弱感、明快—阴晦感、兴奋—沉静感、漂亮—朴素感等。

表 9-6 色彩的感情效果

心理因子		评价	活动	力量
关系深浅尺度		喜欢—讨厌 美丽—丑陋 自然—做作	动—静 暖—冷 漂亮—朴素 明快—阴晦 前进—后退 烦躁—安定 光亮—灰暗	强—弱 浓艳—清淡 硬—软 刚—柔 重—轻
与色彩三属性关系	色调	绿、青↔红、紫	红（暖色）↔青（冷色）	基本无关
	饱和度	大↔小	大↔小	基本无关
	明度	大↔小	大↔小	小↔大

2. 环境色彩的选择

根据表9-6及相应的SD图，并结合作业环境条件的特点，决定色彩调节时采用的各种色调、明度和彩度。选择的主要原则是：

① 狭小的空间，需采用"后退"的活动心理因子（使四壁"向后"），用绿蓝色、低饱和度、稍低明度。

② 空旷的空间，需采用"前进"的活动心理因子，用黄色、高明度、稍高饱和度。

③ 车间地面，为防止"打瞌睡"、增加活力，用红色、稍高饱和度。但考

虑到避免疲劳，以低明度安定情绪。

④ 车间天花板，为避免"压抑感"，采用青蓝色。如用天顶内藏式照明光，由于明度增大，可增加青蓝色饱和度来进行调节。

环境色彩选择的具体方法如下：

① 机械设备本体的颜色：色调用 5G~5B，明度 $V=5$~6，彩度 $C≈3$，或用无彩色 N6~7。但大型设备如果也用 $V=5$~6，则会使房间内显得暗淡，故可选用 $V=8$。当需要把机械的工作部分与本体分开时，工作部分可用 7.5YR8/4。

② 如果工作面与环境墙壁的明度不同，则眼睛移开工作面接触壁面时要进行明暗调节，易使眼球疲劳。为此，一般工作面明度选择为 $V=7.5$~8，壁面明度选为 $V=8$ 为宜。要尽量避免刺激性强的高彩度，壁面 $C<3$。

③ 墙壁的颜色色调：如果是朝南房间，工作温度较高，则选用有寒冷感的，如 2.5G；朝北房间，工作温度较低的用有暖感的，如 2.5Y。高温工作间用 5BG~5B。

④ 人们习惯用白色天花板，因为白色反射率高。但在面积较大而天花板又较低的车间，如一抬头就是白色天花板，会产生一种压抑感，在此情况下，天花板改用青色较好，使人有在晴空之下的广阔感。

最不易使人的眼睛疲劳的颜色是 7.5GY8/2，所以它最适用于办公室。

不同车间作业环境色彩设计举例见表 9-7。

表 9-7　不同车间作业环境色彩设计举例

室内各表面	大型机器车间	小型机器车间
天棚	5Y9/2	5Y9/2
墙壁	6GY7.5/2	1.5Y7.5/3
墙围	10GY5.5/2	7YR5/3.5
地面	10YR5/4	N5
机器本体	7.5GY7/3	7.5GY6/3
机器工作面	1.5Y8/3	1.5Y8/3

9.3.4　光环境的综合评价

由于光环境设计的目的已从过去单纯提高照度转向创造舒适的照明环境，即由量向质的方向转化。因而从人机工程学对光环境的要求来看，不仅需要对光环境的视功能进行评价，更需要对光环境进行综合评价。

1. 评价方法

评价方法应考虑光环境中多项影响人的工作效率与心理舒适的因素，通过问卷法获得主观判断所确定的各评价项目所处的条件状态，利用评价系统计算各项评分及总的光环境指数，以确定光环境所属的质量等级。

评价方法的问卷形式如表 9-8 所示，其评价项目包括光环境中 10 项影响人的工作效率与心理舒适的因素，而每项又包括 4 个可能状态，评价人员经过观察与判断，从每个项目的各种可能状态中选出一种最符合自己的观察与感受的状态进行答卷。

表 9-8　评价项目及可能状态的问卷形式

项目编号 n	评价项目	状态编号 m	可能状态	判断投票	注释说明
1	第一印象	1	好		
		2	一般		
		3	不好		
		4	很不好		
2	照明水平	1	满意		
		2	尚可		
		3	不合适，令人不舒服		
		4	非常不合适，看作业有困难		
3	直射眩光与反射眩光	1	毫无感觉		
		2	稍有感觉		
		3	感觉明显，令人分心或令人不舒服		
		4	感觉严重，看作业有困难		
4	亮度分布（照明方式）	1	满意		
		2	尚可		
		3	不合适，令人分心或令人不舒服		
		4	非常不合适，影响正常工作		
5	光影	1	满意		
		2	尚可		
		3	不合适，令人不舒服		
		4	非常不合适，影响正常工作		
6	颜色显现	1	满意		
		2	尚可		
		3	显色不自然，令人不舒服		
		4	显色不正确，影响辨色作业		
7	光色	1	满意		
		2	尚可		
		3	不合适，令人不舒服		
		4	非常不合适，影响正常作业		
8	表面装修与色彩	1	外观满意		
		2	外观尚可		
		3	外观不满意，令人不舒服		
		4	外观非常不满意，影响正常工作		
9	室内结构与陈设	1	外观满意		
		2	外观尚可		
		3	外观不满意，令人不舒服		
		4	外观非常不满意，影响正常工作		
10	同室外的视觉联系	1	满意		
		2	尚可		
		3	不满意，令人分心或令人不舒服		
		4	非常不满意，有严重干扰感或有严重隔离感		

2. 评分系统

对评价项目的各种可能状态，按照它们对人的工作效率与心理舒适影响的严重程度赋予逐级增大的分值，用以计算各个项目评分。对问卷的各个评价项目，根据它们在决定光环境质量上具有的相对重要性赋予相应的权值，用以计算总的光环境指数。

3. 项目评分及光环境指数

① 项目评分计算式（其结果四舍五入取整数）：

$$S(n) = \sum_m P(m)V(n,\ m) \Big/ \sum_m V(n,\ m) \qquad (9\text{-}5)$$

式中，$S(n)$ 为第 n 个评价项目的评分，$0 \leqslant S(n) \leqslant 100$；$\sum\limits_m$ 为 m 个状态求和；$P(m)$ 为第 m 个状态的分值，依状态编号 1、2、3、4 为序，分别为 0、10、50、100；$V(n,m)$ 为第 n 个评价项目的第 m 个状态所得票数。

② 总的光环境指数计算式（其结果四舍五入取整数）：

$$S = \sum_n S(n)W(n) \Big/ \sum_n W(n) \qquad (9\text{-}6)$$

式中，S 为光环境指数，$0 \leqslant S \leqslant 100$；$\sum\limits_n$ 为 n 个评价项目求和；$S(n)$ 为第 n 个评价项目的评分；$W(n)$ 为第 n 个评价项目的权值，项目编号 $1\sim10$，权值均取 1.0。

4. 评价结果与质量等级

项目评分和光环境指数的计算结果分别表示光环境各评价项目特征及总的质量水平。各项目评分及光环境质量指数越大，表示光环境存在的问题越大，即其质量越差。

为了便于分析和确定评价结果，该方法中将光环境质量按光环境指数的范围分为 4 个质量等级，其质量等级的划分及其含义见表 9-9。

表 9-9　光环境质量等级的划分及其含义

光环境指数	$S=0$	$0<S\leqslant10$	$10<S\leqslant50$	$S>50$
质量等级	1	2	3	4
含义	毫无问题	稍有问题	问题较大	问题很大

9.4　人与声环境

环境中起干扰作用的声音、人们感到吵闹的声音或不需要的声音，称为噪声。作业环境的噪声不仅限于杂乱无章的声音，也包括影响人们工作的车辆声、飞机声、机械撞击振动声、马达声、邻室的高声谈笑声、琴声、歌声、音乐声等。环境噪声可能妨碍工作者对听觉信息的感知，也可能造成生理或心理上的危害，因而将影响操作者的工作效能、舒适性或听觉器官的健康。但和谐的生产性音乐，对某些工种的工作效率却是有益的。

9.4.1　噪声对人的影响

1. 噪声对工作的影响

关于噪声对不同性质工作的影响，许多国家都做过大量的研究。成果表明，噪声不但影响工作质量，同时也影响工作效率。如果噪声级达到 70 dB（A），对各种工作产生的影响表现在以下八个方面。

① 通常将会影响工作者的注意力；

② 对于脑力劳动和需要高度技巧的体力劳动等工种，将会降低工作效率；

③ 对于需要高度集中精力的工种，将会造成差错；

④ 对于需要经过学习后才能从事的工种，将会降低工作质量；

⑤ 对于不需要集中精力进行工作的情况，人将会对中等噪声级的环境产生适应性；

⑥ 如果已对噪声适应，同时又要求保持原有的生产能力，将要消耗较多精力，从而会加速疲劳；

⑦ 对于非常单调的工作，处在中等噪声级的环境中，噪声就像一只闹钟，将可能产生有益的效果；

⑧ 对于能够遮蔽危险报警信号和交通运行信号的强噪声环境，还易引发事故。

研究还指出，噪声对人的语言信息传递影响最大。如图 9-12（a）所示，交谈者相距 1 m 在 50 dB 噪声环境中可用正常声音交谈。但在 90 dB 噪声环境中应大声叫喊才能交谈，由此还将影响交谈者的情绪，如图 9-12（b）表明，在上述情况下，交谈者情绪将由正常变为不可忍耐。

因此，许多国家的标准在规定作业场所的最大允许噪声级时，对于需要高度集中精力的工作场所均以 50 dB（A）的稳态噪声级作为其上限。

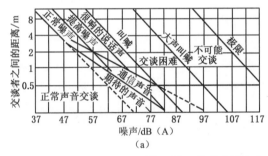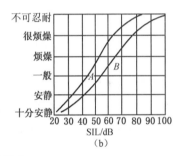

图 9-12　噪声对语言信息传递的影响

2. 噪声对听觉的影响

（1）**暂时性听力下降**　在噪声作用下，可使听觉发生暂时性减退，听觉敏感度降低，可听阈提高。当人离开强噪声环境而回至安静环境时，听觉敏感度不久就会恢复，这种听觉敏感度的改变是一种生理上的"适应"，称为暂时性听力下降。

不同的人，对噪声的适应程度是不同的。但暂时性听力下降却有明显的特征，即受到噪声作用后听觉有较小的减退现象，约 10 dB；回到安静环境后听觉敏感度能迅速恢复；通常以在 4 000 Hz 或 6 000 Hz 处比较显著，而低频噪声的影响较小。

（2）**听力疲劳**　在持久的强噪声作用下，听力减退较大，恢复至原来听觉敏感度的时间也较长，通常需数小时以上，这种现象称为听力疲劳。

噪声引起的听力疲劳不仅取决于噪声的声级，还取决于噪声的频谱组成。频率越高，引起的疲劳程度越重。

（3）**持久性听力损失**　如果噪声连续作用于人体，而听觉敏感度在休息时间内又来不及完全恢复，时间长了就可能发生持久性听力损失。另外，如果长期接触过量的噪声，听力阈值就不能完全恢复到原来的数值，便造成耳感受器发生器质性病变，进而发展成为不可逆的永久性听力损失，临床上称噪声性耳聋，它是一种进行性感音系统的损害。

噪声性耳聋的特点是，在听力曲线图上以 4 000 Hz 处为中心的听力损失，即所谓 V 字形病变曲线。噪声性耳聋的另一特点是，先有高音调缺损，然后是低音调缺损。噪声性耳聋听力损失的一般发展形式见图 9-13。

（4）爆震性耳聋　上面介绍的都是缓慢形成的噪声性听力损失。如果人突然暴露于极其强烈的噪声环境中，如高达 150 dB 时，人的听觉器官会发生鼓膜破裂出血，迷路出血，螺旋器（感觉细胞和支持结构）从基底膜急性剥离，一次刺激就有可能使人双耳完全失去听力，这种损伤称为声外伤，或称爆震性耳聋。

3. 噪声对机体的其他影响

噪声在 90 dB 以下，对人的生理作用不明显。90 dB 以上的噪声，对神经系统、心血管系统等有明显的影响。

将不同声级的噪声对人体器官的主要影响进行汇总，并将汇总结果分为 4 个"噪声品级"，该分级方式相当精确，足以对所有实际应用分析提供信息。图 9-14 所示为 4 个噪声品级所造成的影响程度（按％计）与声级（单位为加权分贝）之间的关系，如：

第一噪声品级：$L=30$ dB（A）～65 dB（B），其影响程度仅限于心理的，见图 9-14 中区域 1；

第二噪声品级：$L=65\sim90$ dB（B），心理影响大于第一品级，另外还有植物神经方面的影响，见图 9-14 中区域 2；

第三噪声品级：$L=90\sim120$ dB（B），心理影响和植物神经影响均大于第二品级，此外还有造成不可恢复的听觉机构损害的危险，见图 9-14 中区域 3；

第四噪声品级：$L>120$ dB（B），经过相当短时间的声冲击之后，就必须考虑内耳遭受的永久性损伤。当声级达到 $L>140$ dB（B）时，遭受刺激的人很可能形成严重的脑损伤，见图 9-14 中区域 4。

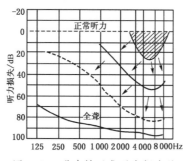
图 9-13　噪声性耳聋听力损失的
一般发展形式

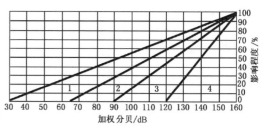
图 9-14　4 个噪声品级所造成的影响程度

9.4.2　影响噪声对机体作用的因素

1. 噪声的强度

噪声强度大小是影响听力的主要因素。强度越大，听力损伤出现得越早，损伤就越严重，受损伤的人数越多。经调查发现，语言听力损伤的阳性率随噪声强度的增加而增加，噪声性耳聋与工龄有关。

2. 接触时间

接触噪声的时间越长,听力损伤越重,损伤的阳性率越高。听力损伤的临界暴露时间,在同样强度的噪声作用下由各频率听阈的改变表现也是各不相同的。4 000～6 000 Hz 出现听力损伤的时间最早,即该频段听力损伤的临界暴露时间最短。一般情况下,接触强噪声的头 10 年听力损伤进展快,以后逐渐缓慢。

3. 噪声的频谱

在强度相同条件下,以高频为主的噪声比以低频为主的噪声对听力危害大;窄频带噪声比宽频带噪声危害大。研究发现,频谱特性可影响听力损伤的程度,而不会影响听力损失的高频段凹陷这一特征。

4. 噪声类型和接触方式

脉冲噪声比稳态噪声危害大。持续接触比间断接触危害大。

5. 个体差异

机体健康状况和敏感性对听力损伤的发生和严重程度也有差异。在现场调查中常发现少数(1%～10%)特别敏感及特别不敏感的人。

9.4.3 噪声评价标准

1. 国外听力保护噪声标准

为了保护经常受到噪声刺激的劳动者的听力,使他们即使长期在噪声环境中工作,也不致产生听力损伤和噪声性耳聋。听力保护噪声标准以 A 声级为主要评价指标,对于非稳定噪声,则以每天工作 8 h,连续每周工作 40 h 的等效连续 A 声级进行评价。表 9-10 所示为国外听力保护噪声允许标准。

表 9-10 国外听力保护噪声允许标准(A 声级)

每个工作日允许工作时间/h	允许噪声级/dB(A)		
	国际标准化组织 (1971)	美国政府 (1969)	美国工业卫生医师协会 (1977)
8	90	90	85
4	93	95	90
2	96	100	95
1	99	105	100
1/2(30 min)	102	110	105
1/4(15 min)	115(最高限)	115	110

2. 我国工业噪声卫生标准

我国 2013 年颁布的《工业企业噪声控制设计规范》中,规定工业企业内各类工作场所噪声限值,见表 9-11。

表 9-11 各类工作场所噪声限值

工作场所	噪声限值〔dB(A)〕
生产车间	85
车间内值班室、观察室、休息室、办公室、实验室、设计室室内背景噪声级	70
正常工作状态下精密装配线、精密加工车间、计算机房	70
主控室、集中控制室、通信室、电话总机室、消防值班室,一般办公室、会议室、设计室、实验室室内背景噪声级	60
医务室、教室、值班宿舍室内背景噪声级	55

注:(1)生产车间噪声限值为每周工作 5 d,每天工作 8 h 等效声级;对于每周工作 5 d,每天工作时间不是 8 h,需计算 8 h 等效声级;对于每周工作日不是 5 d,需计算 40 h 等效声级;

(2)室内背景噪声级指室外传入室内的噪声级。

3. 环境噪声标准

为了控制环境污染，保证人们的正常工作和休息不受噪声干扰，ISO 规定住宅区室外噪声允许标准为 $35\sim45\ dB$（A），对不同的时间、地区要按表 9-12 所示的进行修正。

表 9-12　ISO 公布的各类环境噪声标准

Ⅰ. 不同时间的修正值/dB（A）		Ⅲ. 室内修正值/dB（A）	
时间	修正值	条件	修正值
白天	0	开窗	−10
晚上	−5	单层窗	−15
夜间	−10～−15	双层窗	−20
Ⅱ. 不同地区的修正值/dB（A）		Ⅳ. 室内噪声标准/dB（A）	
地区分类	修正值	室的类型	允许值
医院和要求特别安静的地区	0	寝室	20～50
郊区住宅，小型公路	+5	生活室	30～60
工厂与交通干线附近的住宅	+15	办公室	25～60
城市住宅	+10	单间	70～75
城市中心	+20	—	—
工业地区	+25	—	—

9.5　人与振动环境

振动环境是伴随人们工作和生活较普遍的环境。各种空中的、陆地的、水中的交通工具，以及各种工业的、农业的、家用的机械工具都可使人们处于振动环境之中，影响人的工作效率、舒适性以及人的健康和安全。此外，振动还影响机械、设备、工具、仪表的正常工作。

9.5.1　人体的振动特性

人体是一个有生命的有机体，对振动的反应往往是综合性的。研究指出，人体对振动敏感范围如图 9-15（a）所示，表明人体暴露在振动环境中分为高频区和低频区，同时又分为整体敏感区和局部敏感区。

人体可视为一个多自由度的振动系统。由于人体是具有弹性的组织，因此，对振动的反应与一个弹性系统相当。尽管将人体作为振动系统研究时，出现的情况十分复杂，但是，对于坐姿人体承受垂直振动时的振动特性，其研究结果基本一致。人体对 4～8 Hz 频率的振动能量传递率最大，其生理效应也最大，称作第一共振峰。它主要由胸部共振产生，因而对胸腔内脏影响最大。在 10～12 Hz 的振动频率时出现第二共振峰，它是由腹部共振产生，对腹部内脏影响较大，其生理效应仅次于第一共振峰。在 20～25 Hz 的频率时出现第三共振峰，其生理效应稍低于第二共振峰。以后随着频率的增高，振动在人体内的传递逐步衰减，其生理效应也相应减弱。显然，对人体影响最大的是低频区。当整体处于 1～20 Hz 的低频区时，人体随着频率的不同而发生不同的反应，见图 9-15（b）。

9.5.2　影响振动对机体作用的因素

由图 9-15 可知，不同的振动物理参数，将使人体产生不同的反应。振动频率、作用、方向、振动强度是振动作用于人体的主要因素；作用方式、振动波形、暴露时间等因素也相当重要。此外，寒冷是振动引起人体不良反应的重要外界条件之一。振动对人体的影响因素见图 9-16。

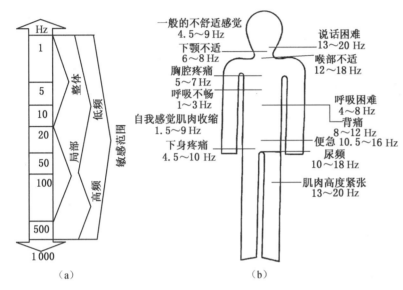

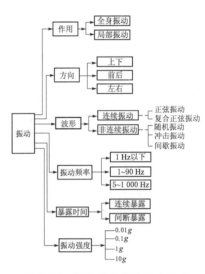

图 9-15　人体对振动的敏感范围　　　　　　　　图 9-16　振动对人体的影响因素

9.5.3　振动对人体的影响

振动对人的影响主要取决于振动强度，而振动强度一般是用加速度有效值来计量的。除了振动强度外，还有两个十分重要的因素。其一是振动频率，实验证明，人对 4～8 Hz 的振动感觉最敏感，频率高于 8 Hz 或低于 4 Hz，敏感性就逐渐减弱。其二，对于同强度、同频率的振动来说，振动的影响还同振动的暴露时间有关。短暂时间内可以容忍的振动，时间一长就很可能变成不能容忍。

振动对人的影响大致有以下四种情况：

① 人体刚能感受到振动的信息，即是通常所说的"感觉阈"，见图 9-17。人们对刚超过感觉阈的振动，一般并不觉得不舒适，即多数人对这种振动是可容忍的。

② 振动的振幅加大到一定程度，人就感到不舒适，或者做出"讨厌"的反应，这就是"不舒适阈"。不舒适是一种生理反应，是大脑对振动信息的一种判断，并没有产生生理的影响。

③ 振动振幅进一步增加，达到某种程度时，人对振动的感觉就由"不舒适"进到"疲劳阈"。对超过疲劳阈的振动，不仅有心理的反应，而且也出现生理的反应。这就是说，振动的感受器官和神经系统的功能在振动的刺激下受到影响，并通过神经系统对人体的其他功能产生影响，如注意力的转移、工作效率的降低，等等。对刚超过"疲劳阈"的振动来讲，振动停止以后，这些生理影响是可以恢复的。

④ 振动的强度继续增加，就进入"危险阈"。超过危险阈时，振动对人不仅有心理、生理的影响，还产生病理性的损伤和病变，且在振动停止后也不能复原，这一界限通常称为"痛阈"。

9.5.4 振动对工作能力的影响

上述振动对人的心理效应主要表现为操作能力的变化，而振动对人的工作能力的影响又是多方面的。由于人体与目标的振动，使视觉模糊，仪表判读以及精细的视分辨发生困难；由于手脚和人机界面振动，使动作不协调，操纵误差增加；由于全身受损颠簸，使语言明显失真或间断；由于强烈振动使脑中枢机能水平降低，注意力分散，容易疲劳，从而加剧振动的心理损害。振动负荷导致人的操作能力的降低主要反映在操纵误差、操纵时间、反应时间的变化上，具体如图 9-18 所示。

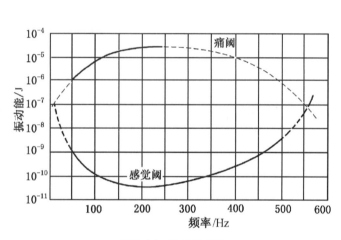

图 9-17 振动的阈值

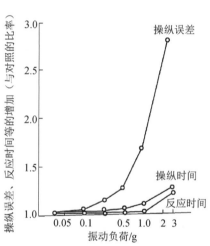

图 9-18 振动对操作能力的影响

9.5.5 振动的评价

振动的评价标准是对所接触的振动环境进行人机工程学评价的重要依据。我国等效采用 ISO 2631 标准，故只介绍 ISO 组织颁布的振动评价标准。

1. 全身承受振动的评价标准

ISO 2631《人体暴露于全身振动的评价》是国际标准化组织推荐的振动评价标准。该标准提出以振动加速度有效值、振动方向、振动频率和受振持续时间 4 个基本振动参数的不同组合来评价全身振动对人体产生的影响。ISO 2631 根据振动对人的影响，规定了 1~80 Hz 振动频率范围内人体对振动加速度均方值反应的三种不同感觉界限，即：

(1) 健康与安全界限（EL） 人体承受的振动强度在这个界限内，人体将保持健康和安全。

(2) 疲劳-降低工作效率界限（FDP） 当人体承受的振动在此界限内，人将能保持正常的工作效率。

(3) 舒适降低界限（RCB） 当振动强度超过这个界限，人体将产生不适反应。

上述三种界限之间的简单关系为

$$EL = 2FDP(两者相差 6\ dB) \tag{9-7}$$

$$RCB \approx \frac{FDP}{3.15}(两者相差 10\ dB) \tag{9-8}$$

图 9-19 所示的是 ISO 2631 振动评价标准中的疲劳-降低工作效率界限。图中实线为垂直振动评价标准；虚线为水平振动（胸背或侧面）评价标准。虚线比实线下降 3 dB，这说明人体对水平振动比对垂直振动更敏感。

对于不同的工作环境，应根据具体的工作要求和工作条件，选取上述的评价界限之一作为振动评价的基本标准。如果需要以健康与安全界限或舒适降低界限为评价的基本标准，则可将图 9-19 中线上的振动加速度有效值乘以 2，便可得到"健康与安全界限"；若将图线上的振动加速度有效值除以 3.15，便能得到"舒适降低界限"。

ISO 2631 振动评价标准中的允许界限值可直接用于单频率正弦振动的评价。按等效的观点，也可以直接用于集中在 1/3 倍频程或更小频带中的窄带随机振动的评价，但在这种情况下，应当以 1/3 倍频程中心频率处的振动加速度有效值的允许界限值，与相应的 1/3 倍频程的实测振动加速度的均方根值相对比较来进行评价。

对于多个离散频率的振动或宽带随机振动，则可视情况和要求的不同，采用 1/3 倍频程分析评价法或总加权加速度有效值评价法。

2. 局部振动的评价标准

国际标准化组织提出《人对手传振动暴露的测量和评价指南》（ISO/IEC DIS 5394），虽是局部振动标准草案，但已为许多国家所承认，成为评价局部振动的重要依据。

按该标准要求，测试点应在与手接触的机械之某处（如手柄或手抓取处）。振动定向是根据人体的解剖位置，以第三掌骨头为坐标原点来确定 X、Y、Z 三轴向，见图 9-20。

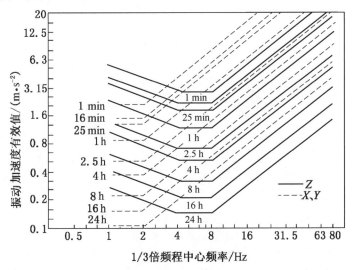

图 9-19　ISO 2631 振动评价标准中的疲劳-降低工作效率界限

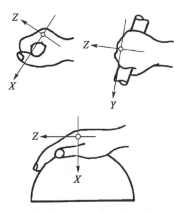

图 9-20　局部振动的方向

ISO/IEC DIS 5394 标准是根据每天接振时间，规定出最大轴向各中心频率下振动加速度、速度有效值的最大限值。该标准所规定的具体原则：每班接振时间以 4 h 计，不足 4 h 者以 4 h 等能量频率计权加速度表示。该评价准则

183

对于三个轴的测量结果均可适用，但三个轴向振动以最大轴向振动加速度成分评价。评价时采用倍频程分析的结果计算。

因不同的受振时间，允许不同的接振加速度，如果工作日内接触振动时间不足4~8 h，则无论是连续暴露，还是不规则间断暴露，或规则间断暴露，都应按表9-13中的校正系数进行加权计算后评价。表中的系数即为各频带范围4~8 h容许接触界限的倍数。如系数为5，即将4~8 h最大容许值各项数值乘以5，其余类推。

通常，根据接触时间，由表9-13查出校正系数，然后利用图9-21所示的相应曲线进行评价。该图中的横坐标是倍频程中心频率；纵坐标为加速度有效值。其中，曲线1~5表示不同校正系数时的容许界限。评价时将手传振动的测试结果绘制频谱图，与ISO/IEC DIS 5394的标准曲线相比较，即可对局部接触振动作出评价。

表9-13 校正系数

工作日内接触时间	持续或不规则间断	规则性间断				
		每小时不接触振动时间/min				
		~10	10~20	20~30	30~40	>40
~30 min	5	5	—	—	—	—
0.5~1 h	4	4	—	—	—	—
1~2 h	3	3	3	4	5	5
2~4 h	2	2	2	3	4	5
4~8 h	1	1	1	2	3	4

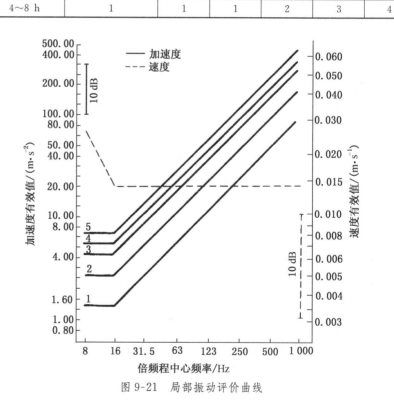

图 9-21 局部振动评价曲线

9.6 人与毒物环境

人在劳动中的许多环节都有可能接触到生产性毒物。各种生产性毒物常以固体、液体、气体或气溶胶的形态存在。其中，固体和液体形态存在的生产性毒物,如果不挥发又不经皮肤进入人体,则对人体危害较小。因此,就其对人体的危害来说,则以空气污染具有特别重要的意义。而对作业环境的空气造成污染的主要物质是有毒气体、蒸气、工业粉尘以及烟雾等有害物质。

9.6.1 有毒气体和蒸气

有毒气体是指常温、常压下呈气态的有害物质。例如,由冶炼过程、发动机排放产生的一氧化碳;由化工管道、容器或反应器逸出的氯化氢、二氧化硫、氯气等。有毒蒸气是指有毒的固体升华、液体蒸发或挥发时形成的蒸气。例如,喷漆作业中的苯、汽油、醋酸酯类等物质的蒸气。若空气中含有过量的有害气体或蒸气,则可使人产生中毒或导致职业性疾病。工业生产中几种常见的有毒气体与人体的关系见表9-14。

表9-14 工业生产中几种常见的有毒气体与人体的关系

有毒气体浓度		对人体产生的影响
一氧化碳浓度/10^{-6} (体积的百万分比率)	100	数小时对人体无影响
	400～500	1 h内无影响
	600～700	1 h后有时会引起不快感
	1 000～1 200	1 h后会引起不快
	1 500～2 000	1 h后会有危险
	4 000以上	1 h后即有危险
二氧化碳浓度/%	45	几小时内无症状
	54	呼吸的深度会增加
	72	有局部症状,头痛、耳鸣、心跳、昏迷、意识丧失
	108	呼吸显著地增加
	144	呼吸明显困难
	180	意识丧失,死亡状态
	360	生命的中枢完全麻痹,死亡
氯气浓度/10^{-6}	0.02	嗅觉阈浓度
	0.5	有气味
	1～3	有明显气味,刺激眼、鼻
	6	刺激咽喉致咳
	30	引起剧咳
	40～60	接触30～60 min,可能引起严重损害
	100	可能造成致命损害
	1 000	可危及生命
二氧化硫24 h平均浓度/($\mu g \cdot m^{-3}$)		中年以上或慢性病患者出现超出预计的死亡,呼吸道病人的病情恶化

9.6.2 工业粉尘和烟雾

工业粉尘是指能较长时间飘浮在作业场所空气中的固体微粒,其粒子大小多在0.1～10 μm。固体物质经机械粉碎或碾磨时可产生粉尘,粉状原料、半成品和成品在混合、筛分、运送或包装时有粉尘飞扬。例如,炸药厂的三硝基甲苯粉尘、干电池厂的锰尘等。

烟（尘）为悬浮在空气中直径小于 $0.1\ \mu m$ 的固体微粒。某些金属熔融时所产生的蒸气在空气中迅速冷凝或氧化而形成烟，例如，熔炼铅时产生的铅烟，熔铜铸铜时产生的氧化锌烟。有机物质加热或燃烧时也可产生烟，例如农药熏蒸剂燃烧时产生的烟。

雾为悬浮于空气中的液体微滴，多由于蒸汽冷凝或液体喷洒而形成。例如，喷洒农药时的药雾；喷漆时的漆雾；电镀铬时的铬酸雾；金属酸洗时的硫酸雾等。

在生产过程中，如没有控制毒物的措施，作业环境中均会有大量粉尘和烟雾逸散，从事有关作业的操作者，都有可能接触这类有害物质而受其危害。

粉尘在进入呼吸道后，根据其物理性状，在呼吸道各部位通过不同方式沉积、潴留以及最后清除。生产性粉尘根据其理化性质、进入人体的量和作用部位，可引起不同的病变。粉尘主要引起职业性呼吸系统疾患，如尘肺、支气管哮喘、职业性过敏性肺炎、呼吸系统肿瘤等。

此外，粉尘还会引起中毒现象，如吸入铅、砷、锰等有毒粉尘，能在支气管和肺泡壁上溶解后吸收，引起中毒表现。

9.6.3 防尘、防毒环境设计要求

《工业企业设计卫生标准》（GBZ 1—2010）于 2010 年 8 月 1 日起开始实施，该标准中提出防尘、防毒环境设计的基本卫生要求。

1. 优先采用先进的生产工艺、技术和无毒（害）或低毒（害）的原材料，消除或减少尘、毒职业性有害因素；对于工艺、技术和原材料达不到要求的，应根据生产工艺和粉尘、毒物特性，参照《工作场所防止职业中毒卫生工程防护措施规范》（GBZ/T 194—2007）的规定设计相应的防尘、防毒通风控制措施，使劳动者活动的工作场所有害物质浓度符合 GBZ 2.1 要求；如预期劳动者接触浓度不符合要求的，应根据实际接触情况，参考 GBZ/T 195、GB/T 18664 的要求同时设计有效的个人防护措施。

1.1 原材料选择应遵循无毒物质代替有毒物质，低毒物质代替高毒物质的原则。

1.2 对产生粉尘、毒物的生产过程和设备（含露天作业的工艺设备），应优先采用机械化和自动化，避免直接人工操作。为防止物料跑、冒、滴、漏，其设备和管道应采取有效的密闭措施，密闭形式应根据工艺流程、设备特点、生产工艺、安全要求及便于操作、维修等因素确定，并应结合生产工艺采取通风和净化措施。对移动的扬尘和逸散毒物的作业，应与主体工程同时设计移动式轻便防尘和排毒设备。

1.3 对于逸散粉尘的生产过程，应对产尘设备采取密闭措施；设置适宜的局部排风除尘设施对尘源进行控制；生产工艺和粉尘性质可采取湿式作业的，应采取湿法抑尘。当湿式作业仍不能满足卫生要求时，应采用其他通风、除尘方式。

2. 产生或可能存在毒物或酸碱等强腐蚀性物质的工作场所应设冲洗设施；高毒物质工作场所墙壁、顶棚和地面等内部结构和表面应采用耐腐蚀、不吸收、不吸附毒物的材料，必要时加设保护层；车间地面应平整防滑，易于冲洗清扫；可能产生积液的地面应做防渗透处理，并采用坡向排水系统，其废水纳

入工业废水处理系统。

3. 贮存酸、碱及高危液体物质贮罐区周围应设置泄险沟（堰）。

4. 工作场所粉尘、毒物的发生源应布置在工作地点的自然通风或进风口的下风侧；放散不同有毒物质的生产过程所涉及的设施布置在同一建筑物内时，使用或产生高毒物质的工作场所应与其他工作场所隔离。

5. 防尘和防毒设施应依据车间自然通风风向、扬尘和逸散毒物的性质、作业点的位置和数量及作业方式等进行设计。经常有人来往的通道（地道、通廊），应有自然通风或机械通风，并不宜敷设有毒液体或有毒气体的管道。

5.1 通风、除尘、排毒设计应遵循相应的防尘、防毒技术规范和规程的要求。

1）当数种溶剂（苯及其同系物、醇类或醋酸酯类）蒸气或数种刺激性气体同时放散于空气中时，应按各种气体分别稀释至规定的接触限值所需要的空气量的总和计算全面通风换气量，除上述有害气体及蒸气外，其他有害物质同时放散于空气中时，通风量仅按需要空气量最大的有害物质计算。

2）通风系统的组成及其布置应合理，能满足防尘、防毒的要求，容易凝结蒸气和聚积粉尘的通风管道、几种物质混合能引起爆炸、燃烧或形成危害更大的物质的通风管道，应设单独通风系统，不得相互连通。

3）采用热风采暖、空气调节和机械通风装置的车间，其进风口应设置在室外空气清洁区并低于排风口，对有防火防爆要求的通风系统，其进风口应设在不可能有火花溅落的安全地点，排风口应设在室外安全处，相邻工作场所的进气和排气装置，应合理布置，避免气流短路。

4）进风口的风量，应按防止粉尘或有害气体逸散至室内的原则通过计算确定，有条件时，应在投入运行前以实测数据或经验数值进行实际调整。

5）供给工作场所的空气一般直接送至工作地点。放散气体的排出应根据工作场所的具体条件及气体密度合理设置排出区域及排风量。

6）确定密闭罩进风口的位置、结构和风速时，应使罩内负压均匀，防止粉尘外逸并不致把物料带走。

第 10 章 人机环境系统总体设计

10.1 总体设计的目标

人机工程学的最大特点，是把人、机、环境看作一个系统的三大要素，在深入研究三要素各自性能和特征的基础上，着重强调从全系统的总体性能出发，并运用系统论、控制论和优化论三大基础理论，使系统三要素形成最佳组合的优化系统。

10.1.1 人机系统的组成

人机系统中，一般的工作循环过程可由图 10-1 来加以说明，人在操作过程中，机器通过显示器将信息传递给人的感觉器官（如眼睛、耳朵等），中枢神经系统对信息进行处理后，指挥运动系统（如手、脚等）操纵机器的控制器，改变机器所处的状态。由此可见，从机器传来的信息，通过人这个环节又返回到机器，从而形成一个闭环系统。人机所处的外部环境因素（如温度、照明、噪声和振动等）也将不断影响和干扰此系统的效率。因此，从广义来讲，人机系统又称人-机-环境系统。

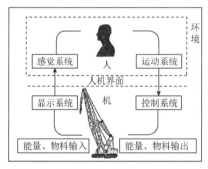

图 10-1 人机系统一般的工作循环过程

10.1.2 人机系统的类型

1. 按系统自动化程度分类

（1）人工操作系统　这类系统包括人和一些辅助机械及手工工具。由人提供作业动力，并作为生产过程的控制者。如图 10-2（a）所示，人直接把输入转变为输出。

（2）半自动化系统　这类系统由人来控制具有动力的机器设备，人也可能为系统提供少量的动力，对系统进行某些调整或简单操作。在闭环系统中反馈的信息，经人的处理成为进一步操纵机器的依据，如图 10-2（b）所示。这样不断地反复调整，保证人机系统得以正常运行。

（3）自动化系统　这类系统中信息的接收、存储、处理和执行等工作，全部由机器完成，人只起管理和监督作用，如图 10-2（c）所示，系统的能源从外部获得，人的具体功能是启动、制动、编程、维修和调试等。为了安全运行，系统必须对可能产生的意外情况设有预报及应急处理的功能。值得注意的是，不应脱离现实的技术、经济条件过分追求自动化，把本来一些适合于人操作的功能也自动化了，其结果将会引起系统可靠性和安全性的下降，导致人与机器不能相互协调。

2. 按人机结合方式分类

按人机结合方式可分为人机串联、人机并联和人与机串、并联混合三种方式。

（1）人机串联　人机串联结合方式，如图 10-3（a）所示。作业时人直接介入工作系统操纵工具和机器。人机结合使人的长处和作用增大了，但是也存在人机特性互相干扰的一面。由于受人的能力特性的制约，机器特长不能充分发挥，而且还会出现种种问题。例如，当人的能力下降时，机器的效率也随之降低，甚至会由于人的失误而发生事故。

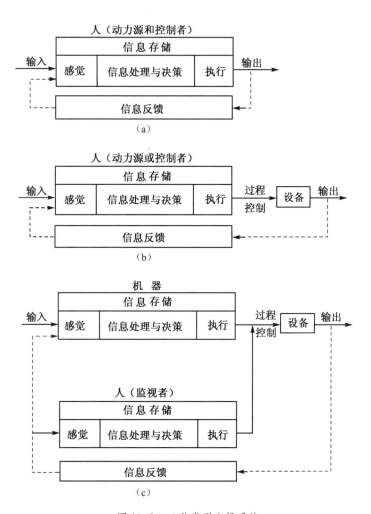

图 10-2 三种类型人机系统

(a) 人工操作系统；(b) 半自动化系统；(c) 自动化系统

（2）人机并联 人机并联结合方式如图 10-3（b）所示。作业时，人间接介入工作系统，人的作用以监视、管理为主，手工作业为辅。这种结合方式，人与机的功能有互相补充的作用，如机器的自动化运转可弥补人的能力特性的不足。但是人与机结合不可能是恒常的，当系统正常时，机器以自动运转为主，人不受系统的约束；当系统出现异常时，机器由自动变为手动，人必须直接介入系统之中，人机结合从并联变为串联，要求人迅速而正确地判断和操作。

（3）人与机串、并联混合 人与机串、并联混合的示意如图 10-3（c）所示。这种结合方式有多种形式，实际上都是人机串联和人机并联两种方式的综合，往往同时兼有这两种方式的基本特性。

在人机系统中，无论是单人单机、单人多机、单机多人还是多机多人，人与机之间的联系都发生在人机界面上。而人与人之间的联系主要通过语言、文字、文件、电信、信号、标志、符号、手势和动作等来完成。

10.1.3 人机系统的目标

由于人机系统构成复杂、形式繁多、功能各异，无法一一列举具体人机系统的设计方法，但是，结构、形式、功能均不相同的各种各样的人机系统设计，其总体目标都是一致的。因此，研究人机系统的总体设计就具有重要

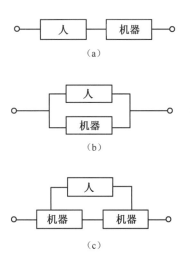

图 10-3 人与机的结合方式

(a) 人机串联；(b) 人机并联；

(c) 人与机串、并联混合

的意义。

在人机系统设计时，必须考虑系统的目标，也就是系统设计的目的所在。由图 10-4 可知，人机系统的总体目标也就是人机工程学所追求的优化目标，因此，在人机系统总体设计时，要求满足安全、高效、舒适、健康和经济五个指标的总体优化。

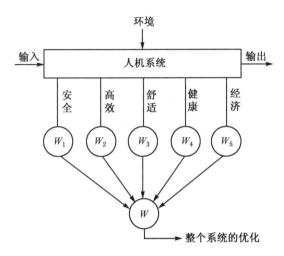

图 10-4　系统的总体目标

10.2　总体设计的原则

GB/T 16251—2023 工作系统设计的人类工效学标准在技术内容上与 ISO 6385—2016 版等效，该国际标准规定了人机工程学原则为工作系统设计的基本指导方针，可应用于对人的福利、安全和健康的最佳工作条件，同时也考虑到技术和经济上的效果。现将该国际标准中所规定的人机工程学一般指导原则介绍如下。

10.2.1　工作空间和工作设备的设计

1. 与身体尺寸有关的设计

对工作空间和工作设备的设计应考虑工作过程中对人身体尺寸所产生的约束条件。

工作空间应适合于操作者，在设计时要特别注意下列各点：

① 工作高度应适合于操作者的身体尺寸及所要完成的工作类型。座位、工作面和（或）工作台应设计成能获得所期望的身体姿势，即身体躯干挺直，身体质量能适当地得到支撑，两肘置于身体两侧，前臂接近水平状态。

② 座位装置应适合于人的解剖生理特点。

③ 应为身体的活动，特别是头、手臂、腿和脚活动提供足够的空间。

④ 各种操作器应布置在人的功能可及的范围内。

⑤ 把手和手柄应适合手的功能解剖学要求。

2. 有关身体姿势、肌力和身体动作的设计

工作设备的设计应避免肌肉、关节、韧带，以及呼吸和循环系统必要的和过度的应变，力的要求应在生理上所期望的范围内，身体动作应遵循自然节奏。身体姿势、力的使用以及身体的动作应互相协调。

（1）身体姿势

① 操作者应能交替采用坐姿和立姿。如果必须两者择一，则通常坐姿优于立姿；然而工作过程也可能要求立姿。

② 如果必须施用较大的肌力，那么应该采取合适的身体姿势和提供适当的身体支撑，使通过身体的一连串力或扭矩不致损伤身体。

③ 身体不应由于长时间的静态肌肉紧张而引起疲劳，应该可以变换身体姿势。

（2）肌力

① 力的要求应与操作者的体力相一致。

② 所涉及的肌肉群必须在肌力上能满足力的要求。如果力的要求过大，那么应在工作系统中引入辅助能源。

③ 应该避免同一肌肉保持长时间的静态紧张。

（3）身体动作

① 应在身体动作间保持良好的平衡，最好能选择长时间固定不变的动作。

② 动作的幅度、强度、速度和节拍应互相协调。

③ 对精度要求较高的动作不应使用很大的肌力。

④ 如果适当，可设置引导装置，以便于动作的实施和明确它的先后顺序。

3. 有关信号、显示器和控制器设计

（1）信号与显示器　信号与显示器应以适合人的感受特性的方式选择、设计和配置。尤其应注意下列各点：

① 信号和显示器的种类和数量应符合信息的特性。

② 当显示器数量很多时，为了能清楚地识别信息，应以能够清晰、迅速地获得可靠的方位来配置它们。对它们的排列可以根据工艺流程或使用特定信息的重要性和频率来确定。这种排列还可依据过程的机能、测定种类等划分为若干部分。

③ 信号和显示器的种类和设计应保证清晰易辨。这一点对危险信号尤其重要，应考虑到强度、形状、大小、对比度、显著性和信噪比等各个方面。

④ 信号显示的变化速率和方向应与主信息源变化的速率和方向相一致。

⑤ 在以观察和监视为主的长时间工作中，应通过信号和显示器的设计与布置来避免过载及负载不足的影响。

（2）控制器　控制器的选择、设计和配置应与人体操作部分的特性（特别是动作）相适应。应该考虑到技能、准确性、速度和力的要求，特别应注意下列各点：

① 控制器的类型、设计和配置应适合于控制的任务。应考虑到人的各项特性，包括学会的和本能的动作。

② 控制器的行程和操作阻力应根据控制任务和生物力学及人体测量数据来选择。

③ 控制动作、设备的应答和显示信息应相互适应和协调。

④ 各种控制器的功能应易于辨认，避免混淆。

⑤ 在控制器数量很多的地方，应以能确保安全、明确、迅速地操作进行配置。其配置方法与信号的配置相同，可以根据控制器在过程中的功能和使用顺序等，把它们分成若干部分。

⑥ 关键的控制器应有防止误动作的保护装置。

10.2.2 工作环境设计

工作环境的设计应保证工作环境中的物理、化学和生物学条件对人们不产生有害的影响，而且要保证人们的健康及工作能力和便于工作，也应以客观可测的现象和主观评价作为依据。

对于工作环境应特别注意以下各点：

① 工作场所的大小（总体布置、工作空间和通行有关的工作空间）应适当。

② 通风应按下列因素进行调节：

——室内的人数；

——工作场所的大小；

——消耗氧气的设备；

——所涉及的体力劳动强度；

——室内的污染物质的产生情况；

——热条件。

③ 应按当地的气候条件来调节工作场所的热条件：

——气温；

——风速；

——所涉及的体力劳动强度；

——湿度；

——热辐射；

——衣服、工作设备和专用保护设备的性质。

④ 照明应为所需的活动提供最佳的视觉感受：

——亮度；

——光分布；

——亮度和颜色的对比度；

——颜色；

——无眩光及不合需要的反射；

——操作者的年龄。

⑤ 在为房间和工作设备选择颜色时，应该考虑它们对亮度的分布，对视野的结构和质量及对安全色感受的影响。

⑥ 声学工作环境应避免有害或扰人噪声的影响，包括外部噪声的影响，还应注意下列因素：

——声压级；

——时间分布；

——频谱；

——对声响信号的感知；

——通话清晰度。

⑦ 传递给人的振动和冲击不应引起肉体损伤，以及生理和病理反应或感觉、运动神经系统失调。

⑧ 应避免工人暴露于危险物质及有害辐射的环境中。

⑨ 在室外工作时，存在不利的气候影响（如热、冷、风、雨、雪、冰）

时，应为操作者提供适当的遮掩物。

10.2.3 工作过程设计

工作过程设计特别应避免工人劳动超载和负载不足，以保护工人的健康和安全，增进福利和便于完成工作。超越操作者的生理或心理功能范围的上限或下限，都会形成超载或负载不足，产生不良后果：

——肉体或感觉的过载使人产生疲劳；

——负载不足或使人感到单调的工作会降低警惕性。

生理上和心理上所施加的压力不仅有赖于 10.2.1 节和 10.2.2 节中考虑的因素，而且也有赖于操作的内容和重复程度，以及操作者对整个工作过程的控制。

应该注意采用下列一种或多种方法改善工作过程和质量：

① 由一名代替几名操作者完成属于同一工作职能的几项连续操作（职能扩大）。

② 由一名代替几名操作者完成属于不同工作职能的连续操作，例如，组装作业的质量检查可由次品检出人员完成（职能充实）。

③ 改变工作，例如，在装配线上的工人中，实行自愿轮换工种的方法。

④ 有组织的或无组织的休息。

为了采用上述方法，应特别注意下列各点：

① 警惕性和工作能力的昼夜变化。

② 操作者之间工作能力上的差异及随年龄的变化。

③ 个人技能的高低。

10.3　总体设计的程序

10.3.1　人机系统设计的程序

一般来说，人机系统设计具有如图 10-5 所示的程序。该程序包括以下几个方面：

① 了解整个系统的必要条件，如系统的任务、目标，系统使用的一般环境条件，以及对系统的机动性要求等。

② 调查系统的外部环境，如构成系统执行上障碍的外部大气环境，外部环境的检验或监测装置等。

③ 了解系统内部环境的设计要求，如采光、照明、噪声、振动、温度、湿度、粉尘、气体、辐射等作业环境以及操作空间等的要求，并从中分析构成执行上障碍的内部环境。

④ 进行系统分析，即利用人机工程学知识对系统的组成、人机联系、作业活动方式等内容进行方案分析。

⑤ 分析构成系统的各要素的机能特性及其约束条件，如人的最小作业空间，人的最大操作力，人的作业效率，人的可靠性和人体疲劳、能量消耗，以及系统费用、输入/输出功率等。

⑥ 人与机的整体配合关系的优化，如分析人与机之间作业的合理分工，人机共同作业时关系的适应程度等配合关系。

⑦ 人、机、环境各要素的确定。

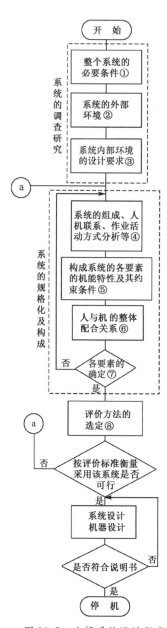

图 10-5　人机系统设计程序

⑧ 利用人机工程学标准对系统的方案进行评价，如选定合适的评价方法，对系统的可靠性、安全性、高效性、完整性以及经济性等方面作出综合评价，以确定方案是否可行。

10.3.2　人机系统开发的步骤

按人机工程学要求，在人机系统开发的全过程中，均应有人机工程学专家参与，而且在不同的开发阶段，所参与的工作是不同的。人机系统综合开发的步骤及应考虑的人机工程学问题可见表 10-1。

表 10-1　人机系统的开发步骤

系统开发的各阶段	各阶段的主要内容	人机系统设计中应注意的事项	人机工程学专家的设计实例
明确系统的重要事项	确定目标	主要人员的要求和制约条件	对主要人员的特性、训练等有关问题的调查和预测
	确定使命	系统使用上的制约条件和环境上的制约条件；组成系统中人员的数量和质量	对安全性和舒适性有关条件的检验
	明确适用条件	能够确保的主要人员的数量和质量，能够得到的训练设备	预测对精神、动机的影响
系统分析和系统规划	详细划分系统的主要事项	详细划分系统的主要事项及其性能	设想系统的性能
	分析系统的功能	对各项设想进行比较	实施系统的轮廓及其分布图
	系统构思的发展（对可能的构思进行分析评价）	系统的功能分配；与设计有关的必要条件；与人员有关的必要条件；功能分析；主要人员的配备与训练方案的制订	对人机功能分配和系统功能的各种方案进行比较研究；对各种性能的作业进行分析；调查决定必要的信息显示与控制的种类
	选择最佳设想和必要的设计条件	人机系统的试验评价设想与其他专家组进行权衡	根据功能分配，预测所需人员的数量和质量，以及训练计划和设备；提出试验评价的方法设想与其他子系统的关系和准备采取的对策
系统设计	预备设计（大纲的设计）	设计时应考虑与人有关的因素	准备适用的人机工程数据
	设计细则	设计细则与人的作业的关系	提出人机工程设计标准；关于信息与控制必要性的研究与实现方法的选择与开发；研究作业性能；居住性的研究

系统开发的各阶段	各阶段的主要内容	人机系统设计中应注意的事项	人机工程学专家的设计事例
系统设计	具体设计	在系统的最终构成阶段，协调人机系统；操作和保养的详细分析研究（提高可靠性和维修性）；设计适应性高的机器；人所处空间的安排	参与系统设计最终方案的确定，最终决定人机之间的功能分配，使人在作业过程中，信息、联络、行动能够迅速、准确地进行；对安全性的考虑；防止热情下降的措施
	显示装置、控制装置的选择和设计		控制面板的配置；提高维修性对策；空间设计、人员和机器的配置决定照明、温度、噪声等环境条件和保护措施
	人员的培养计划	人员的指导训练和配备计划与其他专家小组的折中方案	决定使用说明书的内容和式样；决定系统的运行和保养所需人员的数量和质量，训练计划的开展和器材的配置
系统的试验和评价	规划阶段的评价；模型制作阶段；原型、最终模型的缺陷诊断和修改的建议	人机工程学试验评价；根据试验数据的分析，修改设计	设计图纸阶段的评价；模型或操纵训练用模拟装置的人机关系评价；确定评价标准（试验法、数据种类、分析法等）；对安全性、舒适性、工作热情的影响评价；机械设计的变动，使用程序的变动，人的作业内容变动，人员素质的提高，训练方法的改善，对系统规划的反馈
生产	生产	以上几项为准	以上几项为准
使用	使用、保养	以上几项为准	以上几项为准

10.4　总体设计的要点

　　人机系统的显著特点，是对于系统中人、机和环境三个组成要素，不单纯追求某一个要素的最优，而是在总体上、系统级的最高层次上正确地解决好人机功能分配、人机关系匹配和人机界面合理三个基本问题，以求得满足系统总体目标的优化方案。因此，应该掌握总体设计的要点。

10.4.1 人机功能分配

在人机系统中,充分发挥人与机械各自的特长,互补所短,以达到人机系统整体的最佳效率与总体功能,这是人机系统设计的基础,称为人机功能分配。

人机功能分配必须建立在对人和机械特性充分分析比较的基础上,见表10-2。一般来说,灵活多变、指令程序编制、系统监控、维修排除故障、设计、创造、辨认、调整,以及应付突发事件等工作应由人承担。速度快、精密度高、规律性的、长时间的重复操作、高阶运算、危险和笨重等方面的工作,则应由机械来承担。随着科学技术的发展,在人机系统中,人的工作将逐渐由机械替代,从而使人逐渐从各种不利于发挥人的特长的工作岗位上得到解放。

表 10-2　人与机器的特性比较

能力种类	人的特性	机器的特性
物理方面的功率(能)	10 s 内能输出 1.5 kW,以 0.15 kW 的输出能连续工作 1 天,并能做精细的调整	能输出极大的和极小的功率,但不能像人手那样进行精细的调整
计算能力	计算速度慢,常出差错,但能巧妙地修正错误	计算速度快,能够正确地进行计算,但不会修正错误
记忆容量	能够实现大容量的、长期的记忆,并能实现同时和几个对象联系	能进行大容量的数据记忆和调出
反应时间	最小值为 200 ms	反应时间可达微秒级
通道	只能单通道	能够进行多通道的复杂动作
监控	难以监控偶然发生的事件	监控能力很强
操作内容	超精密重复操作时易出差错,可靠性较低	能够连续进行超精密的重复操作和按程序常规操作,可靠性较高
手指的能力	能够进行非常细致而灵活快速的动作	只能进行特定的工作
图形识别	图形识别能力强	图形识别能力弱
预测能力	对事物的发展能作出相应的预测	预测能力有很大的局限性
经验性	能够从经验中发现规律性的东西,并能根据经验进行修正总结	不能自动归纳经验

在人机系统设计中,对人和机械进行功能分配,主要考虑的是系统的效能、可靠性和成本。例如,在宇宙航行中,绕月球飞行的成功率,全自动飞行

为 22％，有人参与的为 70％，人承担维修任务的为 93％，这就是功能分配的效果。功能分配也称为划定人机界限，通常应考虑以下各点：

① 人与机械的性能、负荷能力、潜力及局限性；

② 人进行规定操作所需的训练时间和精力限度；

③ 对异常情况的适应性和反应能力的人机对比；

④ 人的个体差异的统计；

⑤ 机械代替人的效果和成本等。

10.4.2　人机匹配

在复杂的人机系统中，人是一个子系统，为使人机系统总体效能最优，必须使机械设备与操作者之间达到最佳的配合，即达到最佳的人机匹配。人机匹配包括显示器与人的信息通道特性的匹配，控制器与人体运动特性的匹配，显示器与控制器之间的匹配，环境（气温、噪声、振动和照明等）与操作者适应性的匹配，人、机、环境要素与作业之间的匹配等。要选用最有利于发挥人的能力、提高人的操作可靠性的匹配方式来进行设计。应充分考虑有利于人能很好地完成任务，既能减轻人的负担，又能改善人的工作条件。例如，设计控制与显示装置时，必须研究人的生理、心理特点，了解感觉器官功能的限度和能力，以及使用时可能出现的疲劳程度，以保证人、机之间最佳的协调。随着人机系统现代化程度的提高，脑力作业及心理紧张性作业的负荷加重，这将成为突出的问题，在这种情况下，往往导致重大事故的发生。

在设备设计中，必须考虑人的因素，使人既舒适又高效地工作。随着电子计算机的不断发展，将会使人机配合、人机对话进入新的阶段，使人机系统形成一种新的组成形式——人与智能机的结合，人类智能与人工智能的结合，人与机械的结合，从而使人在人机系统中处于新的主导地位。

10.4.3　人机界面设计

人机界面设计必须解决好两个主要问题，即人控制机械和人接收信息。前者主要是指控制器要适合于人的操作，应考虑人进行操作时的空间与控制器的配置。例如，采用坐姿脚动的控制器，其配置必须考虑脚的最佳活动空间，而采用手动控制器，则必须考虑手的最佳活动空间。后者主要是指显示器的配置如何与控制器相匹配，使人在操作时观察方便，判断迅速、准确。

人机界面设计主要是指显示、控制，以及它们之间的关系的设计。作业空间设计、作业分析等也是人机界面设计的内容。有关人机界面的设计内容，在前面各有关章节中已做过详细的介绍，在此仅以一例来说明人机界面设计的分析方法。

图 10-6 是一种控制仪表板的人机界面设计程序示例。

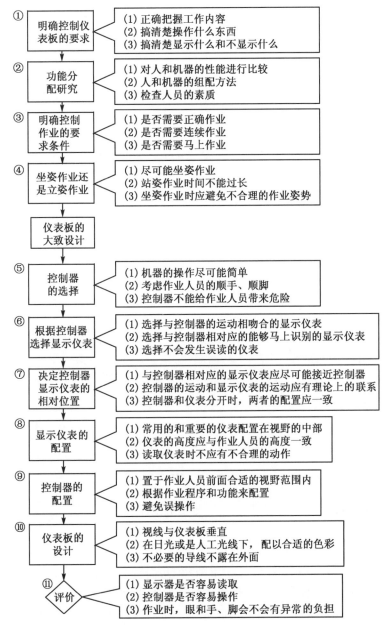

①	明确控制仪表板的要求	(1) 正确把握工作内容 (2) 搞清楚操作什么东西 (3) 搞清楚显示什么和不显示什么
②	功能分配研究	(1) 对人和机器的性能进行比较 (2) 人和机器的组配方法 (3) 检查人员的素质
③	明确控制作业的要求条件	(1) 是否需要正确作业 (2) 是否需要连续作业 (3) 是否需要马上作业
④	坐姿作业还是立姿作业	(1) 尽可能坐姿作业 (2) 站姿作业时间不能过长 (3) 坐姿作业时应避免不合理的作业姿势
	仪表板的大致设计	
⑤	控制器的选择	(1) 机器的操作尽可能简单 (2) 考虑作业人员的顺手、顺脚 (3) 控制器不能给作业人员带来危险
⑥	根据控制器选择显示仪表	(1) 选择与控制器的运动相吻合的显示仪表 (2) 选择与控制器相对应的能够马上识别的显示仪表 (3) 选择不会发生误读的仪表
⑦	决定控制器显示仪表的相对位置	(1) 与控制器相对应的显示仪表应尽可能接近控制器 (2) 控制器的运动和显示仪表的运动应有理论上的联系 (3) 控制器和仪表分开时，两者的配置应一致
⑧	显示仪表的配置	(1) 常用的和重要的仪表配置在视野的中部 (2) 仪表的高度应与作业人员的高度一致 (3) 读取仪表时不应有不合理的动作
⑨	控制器的配置	(1) 置于作业人员前面合适的视野范围内 (2) 根据作业程序和功能来配置 (3) 避免误操作
⑩	仪表板的设计	(1) 视线与仪表板垂直 (2) 在日光或是人工光线下，配以合适的色彩 (3) 不必要的导线不露在外面
⑪	评价	(1) 显示器是否容易读取 (2) 控制器是否容易操作 (3) 作业时，眼和手、脚会不会有异常的负担

图 10-6 人机界面设计程序示例

10.5 人机系统设计示例

10.5.1 社会对无障碍化设计的重视

联合国世界卫生组织对一些国家进行了抽样调查，认为残疾人约占世界人口总数的 10%，因此当今世界有 5 亿多残疾人，其中 1 亿在中国。

20 世纪末，我国 60 岁以上的老年人总数约达 1.3 亿，占总人口的 10.5%，为此我国也进入了老年型国家的行列，2040 年将是我国老龄化的高峰，老年人口占总人口的比重大约增长到 24%，届时，每 4 人中将有一位老年人。因此不论在目前还是将来，我国都是世界上老年人口最多的国家。

目前，在许多城市设计方面也考虑一些残疾人及老年人的特殊生活需求。这不但是社会发展的需要，也是和谐社会和现代城市文明的体现。

在我国的《城市道路和建筑物无障碍设计规范》标准中明确规定如下：

（1）城市道路 实施无障碍的范围是人行道、过街天桥与过街地道、桥梁、隧道、立体交叉的人行道、人行道口等。无障碍内容是设有路缘石（马路牙子）的人行道，在各种路口应设缘石坡道；城市中心区、政府机关地段、商业街及交通建筑等重点地段应设盲道；公交候车站地段应设提示盲道；城市中心区、商业区、居住区及主要公共建筑设置的人行天桥和人行地道应设符合轮椅通行的轮椅坡道或电梯，坡道和台阶的两侧应设扶手，上口和下口及桥下防护区应设提示盲道；桥梁、隧道入口的人行道应设缘石坡道，桥梁、隧道的人行道应设盲道；立体交叉的人行道口应设缘石坡道，立体交叉的人行道应设盲道。

（2）居住区 实施无障碍的范围主要是道路、绿地等。无障碍要求是，设有路缘石的人行道，在各路口应设缘石坡道；主要公共服务设施地段的人行道应设盲道，公交候车站应设提示盲道；公园、小游园及儿童活动场的通路应符合轮椅通行要求，公园、小游园及儿童活动场通路的入口应设提示盲道。

（3）房屋建筑 实施无障碍的范围是办公、科研、商业、服务、文化、纪念、观演、体育、交通、医疗、学校、园林、居住建筑等。无障碍要求是建筑入口、走道、平台、门、门厅、楼梯、电梯、公共厕所、浴室、电话、客房、住房、标志、盲道、轮椅等应依据建筑性能配有相关无障碍设施。

城市道路和建筑物的无障碍设计必须严格执行有关方针政策和法律法规，以为残疾人、老年人等弱势群体提供尽可能完善的服务为指导思想，并应贯彻安全、适用、经济、美观的设计原则。

10.5.2 无障碍设计的特殊要求

人体尺度及活动空间是确定道路与建筑设计的主要依据。在过去的城市建设和房屋设计中，是依据健全成年人的尺度和人体活动空间参数考虑的，许多设施是按照健全人的活动模式和使用需要进行制定的。其中，许多设施不适合残疾人、老年人及幼儿使用，给他们在参与社会生活方面带来了许多困难，甚至造成不可逾越的障碍。设计者和建设者面对现实情况，应全方位考虑人体尺度与活动空间及其行为特点，真正做到"对人的关怀"这一崇高的设计基本原则。

健全人与残疾者的尺度与行为比较如下：

（1）正面宽 健全人的平均肩宽为 45 cm，行进时的宽幅则为 50 cm，乘轮椅者的宽幅为 65 cm，行进时因双手操作外轮，则需要 70 cm 的宽幅，约为健全人的 1.5 倍。拄拐杖者因使用拐杖的种类不同，其宽幅各异，按拄双拐杖者考虑，其宽幅为 90 cm，行进时宽幅则为 120 cm，约为健全人的 2.4 倍。视力残疾者用盲杖行进时的幅宽是 90 cm，约为健全人的 2 倍。

（2）侧面宽 健全人的平均侧面宽为 30 cm，乘轮椅者为坐式，其侧面宽为 110～120 cm，约为一般人的 4 倍。拄双拐杖者及使用盲杖者其侧面宽为 60～70 cm，约为一般人的 2 倍。

（3）眼高 健全人的平均眼高为 160 cm，乘轮椅者的眼高为 110 cm，为健全人的 0.7 倍。拄双拐杖者因姿态向前倾斜，眼位稍低一点，约为 150 cm，为健全人的 0.9 倍。

（4）旋转180° 健全人做 180°旋转，约需 60 cm×60 cm 的面积空间，乘轮椅者以轮椅为中心旋转 180°，则约需直径 150 cm 圆的面积空间；挂双拐杖旋转 180°所需面积稍小，约需直径 120 cm 圆的面积空间；盲人借助盲杖旋转 180°，约需直径 150 cm 圆的面积空间。

（5）水平移动 健全人的水平移动平均速度约为 1.0 m/s；手动轮椅的速度稍快，为 1.5～2.0 m/s；挂双拐杖者及挂盲杖者速度稍慢，为 0.7～1.0 m/s。

（6）垂直移动 健全人跨越 15～20 cm 高的台阶没有困难，但是对乘轮椅者来说，跨越这个高度几乎是不可能的。轮椅在跨越地面高差为 25 mm 时将非常困难，因此供乘轮椅者通行的地面高差应控制在 20 mm 以下，并用斜面进行连接。挂双拐杖者可在台阶上行走，但台阶的高度不宜超过 12 cm。因此解决残疾人的垂直移动方式，是在台阶一侧修建平缓的供轮椅通行的坡道，室内坡道的坡度为 1/12，室外坡道的坡度为 1/12～1/20。乘轮椅者在楼层间垂直移动只能依靠电梯或坡道上下转移。

（7）手的范围 与健全人相比，乘轮椅者的手的活动范围相对较小。手的触摸高度侧面为 125～135 cm；正面为 115～120 cm。手向侧面伸出时可触及 60 cm 内的物体。当要接触前方物体时，该物体最好向外突出，底部可容纳轮椅搁脚板。

（8）健全人与残疾人的尺度比较 各项具体尺度比较如表 10-3 所示。

表 10-3　健全人与残疾人的尺度比较　　　　　cm

类别	身高	正面宽	侧面宽	眼高	水平移动	旋转 180°	垂直移动（台阶）
健全成人	170	45	30	160	1	60×60	15～20
乘轮椅人	120	65～70	110～120	110	1.5～2.0	φ150	2
挂双拐杖人	160	90～120	60～70	150	0.7～1.0	φ120	10～15
挂盲杖人	—	60～100	70～90	—	0.7～1.0	φ150	15～20

10.5.3 常见的无障碍设计示例

1. 无障碍设施标志设计

常见的各种无障碍设施标志牌设计示例如图 10-7 所示；无障碍设施及通道方向牌标志设计示例如图 10-8 所示；无障碍标志的位置设计示例如图 10-9 所示。

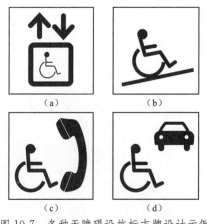

图 10-7　各种无障碍设施标志牌设计示例

（a）电梯标志；（b）坡道标志；
（c）电话标志；（d）停车位标志

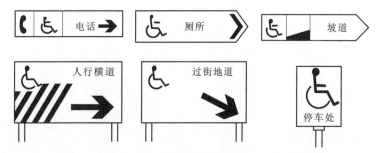

图 10-8　无障碍设施及通道方向牌标志设计示例

2. 无障碍公共设施设计

无障碍过街通道设计示例如图 10-10 所示；供乘坐轮椅者使用的公用设施设计示例如图 10-11 所示。

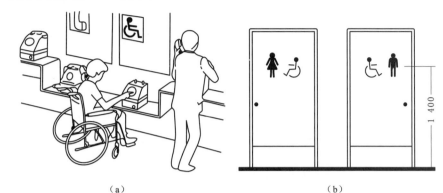

（a）　　　　　　　　　　　（b）

图 10-9　无障碍标志的位置设计示例

（a）公用电话无障碍标志；（b）洗手间入口标志

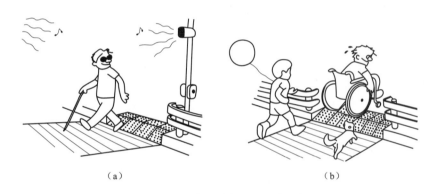

（a）　　　　　　　　　　　（b）

图 10-10　无障碍过街通道设计示例

（a）方便盲人过街音响；（b）方便过街的缘石坡道

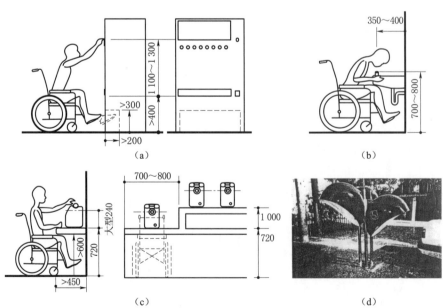

（a）　　　　（b）

（c）　　　　（d）

图 10-11　供乘坐轮椅者使用的公用设施设计示例

（a）适合乘坐轮椅者使用的自动购物机高度；（b）供乘坐轮椅者使用的饮水器高度；

（c）供乘坐轮椅者使用的台式电话的高度及深度；（d）北京街头为乘坐轮椅者设置的低位公用电话

3. 无障碍用具及室内设施设计

轮椅类型及参数如图 10-12 所示；残疾人使用的室内设施设计示例如图 10-13 所示。

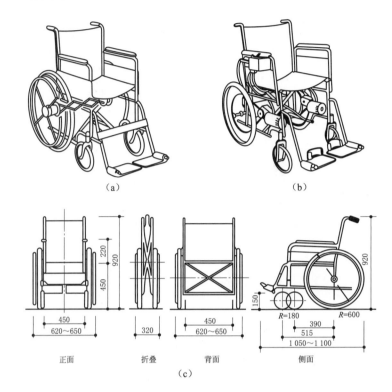

图 10-12　轮椅类型及参数（单位：mm）

(a) 残疾者单手操纵的轮椅；(b) 电动轮椅；(c) 手动轮椅主要参数

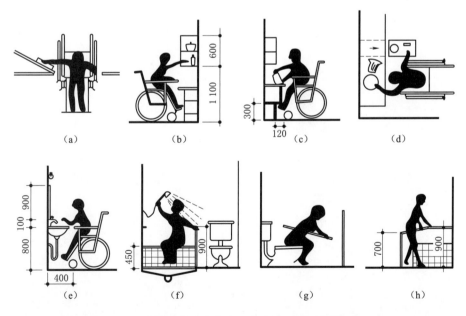

图 10-13　残疾人使用的室内设施设计示例（单位：mm）

(a) 拉手位置；(b) 吊柜高度；(c) 切菜台下面空间；(d) 能推拉的调料柜；

(e) 洗手盆及镜子高度适合坐轮椅者使用；(f) 沐浴池侧坐坐台及扶手；

(g) 坐便器一侧的抓杆；(h) 卫生间墙间扶手

综上所述，在一般情况下，无障碍化设计都是为老年人和残疾人考虑的特殊设计。像高差处坡道的设置、电梯的设置、乘坐轮椅者专用厕所的设置等，都是出于特殊的考虑而设置的。

近几年，无障碍设计更多地出现在城市的公共设施建设及小区的建设中，人行道上设置了坡道和盲道，公共卫生间也增加了专供老人或残疾人使用的厕位等。从更深层次上说，无障碍不仅仅限于老人、残疾人这样的特殊群体，同时也是人性的共同需求。如公共台阶的无伤害化处理等都可以列入无障碍的范畴，无障碍设计就是在营造一个更加人性化、更舒适的环境。

第 11 章　人机环境系统仿真技术

11.1　仿真技术的发展历程

计算机仿真作为分析和研究系统运行行为、揭示系统动态过程和运动规律的一种重要手段和方法，随着系统科学的深入，控制理论、计算技术、计算机科学与技术的发展而形成的一门新兴学科。近年来，随着信息处理技术的突飞猛进，使仿真技术得到迅速发展。作为一种特别有效的研究手段的仿真技术，20 世纪初已得到应用。

20 世纪 40—50 年代，航空、航天和原子能技术的发展推动了仿真技术的进步。60 年代，计算机技术的突飞猛进，为仿真技术提供了先进的工具，加速了仿真技术的发展。利用计算机实现对于系统的仿真研究不仅方便、灵活，而且也是经济的。因此计算机仿真在仿真技术中占有重要地位。

20 世纪 50 年代初，绝大多数的连续系统的仿真研究是在模拟计算机上进行的。50 年代中期，人们开始利用数字计算机实现数字仿真。计算机仿真技术遂向模拟计算机仿真和数字计算机仿真两个方向发展。在模拟计算机仿真中增加逻辑控制和模拟存储功能之后，又出现了混合模拟计算机仿真，以及把混合模拟计算机和数字计算机结合在一起的混合计算机仿真。在发展仿真技术的过程中已研制出大量仿真程序包和仿真语言。

20 世纪 70 年代后期，还研制成功专用的全数字并行仿真计算机。仿真技术来自军事领域，但它不仅应用于军事领域，在许多非军事领域也得到了广泛的应用。例如：在军事领域中的训练仿真；商业领域中的商业活动预测、决策、规划、评估；工业领域中的工业系统规划、研制、评估及模拟训练；农业领域中的农业系统规划、研制、评估、灾情预报、环境保护；交通领域中的驾驶模拟训练和交通管理中的应用；医学领域中的临床诊断及医用图像识别；等等。

如今，仿真技术不仅应用于军事、工业领域，而且日益广泛地应用于社会、经济、生物等领域，如环境污染防治、生产管理、市场预测、交通控制、城市规划、资源利用、经济分析和预测、人口控制等。许多系统问题很难在真实环境中测试，使用仿真技术来研究这些复杂问题就更具有重要意义。相信在智能制造时代，仿真技术将进一步释放其强大的生命力和发展潜力。

近年来，由于问题领域的扩展和仿真支持技术的发展，系统仿真方法学致力于更自然地抽取事物的属性特征，寻求使模型研究者更自然地参与仿真活动的方法。在这些探索的推动下，生长了一批新的研究热点：

（1）面向对象仿真　从人类认识世界模式出发，使问题空间和求解空间相一致，提供更自然更直观，且具可维护性和可重用性的系统仿真框架。

（2）定性仿真　用于复杂系统的研究，由于传统的定量数字仿真的局限，仿真领域引入定性研究方法将拓展其应用。定性仿真力求非数字化，以非数字化手段处理信息输入、建模、行为分析和结果输出，通过定性模型推导系统定性行为描述。

（3）智能仿真　是以知识为核心和人类思维行为作背景的智能技术，引入整个建模与仿真过程，构造各处基本知识的仿真系统（Knowledge-Based

Simulation System，KBSS），即智能仿真平台。智能仿真技术的开发途径是人工智能（如专家系统、知识工程、模式识别、神经网络等）与仿真技术（如仿真模型、仿真算法、仿真语言、仿真软件等）的集成化。因此，近年来各种智能算法，如模糊算法、神经算法、遗传算法的探索也形成了智能建模与仿真中的一些研究热点。

（4）分布交互仿真：是通过计算机网络将分散在各地的仿真设备互连，构成时间与空间互相耦合的虚拟仿真环境。实现分布交互仿真的关键技术是网络技术、支撑环境技术、组织和管理。其中，网络技术是实现分布交互仿真的基础，支撑环境技术是分布交互仿真的核心，组织和管理是完善分布交互仿真的信号。

（5）可视化仿真：用以为数值仿真过程及结果增加文本提示、图形、图像、动画表现，使仿真过程更加直观，结果更容易理解，并能验证仿真过程是否正确。近年来还提出了动画仿真（Animated Simulation，AS），主要用于系统仿真模型在建立之后的动画显示，所以原则上仍属于可视化仿真。

（6）多媒体仿真：是在可视化仿真的基础上再加入声音，就可以得到视觉和听觉媒体组合的多媒体仿真。

（7）虚拟现实仿真：是在多媒体仿真的基础上强调三维动画、交互功能，支持触、嗅、味知觉，就得到了 VR 仿真系统。

11.2　仿真技术的原理与类型

11.2.1　仿真技术的原理

仿真技术是利用计算机并通过建立模型进行科学实验的一门多学科综合性技术，具有经济、可靠、实用、安全、可多次重用的优点。

仿真是对现实系统的某一层次抽象属性的模仿。人们利用这样的模型进行实验，从中得到所需的信息，然后帮助人们对现实世界的某一层次的问题作出决策。仿真是一个相对概念，任何逼真的仿真都是对真实系统某些属性的逼近。仿真是有层次的，既要针对所要处理的客观系统的问题，又要针对提出处理者的需求层次，否则很难评价一个仿真系统的优劣。

"仿真是一种基于模型的活动"，它涉及多学科、多领域的知识和经验。成功进行仿真研究的关键是有机、协调地组织实施仿真全生命周期的各类活动。这里的"各类活动"就是"系统建模""仿真建模""仿真实验"，而联系这些活动的要素是"系统""模型""计算机"。其中，系统是研究的对象；模型是系统的抽象；仿真是通过对模型的实验来达到研究的目的。要素与活动的关系如图 11-1 所示。

数学模型将研究对象的实质抽象出来，由计算机处理这些经过抽象的数学模型，并通过输出这些模型的相关数据来展现研究对象的某些特质，当然，这种展现可以是三维立体的。由于三维显示更加清晰直观，已为越来越多的研究者采用。通过对这些输出量的分析，就可以更加清楚地认识研究对象。通过这个关系还可以看出，数学建模的精准程度是决定计算机仿真精度的最关键因素。

从模型这个角度出发，可以将计算机仿真的实现分为三个大的步骤：模型的建立、模型的转换和模型的仿真实验。

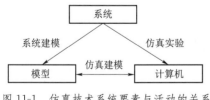

图 11-1　仿真技术系统要素与活动的关系

1. 模型的建立

对于所研究的对象或问题，首选需要根据仿真所要达到的目的抽象出一个确定的系统，并且要给出这个系统的边界条件和约束条件。在这之后，需要利用各种相关学科和知识，把所抽象出来的系统用数学的表达式描述出来，描述的内容，就是所谓的"数学模型"。这个模型是进行计算机仿真的核心。

系统的数学模型根据时间关系可划分为静态模型、连续时间动态模型、离散时间动态模型和混合时间动态模型；根据系统的状态描述和变化方式可划分为连续变量系统模型和离散事件系统模型。

2. 模型的转换

所谓模型的转换，即是对上一步抽象出来的数学表达式通过各种适当的算法和计算机语言转换成为计算机能够处理的形式，这种形式所表现的内容，就是所谓的"仿真模型"。这个模型就是进行计算机仿真的关键。实现这一过程，既可以自行开发一个新的系统，也可以运用市场上已有的仿真软件。

3. 模型的仿真实验

将上一步得到的仿真模型载入计算机，按照预先设置的实验方案来运行仿真模型，得到一系列的仿真结果，这就是所谓的"模型的仿真实验"。

11.2.2 仿真技术的类型

1. 仿真建模

仿真建模是一门建立仿真模型并进行仿真实验的技术。建模活动是在忽略次要因素及不可预测变量的基础上，用物理或数学的方法对实际系统进行描述，从而获得实际系统的简化或近似反映。

2. 面向对象的仿真

面向对象的仿真是当前仿真研究领域中最引人关注的研究方向之一，面向对象的仿真就是将面向对象的方法应用到计算机仿真领域，以产生面向对象的仿真系统。

3. 智能仿真

智能仿真是把以知识为核心，人类思维行为作背景的智能技术引入整个建模与仿真过程，构造智能仿真平台。智能仿真技术的开发途径是人工智能与仿真技术的集成化。仿真技术与人工智能技术的结合，即所谓的智能化仿真以及仿真模型中知识的表达。

4. 虚拟现实技术

虚拟现实技术是现代化仿真技术的一个重要研究领域，是在综合仿真技术、计算机图形技术、传感技术等多种学科技术的基础上发展起来的。其核心是建模与仿真，通过建立模型，对人、物、环境及其相互关系进行本质的描述，并在计算机上实现。

5. 分布式仿真技术

分布式仿真技术作为仿真技术的最新发展成果，它在高层体系结构上（High Level Architecture，HLA）建立了一个在广泛的应用领域内分布在不同领域上的各种仿真系统之间实现互操作和重用的框架及规范。HLA 的基本思想就是使用面向对象的方法设计、开发及实现系统不同层次和粒度的对象模型，来获得仿真部件和仿真系统高层次上的互操作性和可重用性。

6. 云仿真技术

云仿真的概念是根据"云计算"的理念提出的。云计算是指服务的交付和使用模式，指通过网络以按需、易扩展的方式获得所需的服务。这种服务可以是与软件、互联网相关的，也可以是其他任意的服务，包括仿真服务，它具有超大规模、虚拟化、可靠安全等特性。云仿真是指通过网络以按需、易扩展的方式获得所需的仿真服务。

云仿真平台是一种新型的网络化建模与仿真平台，是仿真网络的进一步发展。它以应用领域的需求为背景，基于云计算理念，综合应用各类技术，包括复杂系统模型技术、高性能计算技术等，实现系统中各类资源安全地按需求共享与重用，实现网上资源多用户按需协同互操作，进而支持工程与非工程领域内的仿真系统工程。

11.3　现代仿真技术方法与发展

11.3.1　现代仿真技术方法

现代仿真技术的一个重要进展是将仿真活动扩展到上述三个方面，并将其统一到同环境中。Oren 将上述思想加以总结，提出了现代仿真方法的概念框架，见图 11-2。

概念框架图中的"仿真问题描述"对应于"仿真建模"；"行为产生"对应于"仿真实验"，只是将仿真输出独立于行为产生；"模型行为及其处理"对应于"输出处理"。

11.3.2　现代仿真技术方法研究

1. 系统建模方面

传统上，多通过实验辨识来建立系统模型。近十几年来，系统辨识技术得到飞速发展。在辨识方法上有时域法、频域法、相关分析法、最小二乘法等；在技术手段上有系统辨识设计、系统模型结构辨识、系统模型参数辨识、系统模型检验等。除此之外，近年来还提出了用仿真方法确定实际系统模型的方法、基于模型库的结构化建模方法、面向对象建模方法等。特别是对象建模，可在类库基础上实现模型的拼合与重用。

2. 仿真建模方面

除了适应计算机软、硬件环境的发展而不断研究新算法和开发新软件外，现代仿真技术采用模型与实验分离技术，即模型数据驱动（Data Driven），将模型分为参数模型和参数值，以提高仿真的灵活性和运行效率。

3. 仿真实验方面

现代仿真技术将实验框架与仿真运行控制区分开。其中，实验框架用来定义条件，包括模型参数、输入变量、观测变量、初始条件、输出说明。这样，当需要不同形式输出时，不必重新修改仿真模型，甚至不必重新仿真运行。正是由于现代仿真方法学的建立，特别是模拟可重用性（Reusability）、面向对象方法（Object Oriented）和应用集成（Application Integration）等新技术的应用，使得仿真、建模与实验统一到一个集成环境中，构成一个和谐的人机交互界面。

11.3.3　仿真技术的应用

随着计算机应用技术和网络技术的发展，计算机仿真技术也在不断发展之

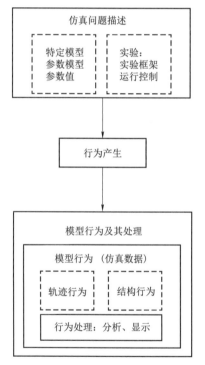

图 11-2　现代仿真方法的概念框架

中，如利用网络技术实现异地仿真、应用虚拟现实技术进行的虚拟制造等。

1. 网络化仿真

现在已经开发出来的仿真系统，多数不能相互兼容，可移植性差，实现共享困难。较之于开发的高成本和长时间，实在物未尽其用。解决这些问题，第一就是采用兼容性好的计算机语言编写仿真系统，第二就是采用网络化技术实现仿真系统共享。尤其是后者，在将来的仿真系统开发中有着重要地位。实现仿真系统的网络共享，既可以在一定程度上避免重复开发以节约社会资源，又可以通过适当收费以补偿部分开发成本。

2. 虚拟制造技术

计算机仿真技术发展的另一大方向就是在虚拟制造技术领域的深入应用。虚拟制造技术是 20 世纪 90 年代发展起来的一种先进制造技术。它利用计算机仿真技术与虚拟现实技术，在计算机上实现从产品设计到产品出厂以及企业各级过程的管理与控制等制造的本质。这使得制造技术不再主要依靠经验，并可以实现对制造的全方位预测，为机械制造领域开辟了一个广阔的新天地。

汽车制造是机械行业的一个重要组成部分。它有很多实验课题，难度大且实地成本高，然而计算机仿真技术的引入，就有效地缓解了这一方面的问题。

3. 交通领域

交通是由人、车、路和环境构成的一个复杂的人机系统，事故的诱发因素是多方面因素的综合。交通安全的评价，应该充分考虑人、车、路和环境诸方面因素的作用和影响。交通安全仿真是基于虚拟现实技术的方法。该评价体系是通过建立虚拟环境，并在这个虚拟环境中设计各种事故诱发因素，并对某区域和某路段的交通安全水平进行全过程（设计后，施工中，运营后）的跟踪和评价。

交通安全仿真及评价系统的核心部分就是计算机的仿真。该仿真过程不同于传统数值仿真，它是一种可视化的仿真。例如，对某路段的交通安全评价，除了使用传统的绝对数法和事故率法来评价外，再将交通参与者的感知和行为也考虑进去。在该虚拟环境中，可以选择不同的运载工具，设置不同的交通环境，以交通参与者或第三者的角度来进行事故的可能性试验与分析，从而实现对路段安全性的评价。同时为交通设施的建设和改进提供了依据，为交通事故分析提供了一种新的方法。

计算机仿真的用途非常广泛，已经渗透社会的各个领域，不断促进了各行各业的发展，为各行各业注入了一股新的活力。

11.4　人机工程学仿真技术

11.4.1　人机工程学仿真技术的现实意义

人机工程学是近几十年发展起来的边缘学科，该学科从人的心理、生理等特征出发，研究人-机-环境系统优化，以达到提高系统效率，保证人的安全、健康和舒适的目的。人机工程学研究领域涉及绝大多数与"人"有关的系统。随着科学技术的发展，工具和机器不断改进提高，以及人本身的复杂性，导致人机系统越来越复杂，其安全问题和效率问题日益突出。所以解决人机系统在特定任务环境中的人机关系问题，应用人机工程学仿真就具有重要的现实意义。

人机工程学仿真能帮助制造业分布于各地的部门进行共享产品、过程设计、联合过程规划、工程实施等，从而为企业管理层提供更加准确的决策。

人机工程学仿真是一款利用计算机软件用于人体建模和仿真的工具，可帮助提高产品设计人体工程学，并优化工业任务。

例如，Process Simulate Human 模块提供了以人为中心的设计工具，用于对虚拟产品和虚拟工作环境进行人机工程学分析，可以利用虚拟任务改善工作场所的安全状况、提高工作效率，并增加工作环境舒适度。使用者可以通过惟妙惟肖的模型分析以及以人为中心的操作，并根据不同人群的特点对模型进行缩放。设计产品时将改进人机工程学纳入考量，对操作过程中人为因素进行评估，确保规划出的工作场所更加安全。

人机工程仿真软件可以测试一系列人为因素，包括受伤风险、时间安排、用户舒适度、可达性、视距、能耗、疲劳限制以及其他重要参数。可使人为因素在规划阶段达到人机工程学标准，避免在生产过程中出现人力绩效和可行性问题。具体而言，Process Simulate Human 模块的功能与实际生产工艺需求相吻合，与作业人员人体比例呈现出适当、协调的关系，以确保操作方便，为提高作业效率奠定基础；同时，基于作业者性别的不同以及自身身体素质条件的不同，在选择工具上，还需要结合这一差异进行合理定位；此外，在实际作业条件下，要确保所选工作能避免作业者长时间处在易给人体带来疲劳感与损害的情形，旨在提高生产效率的同时增进人性价值。

11.4.2 人机工程学仿真技术的价值

人机工程学仿真技术的价值包括优化工人作业空间、环境及过程，可对工人进行可视化操作培训；从人机工效的角度，解决产品设计的合理性、工艺可行性等问题；提高生产效率，减小劳动强度，保护工人的人身安全和健康。因此，人因模拟要求贯穿整个产品生命周期。

各个区域的男女人体模型库以及人体作业仿真模块、姿态分析模块、工效分析模块，适用于对产品零部件装配虚拟人体作业进行人机工程分析。

人机工程学仿真技术的价值是可以对产品的各个阶段进行分析，以及在产品设计过程中，分析、优化因人的身高与体重等因素造成的操作使用问题。

人机工程学仿真技术在产品设计阶段可以最大限度地降低生产启动后因返工带来的设计变更成本；最大限度地减少对物理模型的需求；降低产品设计成本，加快产品上市时间；从而提高产品性能、舒适性和安全性。

人机工程学仿真技术在产品制造阶段可以最大限度地确保工人人身安全，降低医疗成本；提高产品/工艺设计早期验证；及早发现装配布局问题，最大限度地减少延迟/停机时间；从而提高生产效率，缩短产品生产周期。

人机工程学仿真技术在产品早期模拟中将维修维护纳入考虑范围，降低产品生命周期内的维护成本；更好地进行产品部件的拆卸/替换，减少停机的时间和成本；可以把产品维护阶段的模拟创建成维护手册以指导工人操作。

随着计算机技术和网络技术的不断发展，基于人机工程学的虚拟设计和测试评价已经成为可能，不但可以提质、增效、降成本，而且可以增强企业的竞争能力。利用 Process Simulate 软件搭建数字化发展仿真平台，借助 Human 模块在产品设计阶段完成对人的一系列操作仿真分析，并根据分析结果直接影响产品设计、工程设计及工艺规划结果，提前识别问题并及时解决，优化人工操作姿态，使现场人工操作完全符合人机工程学要求。人机系统仿真的综合应用实例如图 11-3 所示。

图 11-3　人机系统仿真的综合应用

人机系统仿真的应用一般体现在以下场景：

① 汽车、雷达、飞机等内部进行空间分析；

② 评估人工装配操作的合理性；

③ 虚拟环境中研究人的行为特点；

④ 通过工时和人机工程学分析来规划工位；

⑤ 用于改善工作场所的安全状况，提高工作效率。

可见，人机工程学仿真技术研究的目标是：

① 使人工作得更有效；

② 使人工作得更安全；

③ 使人工作得更舒适。

根据现场工作环境，更好地应用人机工程学仿真技术进行现场改善，通过模拟整个生产过程可视化过程提前预知问题并找到解决办法，体验人机工程学仿真技术为我们带来的价值收益。相信随着人机工程学仿真技术的不断发展，将在企业数字化转型中发挥更大的作用，实现智能制造转型与数字化运作。

11.4.3　知名的人机工程学仿真软件简介

目前，比较常用的人机工程学仿真软件有以下六种。

1. SAMMIE 软件

SAMMIE 软件是国外最早的商品化的人机系统仿真软件，由英国诺丁汉大学的 SAMMIE 研究中心开发，现更名为 SAMMIE CAD。SAMMIE CAD 公司从 1986 年开始，就为世界上超过 150 家公司提供人机咨询服务，涉及 300 多个行业的项目。SAMMIE 软件具有产品和工作空间 3D 建模能力，也可以导入利用其他 CAD 软件建立的模型。SAMMIE 软件含有不同种族、年龄、性别人群的数据，能进行工作范围测试、干涉检查、视野检测、姿态评估和平衡计算，以及生理和心理特征的分析。SAMMIE 软件是目前畅销的商品化人机分析系统软件之一，被广泛应用。图 11-4 所示为使用 SAMMIE 系统仿真的轿车驾驶室和行李厢人机模型，图 11-5 所示为使 SAMMIE 系统仿真的计算机工作台和人体模型。

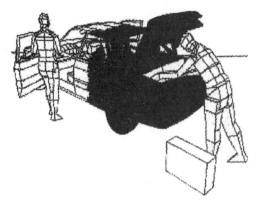

图 11-4 使用 SAMMIE 系统仿真的
轿车驾驶室和行李厢人机模型

图 11-5 使用 SAMMIE 系统仿真的
计算机工作台和人体模型

2. Jack 软件

Jack 软件由美国宾夕法尼亚大学的人体建模和仿真中心开发。它形成一个三维交互环境，主要工作方式为用户从外部 CAD 系统输入几何图形生成工作空间，并在其中加入一个或多个人体模型，然后进行各种人机学分析。此软件投入商用市场后，被波音、福特等许多飞机、汽车制造商用于驾驶室的设计。

利用 Jack 软件可以建立机器和交通工具的部件模型，还可以从所建的工具库中直接调用多种基本工具，如锤子、钳子、梯子、锯、扳手等工具，以及桌子、椅子等家具。图 11-6 所示为用 Jack 软件工具库建立的模型。

Jack 软件的人体模型尺寸数据源自 1988 年美国军方人体测量的结果，建立的人体模型见图 11-7。

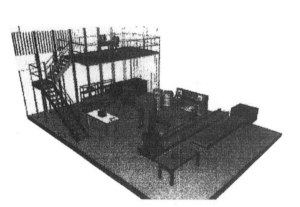

图 11-6 使用 Jack 软件工具库建立的模型

图 11-7 使用 Jack 软件建立的人体模型

Jack 软件具有"虚拟人的操作"功能：调整人体模型的某一部位时，相连关节的运动不超越 NASA（美国国家航空航天局）研究的角度限制；在人体模型中移动某一部位时，软件将计算出相连的关节和部位的运动位置。图 11-8 所示为 Jack 软件中的人体姿态调整。

Jack 软件还具有虚拟现实（VR）功能（图 11-9），包括光学动作捕捉系统、电磁式位置跟踪系统、5DT 数据手套和数据头盔等。

图 11-8　Jack 软件中的人体姿态调整　　　　　图 11-9　Jack 软件的虚拟现实功能

3. SAFEWORK

SAFEWORK 由加拿大蒙特利尔 Ecole 理工大学开发，是 Windows 环境下的人机系统分析软件。SAFEWORK 的人体模型有 104 个人体尺寸变量，99 个人体部位分段，149 个人体自由度，能模拟关节、脊柱、手等人体关节的复合运动。SAFEWORK 的功能还包括姿态分析，力量和舒适性评价，干涉检查，视觉、机构运动分析等。

4. RAMSIS

RAMSIS 是用于乘员仿真和车身人机工程学仿真设计的 CAD 工具。该软件提供了精细的人体模型，用以仿真驾驶员的驾驶行为，可在产品开发初期进行各种人机工程分析，从而避免在产品开发的较晚阶段进行昂贵的修改。RAMSIS 已经成为全球汽车工业人机工程设计的实际标准，目前被全球 70％以上的轿车制造商采用。

RAMSIS 可以作为独立软件使用，也可以移植到其他软件（如 CATIA 等）中。RAMSIS 还可以创建车体模型，通过任务定义与车体模型建立联系，经软件计算使人体模型处于预设的驾驶姿态。

5. UG NX 的人机工程学模块

目前，西门子公司主要开发有 NX Human、Classic Jack、PS Human 和 Vis Jack 人机工程软件。其中，NX Human 软件是集成于 UG NX 设计环境的人机工程学模块，也是最容易获得的设计平台，主要功能是支持人机工程学设计，增强设计人员能力，在设计阶段发现人机工程学方面的问题。

在 UG NX 软件的人机工程学模块中，主要有人体构建菜单、可接触区域、舒适评估和预测姿势四个主菜单。其中，舒适评估又分为舒适设置和舒适性分析，用以对已创建的人体进行编辑，以确定人体骑乘动作或姿势。这些动作有一部分可从标准库中调取，另一部分由设计者根据人体骑乘动作调整。也可以将设定好的人体姿势保存下来，用于不同车型的人机工程学分析。

6. CATIA 人机工程学模块

CATIA 软件是法国达索公司开发的 CAD/CAE/CAM 软件，操作简单，界面精美，功能强大，目前应用非常广泛。除美国通用公司外，大多数汽车公司及美国波音、欧洲空客等飞机公司都采用它作为骨干建模和分析的平台。达索公司和国内多家高校有合作，许多高校购买或获赠了其正版软件。

广泛使用的 CATIA 软件有两个系列——V5 和 V6。其中，V5 为 PC 版，可运行于 32 位或 64 位的 Windows 操作系统，常用的有 R20、R21 两个版本；与 V5 系列相比，V6 系列增加了云存储功能。

CATIA 软件是多语言版的，而语言和操作系统需要一致。本书在介绍中采用简体中文版的 Windows 7 为操作系统，CATIA V5 R20 软件作为平台。

若软件版本不同，菜单显示会有稍许不一致，但这对所介绍的操作方法并无影响。另外，人机工程学一些专业术语的汉译，在我国的书籍和文献中存在一些差异，为方便读者的学习和操作，除个别专门做出注释的术语外，本书行文中采用的专业术语与现行 CATIA 软件版本基本保持一致。

通过对国外人机工程学仿真软件的简介，可知不同仿真软件的功能有一定差异。为了建立人机环境系统仿真，对几个人机工程学软件的功能对比如表 11-1 所示。

表 11-1　国外人机工程软件功能对比

功能 人机软件	能否建立人的模型	产品模型的建立方式	能否建立人-机-环境系统的仿真	所使用的人机分析、评价方法	适用范围
Jack	能	自身可以完成对工作场所的建模，也可以通过软件接口导入其他 CAD 软件对产品的模型	能	视域分析、可及度分析、静态施力分析、低背受力分析、作业姿势分析、能量代谢分析、疲劳恢复分析、舒适度分析、NIOSH 提升分析、RULA 姿态分析、OWAS 分析等	汽车、公交车、卡车、飞机、办公系统、座椅、家用电器等
SAMMIE	能	自身可以完成对工作场所及某些产品的建模	能	可及度分析、姿态分析、视域分析	汽车、公交车、卡车、飞机、办公系统、控制室等
ERGO	能	自身可以完成对工作场所的建模	能	人体测量学分析、可及度分析、RULA 姿态分析、新陈代谢分析、NIOSH 提升分析、运动时间分析	擅长劳工作业任务的分析以及工作场所的设计

11.5　人机环境系统仿真分析

11.5.1　Jack 人机环境系统仿真软件功能

Jack 是一个人体建模与仿真以及人机功效评价软件解决方案，帮助各行各业的组织提高产品设计的工效学因素和改进车间任务。Jack 使用者可以设计、分析和优化具体的人工操作。Jack 提供多种 3D 虚拟人工模型，它们可以实现对人工作业的准确模拟以及对人体工程学和组装时间的分析。Jack 让用户可以对人工作业进行直觉可行性检查、互动改善人员工作车间及评估不同的设计方案。

Jack 提供了人机工程学建模环境，帮助各类企业提升在产品设计和工作环境设计中的人机功效。作为 Siemens Technomatix 产品线中的重要组成部分，Jack 能够在虚拟环境中添加各种尺寸的精确人体模型，为其赋予特定的任务，从而分析其操作效能。Jack 的数字化人体能够显示操作者的视野以及工作可达区域，获得人体工作时的重要信息，何时、什么人体会受到伤害或感到疲劳。这些信息能够帮助更好地进行更安全的环境设计，使人体能够更有效率地进行工作，并减少开支。Jack 还能帮助设计更人性化的产品，更快地投入市场，优化生产力，人员更安全。

Jack 提供了一个工具集，帮助用户在 Jack 环境中快速配置、开始并使用一个虚拟现实的设备（VR）。The MoCap-Track 能够提供 C3D 文件格式的输入，这种格式的文件被广泛的实时采集设备所支持。目前支持的 VR 设备有 Ascension 和 Vicon Real-Time Systems。另外，该工具集支持 Cyberglove 和 5DT 数据手套；支持在 Windows 及 Irix 平台上运行；支持 C3D 文件的回放。

Jack 提供了一个分析工具集，帮助分析人员在车辆内部的姿势，以提升其操作效能和舒适度。提供的分析工具标准包括 SAE J 标准分析工具、姿势预测、舒适性分析、视野分析以及特定的零部件库等。

Jack 软件分析工具及产品特点：

- 不同比例尺寸的女性和男性模型；
- 高级运动学及运动能力；
- 整体的再次变形；
- 标准站姿和坐姿；
- 迅速作业和模拟指令；
- 运动装置自动追随；
- 姿势库；
- 分析可及范围以迅速布置工作间；
- 时间分析；
- 视野分析；
- 为了记录和介绍演示而进行的抓图（AVI 格式）；
- 生产人体工程学报告及动画式工作指令。

1. 人体操作的具体设计

Jack 提供一套虚拟 3D 环境，用户可以在该环境中设计和优化人工操作。不同性别与体格的人类模型库依标准而建立，确保工作间设计与职工的广泛性相符。

2. 检查作业的可行性

Jack 能发现人体与环境之间的碰撞以及分析可及范围，确保人类作业的可行性。一个显示了人工视野的单独窗口使用户可以从工人的视角仔细检查其作业。

3. 人体工程学分析

人体工程学分析功能根据人体工程学标准验证了人工作业的可行性。可以通过人体工程学标准方法 NIOSH 对提举和携运作业进行有效的检查。Burandt-Schultetus 分析方法计算了可接受的最大力量。OWAS（Ovako 工作姿势分析系统）方法则帮助分析工作姿势，见图 11-10。

（1）OWAS 软件的特点

① 平均每人有 90 种由统计验证的人体测量类型；

② 根据高度、身体比例及身体类型确定类型；

③ 长期趋势供应；

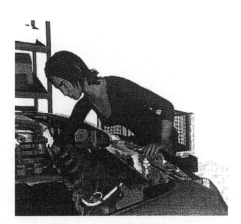

图 11-10 工作姿势分析系统

④ 与不同民族性相适应；

⑤ 对 100 余个连接角的复制，保证生理学上的准确性；

⑥ 动态皮肤计算；

⑦ 自由活动角度的限制；

⑧ 显示介绍的高质可视化效果。

（2）OWAS 软件的优点　自动计算姿势，包括：

① 碰撞查测；

② 抓握姿势；

③ 身体平衡；

④ 姿势库；

⑤ 视界分析；

⑥ 人体工程学原理分析（OWAS、NIOSH、Burandt-Schultetus 等）；

⑦ 可达性研究；

⑧ 结果的在线可视化及记录；

⑨ 动画（用于制作短片）。

11.5.2　建立精确的数字人体模型

1. 创建仿真度更高的数字人体模型

Jack 最初作为宾夕法尼亚大学人体建模和仿真中心研发项目，开发始于 1995 年。软件最初只具备数字化仿真功能，后逐渐添加详细的数字人模块和仿真分析模块。先后有宾夕法尼亚大学、普渡大学、密歇根大学参与过该软件的开发改进工作。在 7.1 版本中具有仿真度更高的数字人模型、新的测量工具及新的人因分析工具，使用户可以创建更加符合现实的仿真分析，见图 11-11。

图 11-11　Jack 人体建模

Jack 的用户界面简洁，操作容易，而且支持外围设备的输入。Jack 的主要优势在于其灵活、逼真的三维人体仿真行为，以及详细的三维人体模型，特别是手、脊柱、肩等部位的模型；运用前向和反向的运动学公式也是 Jack 的一大优势，通过肢体末端的移动就可以定位人的人体模型并添加到仿真环境中。当连接 Flock-of Birds 传感器和头戴式显示器时，用户可以与仿真环境进行交互，同时可以从仿真人体模型的视角进行观察和操作。从 Jack 获得的信息有助于设计更安全、更符合人体工程学的产品、工作场所，更快的流程和使用更低的成本。

2. 创建高度复杂的数字人体模型

Jack 的数字人模型比其他的实体都要复杂。Jack 的数字人模型（图 11-12）包含了 68 个 Segment（部分）、69 个 Joint（关节）（多为多轴和多自由度联合复合体）和 135° 的自由活动范围。最重要的是，数字人的行为和约束是针对工作状态而言的，能够对现实情况中的人的反应进行自动控制。Jack 数字人控制依靠的是反向运动学控制方法。通过肢体末端反向控制整体的运动是最前沿的三维数字人控制技术。

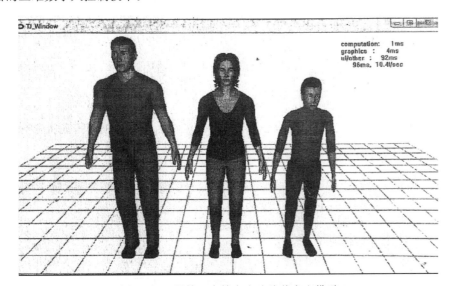

图 11-12　男性、女性和小孩的数字人模型

3. 创建不同百分位的中国数字人体模型

Jack 最大的特色就是能够建立各个尺寸的精确数字人模型。

Jack 根据对 1988 年美国军方人体调查（ANSUR-88）的三维人体测量数据、1990 年全国健康和营养检查调查（NHANES）人体测量数据、1997 年加拿大军队（CDN_LF_97）人体测量数据、北美车辆工作人员（NA_Auto）人体测量数据、1989 年基于中国 18～60 岁男性和 18～55 岁女性成年人尺寸数据（国家标准 10000-88）、1997 年印度国家设计机构基于人因设计进行的人体测量数据、2008 年基于工业标准 DIN 33402 的德国人体尺寸国家标准、基于 ISO7250-1（2008）和 ISO/TR 7250-2（2010）的日本人体尺寸数据库，以及韩国人体尺寸数据库的大量统计数据调查，将人体尺寸大小分为不同的等级，体现在数据库类型和创建身型大小的百分位上。具体来说，就是将人体身高和体重由高到低排列，人体身高越高，体重越重，其百分位就越大。可以创建身高或体重百分位为 99、95、50、5、1 的男性或者女性，或者通过选择在 Custom 处输入特定的身高、体重拟合出该身高、体重的数字人模型，见图 11-13。

因为 Jack 能够修改人体身体尺寸，故而 Human Scaling（人体尺寸）在 Jack 中应用频繁。先建立一个数字人并定义环境约束条件（如将脚放在制动踏板上），然后修改数字人的测量数据。由于无须针对不同的人群范围做重复分析，所以使广泛人群的模拟变得快捷。

图 11-13　不同尺寸大小的中国数字人

Jack 标准数字人通过 ANSUR（Army Natick Survey User Requirements，ANSUR）（美国陆军测量）1988 的人体测量数据库创建，在 7.1 版本中又加入了加拿大、印度、中国、德国、日本、韩国，以及车辆人员的人体数据库，使得人体建模更加精确。

11.5.3　人机环境系统仿真示例

清屏，重新打开 Chapter _ 5. env 工作环境。这部分将学习四种数字人动作的操纵。

动作 1：坐姿打字。

动作 2：举起小箱子。

动作 3：工作操作。

动作 4：爬楼梯。

1. 坐姿打字仿真示例

① 单击【Female】（女性）　图标创建一个标准女性数字人。

② 右键单击数字人，选择姿势为【Seated Typing】（打字坐姿）。

③ 用【Human Control】（数字人操纵）面板和【Snap】（定位）命令将数字人准确放置在椅子中心位置上。

④ 右键单击数字人，打开【Human Properties】（数字人属性）对话框，选择【Attach】（依附）一栏，选中数字人。

⑤ 在【Attach To】（依附于）一栏中，选择【site office _ chair. chair _ seat. base】，见图 11-14。

⑥ 单击【Apply】（应用），把数字人依附到椅子上，关闭对话框。这时就将数字人依附到椅子上了。

⑦ 选择工具栏的【Adjust Joint】（关节调整）标志。选择椅子的底部点，通过拉动滑动条调整接合点。

⑧ 打开【Human Control】（数字人操纵）面板。选择【Behavior】（行为）框中的【Eyes】（眼睛）部分。【Type】（类型）一栏中，选择【fixate＋head】。通过选择【Site】（坐标），即人眼注视的位置，使人看着显示器。

⑨ 通过在【Behavior】（行为）框中选择【Hands】（手部）部分，通过选择【Site】（坐标），将双手放在键盘上合适的位置。

⑩ 调整椅子的位置时发现在移动椅子的位置时，数字人仍和椅子连在一起，眼睛始终盯着显示屏，手仍在键盘的指定位置上，见图 11-15。

图 11-14　数字人【Attach To】（依附于）椅子

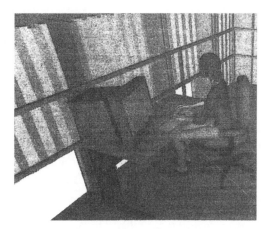

图 11-15　数字人打字坐姿

2. 举起小箱子仿真示例

① 创建一个男性数字人，把数字人移到箱子前。

② 打开【Human Control】（数字人操纵）面板。调整数字人的左手并放在箱子一边，用【Snap】（定位）操作把手放在箱子上。用【Human Control】（数字人操纵）中的【Behavior】（行为）部分设定另一只手，设定【follow left arm】，让两个胳膊一起移动，见图 11-16。

③ 设定手部动作和箱子【hold relative】（相对静止），这时手和箱子可以一起移动。

④ 让数字人抓取低处的箱子。右键单击数字人，选择姿势【Squat】（蹲下）作为起始动作。

⑤ 移动左手至箱子边。

⑥ 用【Human Control】（数字人操纵）面板中的【Behavior】（行为）框选择右臂，单击【follow left arm】。

⑦ 在【Behavior】（行为）框中，用【hold relative】（相对静止）使手与箱子设定在一起，并且从【waist】（腰部）开始。移动箱子会发现数字人的手和身子一起移动，见图 11-17。

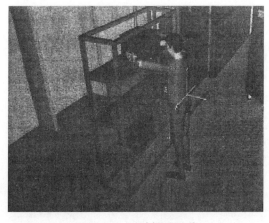

图 11-16　同时操纵双手

图 11-17　数字人蹲取箱子

3. 工具操作仿真示例

① 创建一个 50 百分位的中国女性数字人。把数字人用移动到有锤子和锯的桌边。

② 打开【Human Control】（数字人操纵）面板，调整数字人用右手拿着锤子。

③ 用【Snap】（定位）命令移动锤子并放在数字人手上，不要调整手部姿势。移动锤子到数字人的手掌上时，也要调整使其和手指相符合。

④ 通过单击【Human】→【Grasp】，打开【Grasp】（抓取）对话框。

⑤ 选择数字人；选择右手。

⑥ 设定【Grasp】（抓取）类型为【power】（使劲），选择锤子为抓取对象。单击【Grasp】（抓取），此时手指和手应当和锤子接触。

⑦ 单击【Dismiss】（关闭）按钮，关闭窗口，见图 11-18。

⑧ 打开【Figure Properties】（实体属性）对话框，在【Attach】（依附）一栏中，选择锤子为对象，在手上选定一点设定为【Attach】（依附）。单击【Apply】（应用）按钮。

⑨ 打开【Human Control】（数字人操纵）面板，移动手的位置。可以看到锤子和手一起移动。若想取消锤子和手的依附关系，则在【Attach】（依附）栏中选择【Unattach】（撤销依附），单击【Apply】（应用）按钮关闭窗口。

⑩ 打开【Human Control】（数字人操纵）面板，单击数字人手部。把【Behavior】（行为）类型改为【hold relative to object】。选择锤子上的一点。

⑪ 移动锤子，这时手跟着锤子移动。

⑫ 使用同样的方法将数字人调整为拿着锯子。此时需要调整为让数字人的手掌拿着锯子。

⑬ 依次单击【Human】→【Posture Hand】。选择【Fist】（拳头）手型，并单击【Apply】（应用）按钮。

⑭ 在【Shape Hand】（调整手型）对话框中，拖动滑动条以减少【percent from neutral】的比例，直到手看起来像拿着锯子一样，见图 11-19。

⑮ 打开【Human Control】（数字人操纵）面板，设定手部动作和实体【hold relative】（相对静止）。

⑯ 移动锯子时发现，手和锯一起移动了。

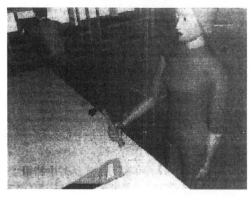

图 11-18　数字人抓取锤子

图 11-19　操纵数字人拿锯子

4. 爬楼梯仿真示例

① 创建一个男性数字人。

② 将数字人移动到梯子前。

③ 右键单击数字人，选择其起始姿势为【climbing ladder】（爬梯子）。

④ 打开【Human Control】（数字人操纵）面板，调整数字人的动作、手腕位置和脚腕位置，使其站在楼梯的最下部的台阶上，将手调整至扶手上，最后调整数字人的重心位置，见图 11-20。

图 11-20 操纵数字人爬梯子

通过上述仿真示例，读者应该掌握了自行调整数字人姿势的技能，以及导入合适尺寸数字人的技术。

在进行人因分析的时候，需要定义数字人执行各个任务时的姿势，并针对这些姿势进行分析。因此，掌握操纵数字人姿势的方法非常重要。姿势数据库中的姿势虽然有限，但却是工业任务中最常见到的姿势，在这些姿势上进行修改可以加快仿真进度。在静态仿真中要想将数字人的姿势和真实工人的工作姿势调整得一致是需要耐心和细心的。因此，读者需要时常训练数字人操纵方式。

第 12 章　人机环境系统虚拟现实

12.1　虚拟现实技术综述

12.1.1　VR 技术的基本概念

虚拟现实是新生代的信息交互技术，近年来不断发展和完善，迅速在各个领域和行业都得到了广泛应用，对人们的知觉体验有着良好的增强作用。对 VR 技术来说，它的基本特点就是将计算机仿真、智能传感器与图形显示等多种科学技术结合起来，并用于与人类真实世界感知方式完全一样的虚拟空间的创建，给予用户沉浸式的体验。

VR 又名虚拟现实技术，最早出现在美国。20 世纪 80 年代初，美国 VPL 公司创建人拉尼尔首次提出 VR 技术。虚拟现实技术是一种综合利用计算机图形系统和各种显示及控制等接口设备，在计算机上生成的、可交互的三维环境中用于给予用户关于视觉、听觉、嗅觉、味觉、触觉等感官的模拟沉浸感觉的技术。当下，VR 技术在计算机图像、网络技术、分布式计算技术等多个领域中应用广泛，如今网络上的视频会议也是此技术的应用，同时，VR 技术对新产品的开发也有着卓越的贡献。VR 技术具有的低成本、高效率、超高传输速度的优点有利于社会经济和生产力的发展，我国和许多其他国家开始关注此项技术，VR 技术发展前途一片光明。

12.1.2　虚拟现实技术的特征

多感知性的特征，是指视、力、触、运动、味、嗅等感知系统，就人类理想的虚拟现实技术的发展而言，是希望可以将现实中所有的感知完整地模拟出来，但由于现在所掌握的技术有限，只能模拟出视、力、触、运动、味、嗅等感知系统。

交互性是指当人处于虚拟世界时，依然可以像在现实中一样，通过触碰、使用某些具体物品，感受到所用物品的重量、形状、颜色等存在于人与物品之间的互动信息。

构想性是指人处于虚拟世界，将所想的物品、所做的事情展现在虚拟世界里，想象这样做，或者那样做，分别能达到什么样的效果，甚至在虚拟世界中还可以把在现实世界不可能存在的事和物都呈现出来。

12.1.3　VR 技术发展现状

1. 美国研究 VR 技术发展现状

由于 VR 技术起源于美国，所以美国拥有主要的 VR 技术研究机构，其中 NASA Ames 实验室是 VR 技术的出生地，它引领着 VR 技术在世界各国发展壮大。美国实验室在 20 世纪 80 年代已经开始基础研究空间信息领域，在 80 年代中期创建了虚拟视觉环境研究工程，随后又创建了虚拟界面环境工作机构。

2. VR 技术在欧洲的发展现状

当下，英国研究公司所研究设计的 DVS 系统中带领着一些 VR 技术在各领域实际应用中的标准化，并且该公司还为 VR 技术在实际编辑中设计了先进的环境编辑语言。由于编辑语言不一样，其在实际应用中的操作模型也都不一样，但与编辑语言一一对应。所以，DVS 系统在进行不一样的操作流程时，虚拟现实技术就会展现不一样的功能。对 VR 技术某些方面的研究工作，英国处在较前列，尤其是对 VR 技术的处理、辅助设备设计研究方面较为突出。

3. 国内 VR 技术发展现状

与世界发达国家相比，我国的 VR 技术研究时间及成果是比较落后的。在我国计算机技术等先进技术飞速发展和进步的同时，各行各业越来越关注虚拟现实技术，VR 技术在我国国内的研究也更加广泛和深刻。VR 技术已经成为国家科研工程中的核心工程，VR 技术研究工作也得到了各大科研机构及高校的认可和助力，其研究成果也极其显著。比如，作为我国最早参与 VR 技术的高校，北京航空航天大学对 VR 技术的研究比较具有权威性和专业性，主要进行 VR 技术中的三维动态数据库及分布式虚拟环境等方面的研究工作以及对 VR 技术中物体特点的处理模式的探索。

随着虚拟现实内容日渐丰富，商业模式更加多样化，虚拟现实也将变得更加主流。而虚拟现实的未来发展趋势也备受业内关注。从 VR 技术被提出、应用到现在，其被应用于越来越多的行业和领域。

12.2　虚拟现实技术与产品开发制造

12.2.1　虚拟现实技术的定义

虚拟现实（Virtual Reality，VR）是指采用计算机技术为核心的现代高科技手段生成一种虚拟环境，用户借助特殊的输入/输出设备，与虚拟世界中的物体进行自然的交互，从而通过视觉、听觉和触觉等获得与真实世界相同的感受。

虚拟现实是以沉浸性、交互性和构想性为基本特征的计算机高级人机界面，综合利用了计算机图形学、仿真技术、多媒体技术、人工智能技术、计算机网络技术、并行处理技术和多传感器技术，模拟人的视觉、听觉、触觉等感觉器官功能，使人能够沉浸在计算机生成的虚拟境界中，并能够通过语言、手势等自然的方式与之进行实时交互，创建了一种适合人性化的多维信息空间。

虚拟现实是一种为改善人与计算机的交互方式、提高计算机可操作性的人机界面综合技术。它通过高速图形计算机、头盔显示器或其他三维视觉通道、三维位置跟踪器和立体声音响，使计算机用户能够沉浸到计算机屏幕所显示的场景中，从而产生一种类似"幻觉"的人工三维环境——"虚拟环境或灵境"。

近年来，对虚拟现实技术的研究和应用表明，虚拟现实技术将会改变人类从计算机获取信息的方式，使人机界面从数字、符号、平面图形和图像真正进入三维空间，产生质的飞跃。虚拟现实技术是计算机人性化的重大突破，具有广泛的科学和工程应用前景，已成为各国科学界和工程界普遍关注的热点之一。

虚拟现实技术包含用户（操作者）、机器及人机接口三个基本组成部分。

这里的"机器"是指安装了适当软件程序、能生成用户与之交互的虚拟环境的计算机；人机接口则是指将虚拟环境与用户连接起来的传感、控制和输入/输出装置。与其他的计算机系统相比，虚拟环境可提供实时交互性操作、三维视觉空间和多种感觉通道（视觉、听觉、触觉、幻觉等）的人机界面。因此，虚拟现实技术显著提高了人与计算机之间的交互能力以及和谐程度，成为一种更有力的仿真工具。

借助虚拟现实技术，可以对现实世界的事物进行动态仿真。所生成的动态仿真环境能够对用户的头部和四肢的姿势、语言命令等作出实时响应，即计算机屏幕显示的场景能够跟踪用户的输入，及时按照输入信息修改场景，使用户和虚拟环境之间建立起实时交互性关系，进而使用户产生身临其境的沉浸感觉，如图 12-1 所示。

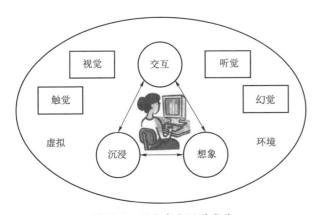

图 12-1 用户产生沉浸感觉

由图 12-1 可见，交互性和沉浸性是虚拟现实技术的两个基本特征。当将虚拟现实技术应用于求解实际工程问题时，问题解决得成功与否，很大程度上还取决于工程师能否充分发挥他的想象力，来提高虚拟环境的"现实"程度。因此，想象力也成为虚拟现实技术工程应用的第三个重要特征。虚拟现实技术的这三个特征及其形成的视觉、听觉、触觉和幻觉构成了虚拟环境。

12.2.2 产品开发技术的重大变革

新产品的开发，需要考虑诸多的因素，例如在开发一种新车型时，其美学的创造性要受到安全、人机工程学、可制造性及可维护性等多方面要求的制约。过去，为了在这方面作出较好的权衡，需要建立小比例（或者是全比例）的产品物理原型，用原型供设计、工艺、管理和销售等不同经验背景的人员进行讨论。这些来自不同部门的人员不仅希望能有直观的原型，而且原型最好能够迅速地、方便地修改，以便能体现讨论的结果并为进一步的讨论作准备，但这样做不仅要花费大量的时间和费用，有时甚至是不可能的。

虚拟设计在产品的人机工程学方面也有着特别重要的意义。从社会对商品的要求来看，以往的大批量生产已经难以满足人们对商品规格多样化日益增长的需要，取而代之的将是小批量、多规格的生产。由于需要在同一生产线上装配不同规格的产品，因此，对设计和制造技术的灵活性提出了很高的要求。虚拟设计系统将为解决这一难题提供很好的帮助。

虚拟产品开发带来的重大变革还在于：设计者不仅要对图样的正确与否负责，还要与企业各部门以及客户一起，对产品的整个生产过程和生命周期负责。因为虚拟产品开发过程是多学科交叉、多部门合作的过程，产品开发的结果，不仅是生成产品的图样或模型，而是通过仿真和虚拟现实技术对整个生产过程和产品使用性能的全面预测。

此外，虚拟现实技术将成为网络联盟企业相互通信与交流的有力工具。通过虚拟环境网络，由产品设计开发人员、生产管理人员、营销人员组成的团队可以从不同的角度对产品的设计方案进行讨论。

12.2.3　虚拟产品开发与制造

制造企业在产品研究和开发过程中，设计师一开始就需要对产品设计的各方面，包括外观、零部件间的关系、性能等方面作出评价，以减少设计上的错误和最大限度地满足客户需求。传统的方法是在产品设计完成后制造一个物理原型——样机，然后对样机进行试验，再修改原有的设计方案。像这样反复试制和修改样机，相当费时费钱。为了缩短产品的设计周期和节省试制费用，应尽可能避免多次制造样机。这就需要在计算机辅助设计和仿真功能上增强人机交互性，在样机试制或产品投产之前，人们就能观看到和感觉到所设计的产品——虚拟原型。

虚拟原型（Virtual Prototyping）是利用虚拟环境在可视化方面的强大优势以及可交互地探索虚拟物体的功能，对产品进行几何、功能、制造等方面交互的建模与分析。它是在 CAD 模型的基础上，使虚拟技术与仿真方法相结合，为建立原型提供新的方法。虚拟原型技术可用来快速评价不同的设计方案。与物理原型相比较，虚拟原型生成的速度快，生成的原型可被直接操纵与修改，且数据可被重新利用。运用虚拟原型技术，可以减少甚至取消物理原型的制作，从而加速新产品的开发进程。

虚拟产品开发的目的，是在制造资源市场机遇中获得市场机遇后，能够在计算机上迅速开发出新产品，反复完善产品的外观和性能、可制造和可装配性，规划生产新产品的设备布局和流程，在虚拟环境中"制造产品"。经过反复优化后，再在现实生产环境中顺利地制造出真实的、高质量的产品，保证新产品开发一次就获得成功，如图 12-2 所示。

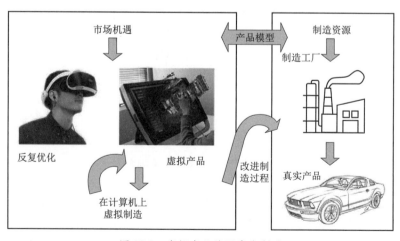

图 12-2　虚拟产品的开发和制造

12.3　虚拟环境的建立

12.3.1　虚拟环境的基本配置

在人与计算机之间建立具有沉浸感和交互性的友好关系，就要求构成虚拟环境的计算机系统能适应人所惯用的信息获取形式和思维过程。人在与环境的交互过程中，利用肌体和器官对所接触事物的各种感知和认知能力，以全方位的方式获取各种不同形式的信息。人获取信息并不只用听和读的方式，所获取的信息也不只限于文字或数字，还有图像和场景、声音和嗅觉、触觉和动感等。

一般情况下，人与计算机交互的形式和渠道还很有限，主要是通过屏幕、鼠标和键盘。采用虚拟现实技术的用户已经不满足于只从计算机外部（通过打印输出或屏幕显示）去观察信息处理的结果，而是希望通过人的视觉、听觉、触觉、嗅觉，以及形体、手势或口令，参与到信息处理的环境中。用户所渴望的是一种能让人获得身临其境体验的计算机信息处理系统，而不是置身计算机之外去操作它。

所有这些用户的期望，都促使一种更友好的人机界面，一种能使用户沉浸其中、进出自由的、可交互的和具有多维信息的虚拟环境的出现。

显然，这种信息处理系统必须建立在多维的信息空间之中，建立在一个定性和定量相结合、感性认识和理性认识相结合的综合集成环境之中，而虚拟现实技术正是支撑这种多维信息空间的技术群。虚拟现实技术涉及计算机图形学、显示技术、人机交互技术、传感技术与仿真技术等多种，它的迅速发展反映了人们致力追求人机界面的自然性以及仿真环境的逼真性。

人机交互方式从传统的计算机操作到超大屏幕和全景虚拟环境历经了以下5个阶段。

① 传统的屏幕显示、键盘和鼠标。

② 从三维图形到观看"桌面虚拟现实"。

③ 头盔显示器和双筒全景显示器（具有沉浸感）。

④ 数据手套和触觉反馈装置。

⑤ 超大屏幕或全景虚拟环境（多用户深度沉浸感）。

虚拟环境是一种合成系统，在这种计算机生成的人工环境中，用户可完全沉浸在幻境般的三维空间之中。为了建立这种环境，除了采用虚拟现实建模语言外，还需要各种视觉、听觉和触觉的人机交互装置，营造虚拟环境的沉浸感。虚拟环境的沉浸感可有不同程度的。具有沉浸感的虚拟环境的特点如下：

① 采用与人体位置有关的观察方法，从而提供了在三维空间中运动的视觉界面，为用户在虚拟环境中东张西望、走进走出或飞越创造了基本条件。

② 超大屏幕的立体景观加强了空间的深度和广度，全景虚拟环境的场景将与人的身材大小相适应。

③ 通过数据手套、操纵杆、遥控器、空间球和立体鼠标等装置可以操纵和控制虚拟对象。

④ 立体声场、触觉以及其他非视觉技术的应用大大加深了虚拟环境的沉浸感。

⑤ 在不同地点的人通过网络可以分享虚拟环境，在虚拟空间中相会、交谈和动作交互。

能够形成具有沉浸感三维场景的虚拟环境硬件系统包括可视化视觉通道、虚拟幕墙和全景空间、立体声场的听觉通道，以及语言、位置和姿态输入装置等，见图 12-3。

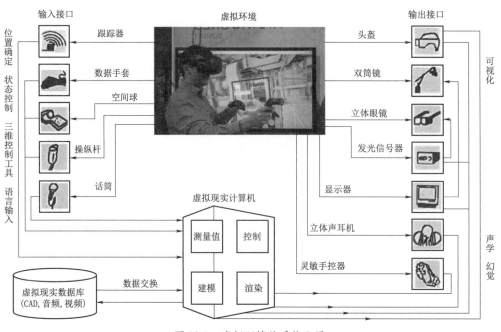

图 12-3　虚拟环境的系统配置

12.3.2　虚拟环境的视觉通道

虚拟环境的视觉通道是一个多图像显示系统。众所周知，当在屏幕上有两帧一定相位差的同一图像时，用户戴上具有偏光作用的立体眼镜，就可以看到三维立体图像，实现三维实体的可视化。

1. 头盔显示器

使用户产生沉浸感的、最简单的视觉装置是头盔显示器（Head Mounted Display）。它可提供立体场景显示、立体声音输出以及头部位置跟踪的功能，是实现虚拟环境较为方便的可视化装置，图 12-4 是显示沉浸虚拟环境的头盔和头戴显示器。

从图 12-4 中可见，头盔的前方有一个小盒，其中有两个小型液晶显示屏和光学系统，使用户的左右眼可以同时分别看到两个屏幕上相位略有差别的影像，从而产生虚拟空间的立体感。图像的清晰度可以达到 VGA 屏幕分辨率，对角线视野为 60°，瞳孔间距和成像焦点可以在一定范围内调节。

位置跟踪器能够不断测量用户头部的位置和方向，并将计算机生成的当前场景调整到与头部位置和姿态相适应的场景，使用户可以在虚拟环境中东看西望，或者走进走出，让用户可从各个角度看到计算机生成的虚拟产品，从而消除人机之间的障碍。

图 12-4　显示沉浸虚拟环境的头盔和头戴显示器

耳机

目镜

控制器

2. 双筒全方位显示器

头盔的最大缺点是用户戴在头上后感到不习惯和不舒适，加上视野范围较小，容易引起图像信息丢失。

双筒全方位显示器针对头盔显示器的缺点加以改进，避免了头盔的负重感，且图像的分辨率也有所提高。双筒全方位显示器的构造是将两个 LCD 显示屏和光学系统装在由多连杆机构吊架的盒子中。用户可在显示器的双目镜中看到计算机生成的虚拟世界，犹如通过双筒望远镜观看远方的风景一样。支撑双筒全方位显示器的多连杆机构可在操作范围内任意移动，具有位置跟踪器的功能，如图 12-5 所示。

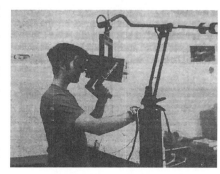

图 12-5　双筒全方位显示器

3. 虚拟桌面和虚拟幕墙

上述两种虚拟现实显示装置的共同缺点：用户通过目镜才能进入虚拟环境，观察的范围较小，不能产生深度沉浸感，而且只能有一个用户观看，使用时用户的行动也受到一定限制，感到十分不方便。

随着大屏幕显示技术的迅速发展，以多媒体投影仪为基础的虚拟桌面和虚拟幕墙应运而生。工程技术人员在使用型虚拟桌面的情况如图 12-6 所示。

图 12-6　工程技术人员在使用型虚拟桌面的情况

虚拟桌面实际上就是双投影仪的背投电视，也可认为是传统绘图板的电子化。过去人们在绘图板上按照制图标准绘制二维图样，而现在可以通过计算机构建三维实体模型在虚拟环境下的大屏幕显示，具有较强的立体感和真实感，为新产品开发和工程评价提供了强有力的工具和良好的环境。

与头盔和双筒显示器相比较，虚拟桌面加强了用户沉浸感，提高了使用的方便性和舒适度。虚拟桌面可以安装在设计师的办公室，移动也很方便，桌面的倾斜角度通常可以调整。操作者可以通过数据手套、位置跟踪器等实现人机交互。其缺点是仍然只能供少数人使用。当需要为多用户提供虚拟环境时，可以采用称为 Power Wall 的虚拟幕墙。虚拟幕墙是高亮度和高图像清晰度的大型投影屏幕，就好像立体宽银幕电影院一样。如果采用多频道投影系统，还可以构成全景虚拟环境。美国 Fake Space 公司推出了不同规格的虚拟幕墙。其中，大型虚拟幕墙的高度可达 $2.8\sim3.2$ m，宽度为 $5\sim8$ m，整个幕墙就是从地板到天花板的房间墙面，可采用两个以上的投影频道，显示 $1:1$ 的实体模型和模拟环境，供数十人观看，见图 12-7。

4. 虚拟环境的听觉通道

事实上，目前安装在头盔显示器中的立体声耳机已经能够满足虚拟环境的基本要求。虚拟幕墙的大型音响系统技术也足够先进，能在不同类型的空间内提供有效的声音效果。

听觉通道接口技术存在的问题主要在声音信号本身的合成上。其中，问题之一就是多声源声场的声音立体化，用户稍微偏离预定的位置，声音的立体声效果就会降低；另一个问题是声音信号的生成，语言和音乐的合成已经有了较好的办法，但环境声音合成和建模以及声学场景分析尚有待研究。

5. 输入装置

借助各种输入装置，如数据手套、触觉反馈、三维位置跟踪器等，用户就可以进入虚拟环境并与虚拟对象进行人机交互。

（1）**数据手套** 人类与环境的交互有许多是通过手进行的，而在使用计算机时，键盘、鼠标等装置限制了手的自由度。因此，从 20 世纪 70 年代末开始，人们就进行了很多探索，使计算机能"直接"读取手的命令。其中，最典型的是电子数据手套。数据手套上有许多三维传感器，可以测量出每个手指关节的弯曲角度和力的大小，运用这些信息就可以对计算机生成的虚拟环境和对象进行控制。数据手套的外观和传感器分布如图 12-8 所示。

图 12-7 虚拟幕墙

图 12-8 数据手套的外观和传感器分布

（2）**触觉反馈** 触觉在人的感知过程中起着重要的作用，只有触觉能够给环境施加直接的作用，因而它可以增强人对虚拟环境的沉浸感。增加触觉反馈的人机界面，可使用户产生"触摸"到虚拟对象的感觉。在科学及工程仿真中，例如在远距机器操作和远距机器人控制的领域，它有着重大的应用潜力。触觉反馈装置通常是通过用户的手控制具有力反馈的工具，工具的动作控制虚拟环境；另一种触觉反馈装置是带有一定压力的、空气囊的若干手套，它能够在触摸虚拟对象时感觉到并记录压力的变化。

由于触觉本身具有感觉特性与操纵特性相结合的复杂特性，目前无论在理论研究和外部设备开发方面都还相对落后。理论研究有待解决的问题有手部生物力学、人类感觉运动系统特性、接触条件下刺激源特性等。

（3）三维位置跟踪器　位置跟踪器是用户与虚拟环境进行交互的基本装置之一，用于跟踪头、手、腿或其他对象的位置。位置跟踪器的形式很多，原理也不同，由超声波、低频磁场、光学和机械位移等各种传感器构成，用以测量3个坐标位移和方向（6个自由度）。

3D鼠标是最简单的位置跟踪器，它也可以被当作普通鼠标使用，适合与台式计算机交互，其外观如图12-9所示。与传统鼠标不同，3D鼠标的按键是一个"空间球"，在球的内部是一个六自由度遥控器，可以测量位置和方向。

六自由度遥控器更加符合人机工程学的要求，适合与大屏幕的虚拟桌面和虚拟幕墙进行人机交互，就好像操作电视机一样方便地控制虚拟对象。操作者手持遥控器可以随意行走，从而产生较强的沉浸感。

图 12-9　3D鼠标的外观

12.4　虚拟制造

12.4.1　虚拟制造的定义和内涵

虚拟制造，或者称为数字制造，可以定义为"借助建模和仿真技术提高制造企业各层面决策和控制水平的、集成化的、在计算机上人工合成的制造环境"。数字制造是产品数字化开发的重要组成部分，它可以检验关键零件的可制造性以及整机的易装配程度，在产品开发阶段将主要生产过程在计算机上进行仿真，避免重大失误。

这种人工合成制造环境的建立大大扩展了传统CAD/CAM系统的功能，它不仅可用于产品的设计过程，也同样可以用于制造过程的规划。例如，工艺设计人员的任务是确定零件的加工顺序以及所用的设备，使用虚拟制造环境技术作为辅助工具，他们可以获得非常直观的感觉。在制订生产计划和生产调度过程中，要使用优化的原则对制造产品所选用的设备进行决策。在这一过程中，虚拟制造环境可用来显示不同生产路线的物料流，并指出"瓶颈"所在。在装配计划中，生产工程师确定装配方式以及装配顺序。装配操作涉及零件的定向与移送以及与其他零件的配合。虚拟制造环境以可视化形式提供装配操作信息，为评价装配和拆卸的合理性提供了方便。

美国华盛顿大学开发的设计和制造的虚拟环境可以支持虚拟设计、虚拟制造和虚拟装配，它通常与参数化CAD/CAM系统，如PTC公司的Pro/Engineer相连接。设计和制造的虚拟环境主要组成部分如下：

① 虚机器建模环境：建立各种生产设备的虚拟模型。

② 虚拟产品设计环境：可直接引用CAD模型，或转换为STL格式。

③ 虚拟产品制造环境：利用虚拟生产设备制造虚拟产品的零部件。

④ 虚拟产品装配环境。

虚拟机器是指车间使用的各种机器的三维虚拟模型，也可以是没有沉浸感的仿真环境，通常借助CAD系统的专门模块来开发（如Pro/Engineer的Pro/Develop模块）。建立这种虚拟制造环境的目的不仅要提供机器设备的立体几何外形，还要包括机器的使用功能，如数控车床、数控铣床的加工过程。

虚拟设计环境是为了实现零件和产品在三维环境中的可视化。当在CAD系统中创建零件和产品后，在虚拟设计环境中可更改参数化设计，并自动传回CAD系统，修改原设计。

上述模块通过数据集成器与 CAD 系统进行双向数据交换，如图 12-10 所示。图中的←→（实线箭头）表示数据流，⟨⟩（空心箭头）表示人机交互过程。

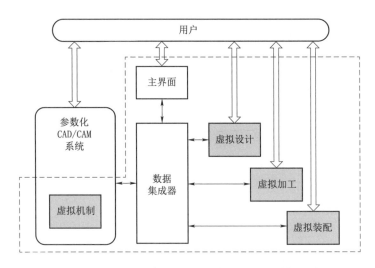

图 12-10　虚拟环境与 CAD 系统间的双向数据交换

总而言之，虚拟制造的内涵是在计算机上反复"加工制造"所设计的零件或产品，不断加以优化，其结果用以指导现实的制造过程，避免任何一个环节的失误，保证新产品顺利投产，力争做到第一个产品就完全合格。

12.4.2　虚拟加工和虚拟检验

虚拟加工环境是用于设计零件的工艺过程及其加工过程的仿真。当零件设计好并生成数控程序后，在虚拟加工环境中就可以在机器建模环境生成的虚拟机床上检验数控代码，同时还检验工件装夹、刀具运动干涉等问题，节省了零件试切削的时间和费用。

美国 Delmia 公司是著名的数字制造软件供应商。该公司为汽车的虚拟设计和制造提供相当完整的虚拟制造软件工具集，包括与车身、发动机、总装、机器人焊接和喷漆等过程有关的 12 个软件，通过"产品/过程/资源路由器"（Product/Process/Resource Hub）将有关软件加以集成，可以对汽车生产的整个过程进行仿真。

通过虚拟数控加工仿真，在产品设计阶段就能够发现零件加工过程可能出现的问题。这样可以保证产品投产后，在数控机床加工真实零件时第一次就合格，避免了费工费时的零件试切过程。虚拟加工和虚拟检验的基本概念如图 12-11 所示。

美国 Delmia 公司 Virtual NC 软件的主要功能如下：

① 可从各种 CAD 文件格式导入数据。

② 数控系统（控制器）仿真。

③ 材料切除工艺和切削用量选择。

④ 刀具、零件和机床部件之间的干涉校验。

⑤ 加工过程分析和评价。

⑥ 加工表面粗糙度分析。

借助 Virtual NC 软件在虚拟数控机床上加工零件的情景和机床的运动速度，见图 12-11。

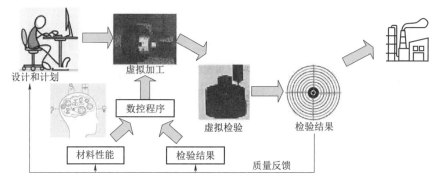

图 12-11　虚拟加工和虚拟检验的基本概念

Virtual NC 软件还可以将若干台虚拟数控机床组成一个虚拟制造单元，然后采用制造单元控制软件对其运作过程进行仿真。

经过 Virtual NC 软件仿真后，如果需要对加工完毕的虚拟零件进行精度测量，可以采用 Inspect V5 检验软件在虚拟三坐标测量机上对虚拟零件进行尺寸和形位误差的检验。虚拟加工后的零件在虚拟三坐标测量机上进行测量。

12.4.3　虚拟装配

在虚拟装配环境中可以将有关零件装配成产品，也可以将产品拆卸为单个零件，以便校验零部件之间是否相互干涉、装配的方便性、装配零部件输送和装配次序的合理性。虚拟装配的典型场景如图 12-12 所示。

图 12-12　虚拟装配的典型场景

虚拟装配通过建立一个多感知通道的虚拟环境，使用户可以进行人机交互式的装配操作，利用虚拟装配技术可以优化机械产品的设计和规划，也可以用于培训装配操作人员。眼部和头部追踪技术是该应用的核心技术，快速精准的眼部和头部追踪可以提供良好的拆装体验。

国内外对虚拟装配与拆卸系统已经有不少研究成果。西门子公司利用虚拟现实进行沉浸式设计，精准的头部和眼部跟踪可让工程师通过虚拟数字空间和产品数字孪生进行交互，通过评估产品的人机工程细节，可以减少初期设计问题，图 12-13 所示为西门子虚拟装配应用。

在航空领域，配备了 AR 的智能眼镜，使技术人员能够在商用飞机上精确组装和安装机舱。头盔上安装的摄像头，可以扫描条形码，技术人可用其读取机舱信息，观察设计布局，显示被标记为"增强"的项目。标记过程允许技术人员确认标记位置，定位精度可以达到毫米级。

图 12-13　西门子虚拟装配应用

12.5　虚拟现实技术优化人机工程

12.5.1　虚拟现实技术与以人为本设计

随着数字化进程的推进，更多的企业开始在智能制造中使用 VR 来优化现代人机工程学并将其用于提高流水线车间的生产安全系数。

对于通过工业 4.0 道路发展的智能工厂而言，仅仅拥有一个"好的"车间和组装流水线是远远不够的，其设计应考虑到操作员的福祉。因此，现代制造工厂的工作环境必须提供最佳的生产率和质量输出，同时为工人提供安全的环境。这就是必须将人因和人机工程学集成到工业设计过程中，创建人机工程学车间与流水线的原因。

虚拟现实是可以准确地呈现以人为本设计的最佳技术之一。有多种方法可以重新创建人因：跟踪实际操作员的运动，或者使用算法对其进行模拟。什么是虚拟现实中的人机结合，并了解为什么用户应依靠虚拟人体模型，或将跟踪设备与虚拟现实技术相结合来获得符合人机工程学的人机环境系统优化组合的目标。

借助沉浸式虚拟现实设计的工业制造场所为行业提供了以下优势：

① 节省成本：不需要昂贵的物理样机。

② 节省时间和资源：可以测试许多不同的配置。

③ 增加了工业生产安全系数。

④ 降低了疲劳生产的安全隐患。

⑤ 有效提升了车间的工作效率。

然而，设计有效且安全的工作车间与流水线还有其他重要要求。在三维模型或虚拟现实体验中分析身体姿势和运动是了解工人潜在危险因素的关键。由于工作人口的老龄化或与工作有关的肌肉骨骼伤害的危险，某些举动可能不利于操作员的健康。工作车间与流水线人机工程学需要整合人因，降低工人的不适感和疲劳感。

人机学研究的目标是确保操作者或消费者有安全、高效的环境。他们在考虑人因的同时还要处理调整工具、机器、环境和操作条件。使用交互式虚拟现实工具，设计人员可以在真实环境中看到如何遵守安全性和易用性的要求。

虚拟现实是一种计算机生成的环境，通常借助 VR 一体机或功能强大的 PCVR 设备来为用户创造完全沉浸式的体验。在工业环境中，虚拟体验旨在重塑现实世界，并使用户能够与代表产品机器或工厂的虚拟对象进行交互：

① 管理机器或工作站设计的安全和健康要求；

② 测试仪表板不同命令（用于汽车或飞机驾驶舱）的可达性；

③ 通过跟踪用户的身体来预测新产品的人机工程学。

有两种方法可以在3D设计中进行人机结合。可使用算法和虚拟人体模型在虚拟环境中完全模拟操作员，或者使用跟踪系统中的真实数据来创建虚拟操作员。

在某些情况下，即使在虚拟世界中，将虚拟现实系统和跟踪系统组合起来也不是完全有效。例如，可穿戴设备会限制或干扰工人的自然运动。因此，可以借助虚拟人体模型来准确预测人体的3D姿势。

12.5.2　虚拟现实技术与人机工程的结合

虚拟现实技术和人机工程最主要的结合点在于利用虚拟现实技术建立样机、虚拟人和虚拟环境，对设计进行人机性能评价，以及人体作业时生物力学的反映，以此来评价职业卫生安全等。具体表现在以下六个方面：

① 工作空间测试与评估；

② 环境功效评估；

③ 运动学、动力学分析；

④ 舒适性、可操作性等人机性能的评估；

⑤ 人机界面设计；

⑥ 虚拟设计、虚拟制造、虚拟装配和虚拟维修。

利用虚拟现实技术，可以将工作场所的设计图纸直接转换为三维的虚拟工作场所，在场所中利用虚拟人，或者通过一定的交互接口，模拟人们在工作场所中的工作情况。通过对虚拟人或人们工作模拟输出的数据进行分析，可以方便迅速地找出工作场所设计的不足之处，在设计的上游就进行设计方案的调整，大大节约了成本投入，可以获得使用性较好的设计方案。虚拟现实技术在人机工程学中的应用框架模型如图12-14所示。在这一领域的研究开始较早，并且已经取得了较大的成果。

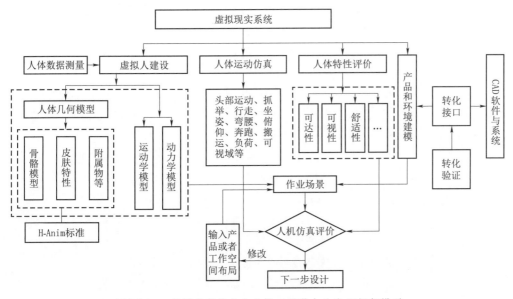

图12-14　虚拟现实技术在人机工程学中的应用框架模型

12.5.3 虚拟人体模型的功能

为了使操作者能够进入所建立的系统虚拟原型，并且能够进行人机交互，使用 VR 虚拟人体模型代替真实人体进行人机工程学测试是虚拟制造的新的风向标，这类设计给传统制造业转型提供了新的参考价值。虚拟人体模型功能，制造业的工业工程师可以优化的参数如下：

（1）直接在 3D 模型中可视化人体模型　通过软件，工程师可以将流水生产线的 CAD 作为场景导入，并将虚拟人偶置入场景。

（2）定义虚拟角色的形态　通过鼠标单击虚拟人偶，工程师可以随意改变虚拟人偶的人体姿态，从而有效测试在实际生产的过程中可能出现的人体工程学问题。

（3）使用手柄移动和操纵人体模型　通过手柄，设计师可以将虚拟人体模型拖曳到需要测试的场景，由于 TechViz 软件的特性，约束的定义也会变得非常简单。

（4）限制操作员的动作以适合用户的要求　通过定义虚拟操作员的体态与动作，设计师可以有效模仿投产后的工人工作状态。

（5）快速配置和在不同的基本姿势之间切换　得益于软件的优化，工程师可以快速配置虚拟人偶的姿态切换，让模拟的测试过程高速进行，从而加快人体工程学的测试速度。

由于它不依赖人工输入，因此用户可自动测试任意数量的配置。数据将仅取决于用户使用的算法而不取决于用户输入或使用的硬件。

在受约束的环境（例如工厂）中，复杂的 3D 姿势可能缺少人体模型的准确性。虚拟人体模型是模拟虚拟环境中人机交互的各种配置的理想选择，并且有效降低了人机工程学评估的成本。它能够在不危害操作人员健康的情况下测试危险情况，人体追踪服务则可能无法做到这一点。

虚拟人体模型是一种可在虚拟现实中实时模拟处于工作环境中的操作者的数字人体模型。虚拟人体模型可使研究人员了解操作者与其工作环境以及同一工作空间中其他操作者的交互方式，还能让用户对工作空间进行人机工程学研究。

现代设计具有密集型组装趋势，并倾向于优化产品空间，以便增加运输的容量和重量。评估这些设计对装配线和维护操作的影响变得至关重要。为了满足客户在这方面日益增长的需求，现代仿真软件开发了符合生理与规划的虚拟人体模型，让用户可像操纵"民间木偶"一样进行操作。

仿真软件将人机工程学要素考虑到虚拟操作环境中，可完成下列功能：

① 模拟在专业环境中的操作者。

② 可进行"可达性"、干涉检查和人机工程学测试分析。

③ 查看虚拟人体模型能否从座椅位置接触到控制设备的相关部位。

④ 查看虚拟人体模型的视野。

⑤ 查看设备狭小空间内能否布置多位操作人员。

⑥ 查看可达性，操作人员能触摸到操作按钮或指令装置。

⑦ 检测用户与其环境之间的干涉，妨碍用户的障碍物是否会发生干涉。

⑧ 同时查看多个虚拟人体，检查他们相互之间的交互方式以及他们与虚

拟环境之间的交互方式，研究多个操作人员的工作环境。

12.5.4 数字人体模型的典型应用

产品设计者应该了解用户在使用所开发的产品时是否安全、方便和舒适。过程设计者应该了解操作者在操作机器或搬运物料时的安全、疲劳程度和效率。不同种族和性别的人，体型和体力是不一样的，在设计产品和过程时应该区别对待。现代产品开发的根本理念是以人为本，一切为了人。采用"数字人"仿真技术可以给产品设计和过程设计带来以下好处：

① 提高产品开发的效率和自动化程度，缩短产品开发周期，加快新产品上市。

② 以数字原型替代物理原型，以降低开发成本。

③ 提高产品的使用安全性和产品质量。

④ 提高工人操作的安全性，优化工作流程，降低工人的补偿费用。

⑤ 使整个工厂较快投入生产或转产，减少停工事件。

"数字人"的工作绩效和劳动负荷在仿真结束后将以数据或图表的形式显示。它在产品开发和过程设计中的典型应用如图 12-15 所示。

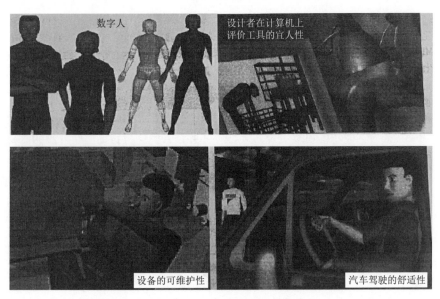

图 12-15　数字人的典型应用

12.5.5 虚拟现实空间中的人机界面

从广泛的人机、人和情报交互的互动关系来看待人机界面，特别是在人和自动化系统中如何有效地协调两者关系、确定任务分配和责任方、互通信息、对行动进行解析和评价、生态学界面的开发、专家智慧或协调的技术手段等是智能化的人机界面系统化技术必须研究的课题。

日本吉川研究室提倡的相互适应型人机界面的形态，界面主要由虚拟现实空间中的智能机器人构成。智能机器人和人有相同的形态，能说话，能运动，能思考，有感情，能和人进行对话。这是一种新的人机界面。相互适应型人机界面模型如图 12-16 所示。

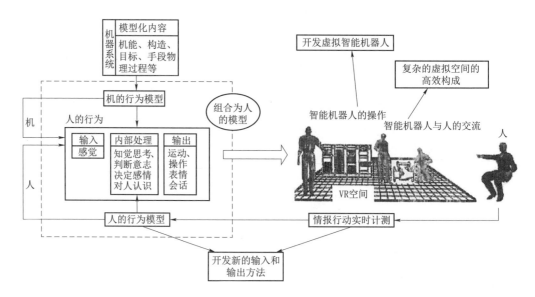

图 12-16　相互适应型人机界面模型

相互协调的人机系统的理想界面与以往的对作业界面进行新的设计或对画面进行改良不同，是以实现对话交流为目标。由于是以智能机器人和机的形态构成界面，核心问题是智能机器人，因此，需在以下五个方面开展研究。

① 人和智能机器人进行交流（输入、输出）方式的研究；

② 为了使智能机器人理解人，应开展对人的情报行动实时计测的研究；

③ 与机器交流的人的情报行动模型和仿真的研究；

④ 虚拟现实空间中智能机器人的自然运动和表情的动态表现法的研究开发；

⑤ 复杂的虚拟现实空间的高效构成法。

在以上案例中，我们分析了使用虚拟人偶进行人体工程学测试的优势，接下来我们将了解使用跟踪系统模拟真实人体姿态优化人体工程学的案例优势。

运动跟踪旨在收集有关 VR 用户运动信息。VR 在智能工厂中是人机工程学和人因的出色评估工具。运动控制器记录了工人在制造和装配任务期间的运动，工程师可以使用虚拟现实技术将自己沉浸在数据中，并从生产性和人机工程学的角度进行分析。

具体取决于要监视的运动，用户可以将几种可穿戴设备添加到增强现实和虚拟系统中用于人体工程学优化。最常见的跟踪技术实例：

（1）全身追踪　通过穿戴带有多个追踪器的服饰，工程师可以在虚拟沉浸式环境中模拟操作流水线中的任务。

（2）手部追踪　通过追踪手套，用户可以模拟虚拟装配时的流程，从而检测人机工程学中的潜在问题。

（3）手指指尖追踪　手指指尖追踪一般用于人机交互界面的可控性与可触碰性的测试，在汽车人机工程学优化领域有非常多的应用，这是虚拟优化人机工程学的经典案例之一。

（4）眼动追踪　眼动追踪是一个高级选项，在汽车人机工程设计中用于提升安全系数有着广泛的应用。同样，对于需要进行复杂系统组装的工作人员，眼动追踪可以有效优化人机交互界面。

运动捕捉技术在工业环境中的集成是相对较新的。这些解决方案价格昂贵，并且需要细致且耗时的过程进行设置。然而，操作员执行复杂且非重复的任务，他们的经验对于跟进和优化实际制造过程以及对新操作员的专业培训至关重要。

主要参考文献

[1] 丁玉兰. 人机工程学 [M]. 5 版. 北京：北京理工大学出版社，2017.

[2] 丁玉兰. 人机工程学 [M]. 4 版. 北京：北京理工大学出版社，2011.

[3] 丁玉兰. 人机工程学 [M]. 3 版. 北京：北京理工大学出版社，2005.

[4] 丁玉兰. 人机工程学 [M]. 修订版. 北京：北京理工大学出版社，2000.

[5] 丁玉兰. 人机工程学 [M]. 北京：北京理工大学出版社，1991.

[6] 丁玉兰. 人因工程学 [M]. 上海：上海交通大学出版社，2004.

[7] 丁玉兰. 应用人因工程学 [M]. 台北：新文京发出版股份有限公司，2005.

[8] 陈信，袁修干. 人-机-环境系统工程计算机仿真 [M]. 北京：北京航空航天大学出版社，2001.

[9] [美] C. D. 威肯斯，J. D. 李，刘乙力，S. G. 贝克，人因工程学导论 [M]. 2 版. 张侃，等译. 上海：华东师范大学出版社，2007.

[10] 袁修干，庄达民，张兴娟. 人机工程计算机仿真 [M]. 北京：北京航空航天大学出版社，2005.

[11] 路甬祥，陈鹰. 人机一体化系统科学体系和关键技术 [J]. 机械工程学报，1995（1）.

[12] 丁玉兰，等. 建筑机械人系统可靠性研究 [J]. 同济大学学报，1993（增刊）.

[13] [匈] L. 巴赫基. 房间的热微气候 [M]. 傅忠诚，等译. 北京：中国建筑工业出版社，1987.

[14] 罗仕鉴，朱上上，孙守迁. 人机界面设计 [M]. 北京：机械工业出版社，2002.

[15] 日本造船学会造船设计委员会第二分会. 人机工程学舾装设计基准 [M]. 田训珍，等译. 北京：人民交通出版社，1985.

[16] 朱祖祥. 工程心理学 [M]. 上海：华东师范大学出版社，1990.

[17] 朱治远. 人体系统解剖学 [M]. 上海：上海医科大学出版社，1997.

[18] 《航空医学》编委会. 航空医学 [M]. 北京：人民军医出版社，1992.

[19] [日] 浅居喜代治. 现代人机工程学概论 [M]. 刘高送，译. 北京：科学出版社，1992.

[20] 刘宏增，黄靖远. 虚拟设计 [M]. 北京：机械工业出版社，1999.

[21] 程景云，倪亦泉. 人机界面设计与开发工具 [M]. 北京：电子工业出版社，1994.

[22] 董士海，王坚，戴国忠. 人机交互和多通道用户界面 [M]. 北京：科学出版社，1999.

[23] 吴玲达，老松杨，王晖，等. 多媒体人机交互技术 [M]. 长沙：国防科技大学出版社，1999.

[24] 罗仕鉴，郑加成. 基于人机工程的虚拟产品设计与评价系统研究 [J]. 软件学报，2001（增刊）.

[25] [日] 小原二郎. 室内·建筑·人间工学 [M]. 东京：鹿岛出版社，1983.

[26] 游万来，等. 工业设计与人因工程 [M]. 台北：六合出版社，1986.

[27] 高敏. 机电产品艺术造型设计基础 [M]. 成都：四川科学技术出版社，1984.

[28] 卢煊初，李广燕. 人类工效学 [M]. 北京：轻工业出版社，1990.

［29］林泽炎．人为事故预防学［M］．哈尔滨：黑龙江教育出版社，1998．

［30］周昌乐．智能科学技术导论［M］．北京：机械工业出版社，2015．

［31］杨国为．人工脑信息处理模型及其应用［M］．北京：科学出版社，2011．

［32］钟义信．智能科学技术导论［M］．北京：北京邮电大学出版社，2006．

［33］操龙兵，戴汝为．开放复杂智能系统［M］．北京：人民邮电出版社，2008．

［34］李云江．机器人概论［M］．北京：机械工业出版社，2011．

［35］史忠植．智能科学［M］．2版．北京：清华大学出版社，2013．

［36］钟义信．机器知行学原理［M］．北京：科学出版社，2007．

［37］陈鹰，杨灿军．人机智能系统理论与方法［M］．杭州：浙江大学出版社，2006．

［38］赵伟军．设计心理学［M］．2版．北京：机械工业出版社，2012．

［39］杨青锋．智慧的维度［M］．北京：电子工业出版社，2015．

［40］戴汝为．社会智能科学［M］．上海：上海交通大学出版社，2007．

［41］孙久荣．脑科学导论［M］．北京：北京大学出版社，2001．

［42］吴秋峰．多媒体技术及应用［M］．北京：机械工业出版社，1999．

［43］吴光强，等．汽车数字化开发技术［M］．北京：机械工业出版社，2010．

［44］REASON J. Human Error［M］. Cambridge University Press，1990．

［45］REASON J. Managing the Risk of Organizational Accidents［M］. Ashgate Press，1997．

［46］REDMILL F，RAJAN J. Human Factors in Safety-Critical Systems［M］. Reed Educational & Professional Publishing Ltd. ，1997．

［47］RASMUSSEN J. Information Processing and Human-machine Interaction：An Approach to Cognitive Engineering［M］. North-Holland，NY，USA，1986．

［48］SANDERS M S，et al. Human Factors in Engineering and Design［M］. New York：Mc Graw-Hill，1985．

［49］DAVID J OBORNE. Ergonomics at Work［M］. John Wiley & Sons，1982．

［50］SUTCHIFFE A. Human-Computer Interface Design ［M］. MaCmillan Education Ltd，1988．

［51］KANTOWITZ B H，et al. Human Factors：Under-Standing People-System Relation-ships［M］. Taylor & Francis，1986．

［52］OBORNE D J. Ergonmics at Work［M］. Wlley，1987．

［53］GALER F. Appiled-Ergonomics Handbool［M］. Wiley，1987．

［54］GRANDJEAN E. Ergonomics in Computerized Offices ［M］. Taylor & Francis，1987．

［55］SALRENDY G. Handbook of Human Factors［M］. New York：John Wiley and Sons，1987．

［56］TILLY A R. The Measure of Man and Woman-Human Factors in Design［M］. Henry Dreyfuss Associates，1993．

［57］孙家广．计算机辅助设计技术基础［M］．北京：清华大学出版社，2000．

［58］石教英．虚拟现实基础及实用算法［M］．北京：科学出版社，2002．

［59］李怡，李树涛．虚拟工业设计［M］．北京：电子工业出版社，2003．